21世纪高等学校计算机规划教材

21st Century University Planned Textbooks of Computer Science

计算机文化基础

（第2版）

Fundamentals of Computer Culture (2nd Edition)

王丹 冯敏 李远伟 主编

宋颜云 孙赛赛 李文锋 副主编

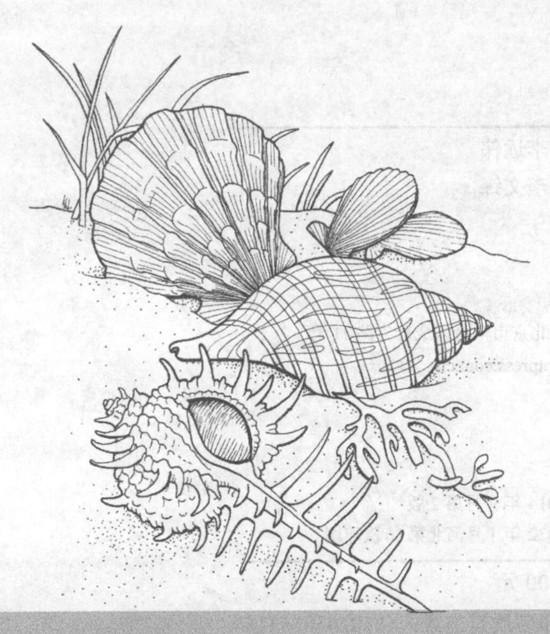

人 民 邮 电 出 版 社

北 京

图书在版编目（CIP）数据

计算机文化基础 / 王丹，冯敏，李远伟主编. -- 2版. -- 北京 : 人民邮电出版社，2014.9（2022.1重印）
21世纪高等学校计算机规划教材. 高校系列
ISBN 978-7-115-36087-8

Ⅰ. ①计… Ⅱ. ①王… ②冯… ③李… Ⅲ. ①电子计算机－高等学校－教材 Ⅳ. ①TP3

中国版本图书馆CIP数据核字(2014)第191718号

内 容 提 要

本书从当前高等院校计算机基础教育的实际出发，充分结合计算机技术的前沿成果及发展状况，在内容取舍、篇章结构、叙述方式、教学与实验有机结合等方面都进行了精心的设计和安排。全书共 7 章内容，涵盖了信息技术与计算机文化、计算机系统结构、微机硬件基础、Windows 7 操作系统基础、Office 2010 办公软件、计算机网络的发展、数据库应用基础、Dreamweaver CS5 网页制作、计算机病毒和网络信息安全等知识。

本书内容主要着眼于应用并配有生动、典型的实例，且每章末尾都有相应的练习题，可以帮助读者巩固所学知识，尽快上手。

本书既可作为高等院校计算机基础公共课程教材，也可供初学者自学使用。

◆ 主　　编　王　丹　冯　敏　李远伟
副 主 编　宋颜云　孙赛赛　李文锋
责任编辑　武恩玉
执行编辑　刘向荣
责任印制　彭志环

◆ 人民邮电出版社出版发行　　北京市丰台区成寿寺路 11 号
邮编　100164　　电子邮件　315@ptpress.com.cn
网址　https://www.ptpress.com.cn
涿州市京南印刷厂印刷

◆ 开本：787×1092　1/16
印张：12.75　　　　2014 年 9 月第 2 版
字数：331 千字　　　2022 年 1 月河北第 16 次印刷

定价：28.00 元

读者服务热线：(010)81055256　印装质量热线：(010)81055316
反盗版热线：(010)81055315

编写委员会

主　编　王　丹　冯　敏　李远伟

副主编　宋颜云　孙赛赛　李文锋

编　委　刘筱冬　姜雪辉　鹿秀霞　赵振杰

前 言

随着社会信息化建设不断向纵深发展，计算机的应用已经深入到人们生活的方方面面。计算机基本知识及相关操作技能早已成为当代人的必备技能之一。

根据教育部非计算机专业计算机文化基础的教学要求，以高校大学生计算机的学习使用需求为出发点，我们组织编写了此书。本书的编写人员均是教学一线从事计算机基础教学多年的教师，编写过程中既考虑多数学生对计算机基本知识和技能的学习需求，又考虑了知识技能的快速更新性，力求把最基本、最实用和最新的知识呈现给大家。

全书共7章，书中详细介绍了计算机的产生、发展、组成、编码等基础知识以及信息技术、多媒体技术、网络技术等计算机相关技术的知识。书中对计算机的常用软件，尤其是Windows 7、Office 2010进行了细致的讲解，力求使读者通过本书的学习可以对计算机及其相关技术有一个全面的认识，可以熟练使用计算机进行日常的工作、学习和娱乐。

本书第1章由赵振杰、鹿秀霞编写，第2章由刘筱冬编写，第3章由冯敏、宋颜云编写，第4章由王丹、姜雪辉编写，第5章由李文锋编写，第6章由李远伟编写，第7章由孙赛赛编写。全书由王丹、冯敏、李远伟统稿、修改和定稿。

由于编者水平有限以及编写时间仓促，书中内容难免存在疏漏和错误之处，敬请广大读者予以批评指正，以便修订时加以改正。

编 者

2014年7月

目 录

第 1 章 信息技术与计算机文化

1.1 计算机概述

电子计算机是 20 世纪最伟大的发明之一，自从 1946 年诞生第一台电子数字计算机以来，计算机科学已成为本世纪发展最快的一门学科。尤其微型计算机的出现及计算机网络的发展，使得计算机及其应用已渗透到社会的各个领域，由计算机技术和通信技术相结合而形成的信息技术是现代信息社会最重要的技术支柱，对人类的生活方式、生产方式以及思维方式都产生了极其深远的影响。

掌握和使用计算机已成为人们必不可少的技能。

1.1.1 计算机发展简史

1854 年，英国数学家布尔提出了符号逻辑的思想。19 世纪中期，英国数学家巴贝奇（被称为“计算机之父”）提出了通用数字计算机的基本设计思想，并于 1822 年设计了一台差分机，于 1832 年开始设计一种基于计算自动化的程序控制的分析机，在该机的设计中，他提出了较完整的计算机设计方案。19 世纪中期到 20 世纪初，随着电磁学理论的研究和电能的开发利用，科学家又将电器元件应用于计算工具的研究中，成功研究了 Z 系列、Mark 系列等电磁计算机。

第一台真正意义上的计算机是 1946 年 2 月诞生于美国宾夕法尼亚的第一台数字电子计算机 ENIAC（Electronic Numerical Integrator And Calculator，简称埃尼阿克），即“电子数字积分计算机”，如图 1-1 所示。这台计算机共使用了 18800 多个电子管，占地 170 m^2，耗电 174 kW，重达 30 t。从 1946 年 2 月开始投入使用，到 1955 年 10 月最后切断电源，服役 9 年多。虽然它每秒只能进行 5000 次加减运算，但它预示了科学家们将从奴隶般的计算中解脱出来。ENIAC 的问世标志着电子计算机时代的到来，它的出现具有划时代的意义。

图 1-1 ENIAC

根据电子计算机采用的物理器件的发展，一般将电子计算机的发展分成以下四代。

1. 第一代电子计算机

第一代电子计算机（1946—1957 年）是电子管计算机。其基本特征是采用电子管作为计算机的逻辑元件；数据表示主要是定点数；用机器语言或汇编语言编写程序。由于当时电子技术的限制，每秒运算速度仅为几千次，内存容量仅几 KB。因此，第一代电子计算机体积庞大，造价很高，主要用于军事和科学研究工作。其代表机型有 IBM650（小型机）、IBM709（大型机）等。

2. 第二代电子计算机

第二代电子计算机（1958—1964 年）是晶体管电路电子计算机。其基本特征是逻辑元件逐步由电子管改为晶体管，内存所使用的器件大都使用由铁淦氧磁性材料制成的磁芯存储器。外存储器有了磁盘、磁带，各类外设也有所增加。运算速度达每秒几十万次，内存容量扩大到几十 KB。与此同时，计算机软件也有了较大发展，出现了 FORTRAN、COBOL、ALGOL 等高级语言。与第一代计算机相比，晶体管电子计算机体积小、成本低、功能强、可靠性大大提高。除了科学计算外，还用于数据处理和事务处理。其代表机型有 IBM7094、CDC7600。

3. 第三代电子计算机

第三代电子计算机（1965—1970 年）是集成电路计算机。随着固体物理技术的发展，集成电路工艺已可以在几 mm^2 的单晶硅片上集成由十几个甚至上百个电子元件组成的逻辑电路。第三代电子计算机的基本特征是逻辑元件采用小规模集成电路 SSI（Small Scale Integration）和中规模集成电路 MSI（Middle Scale Integration）。第三代电子计算机的运算速度，每秒可达几十万次到几百万次。存储器得到进一步发展，体积更小、价格更低、软件也逐渐完善。高级程序设计语言在这个时期有了很大发展，并出现了操作系统和会话式语言，计算机开始广泛应用在各个领域。其代表机型有 IBM360。

4. 第四代电子计算机

第四代电子计算机（1971 年至今）称为大规模集成电路电子计算机。进入 20 世纪 70 年代以来，计算机逻辑器件采用大规模集成电路 LSI（Large Scale Integration）和超大规模集成电路 VLSI（Very Large Scale Integration）技术，在硅半导体上集成了十万个以上的电子元器件。集成度很高的半导体存储器代替了服役达 20 年之久的磁芯存储器。计算机的速度可以达上千万次到十万亿次。操作系统不断完善，应用软件已成为现代工业的一部分。计算机的发展进入了以计算机网络为特征的时代。

1.1.2 计算机的发展趋势

关于计算机的发展速度，美国科学家戈登·摩尔于 1965 年提出了后来被称为“摩尔定律”的论述：处理器（CPU）的功能和复杂性每年（其后期减慢为 18 个月）会增加一倍，而成本却成比例地递减。

摩尔定律的基本内容包括：

- 芯片密度每 18 个月增加一倍，体积越来越小；
- CPU 性价比大约 18 个月翻一番，速度越来越快。

未来的计算机将向着巨型化、微型化、网络化和智能化的方向发展。

1. 巨型化

巨型化是指发展高速的、存储量大和功能强大的巨型计算机。巨型机主要用于生物工程、核实验、天文、气象等大规模科学计算。世界各国都投入了巨大的人力和物力开发巨型计算机。目前，国内外研制的巨型计算机其运算速度已经达到每秒几亿亿次。

2. 微型化

随着微电子技术的不断发展，计算机的体积变得更小，价格也越来越低。

3. 网络化

网络化是计算机发展的一个趋势。Internet是全球最大的互联网络，短短的几年时间内，用户迅速膨胀到几亿。Internet将分散在世界各个角落的计算机连成一个巨大的网络，实现了全球信息资源的共享。计算机技术、通信技术和控制技术（三者合称为3C技术，即Computer、Communication和Control）的结合必将实现计算机的网络化。

4. 智能化

智能化是计算机发展的又一个重要方向。计算机智能化是指使计算机具有模拟人的感觉和思维过程的能力。现在研制的新一代计算机，不仅能够根据人的指挥进行工作，而且能够具有“听”“看”“说”“想”的能力。

1.1.3 计算机的特点

1. 运算速度快

运算速度快是计算机最显著的特点之一。所谓运算速度就是计算机每秒处理机器语言指令的条数。运算速度从最初的每秒几千次，已发展到用每秒几亿亿次来衡量的水平。现在即使是个人计算机也达到了每秒几亿次。计算机运算速度快，不仅提高了工作效率，也加快了科学技术的发展。

2. 计算精度高

由于计算机采用二进制数字进行运算，因此可以用增加表示数字的设备和运算技巧等手段，使数值计算的精度得到提高。一般计算工具只有几位有效数字，而计算机的有效位数可达几十位，甚至更多，这是任何其他计算工具都无法比拟的。

3. 具有非凡的存储能力

计算机具有强大的存储（记忆）功能，它不仅可以存储大量的原始数据、中间数据和最后结果，还可以存储指挥计算机工作的程序。

4. 具有逻辑判断能力

计算机不仅能进行算术运算，还能进行逻辑运算，并根据逻辑运算的结果选择相应的处理机制，即具有逻辑判断能力。逻辑判断能力是实现推理和证明的基础。记忆功能、算术运算和逻辑判断能力相结合，就使得计算机能模仿人类的某些智能活动，成为人类脑力延伸的重要工具。

5. 具有很强的自动控制能力

计算机内部操作运算是根据人们事先编好的程序自动执行的。用户只要根据需要，将事先编好的程序输入计算机，计算机就会在不需要人工干预的情况下自动连续地工作，完成预定的各项任务。

6. 通用性强和应用范围广

同一台计算机，只要安装不同的软件或连接到不同的设备上，就可以完成不同的任务，也就是说它的通用性强。

由于计算机具有以上诸多方面的特点，因而它的用途极其广泛。从国防应用到工农业生产，从尖端科学到人们的衣食住行，计算机无处不在。

1.1.4 计算机的分类

计算机的分类方法较多，根据处理的对象、用途和规模不同可有不同的分类方法，下面介绍常用的分类方法。

1. 根据处理的对象划分

计算机根据处理的对象不同可分为模拟计算机、数字计算机和混合计算机。

（1）模拟计算机。模拟计算机是指专用于处理连续的电压、温度等模拟数据的计算机。其特点是参与运算的数值由不间断的连续量表示，其运算过程是连续的，由于受元器件质量影响，其计算精度较低，应用范围较窄。模拟计算机目前已很少生产。

（2）数字计算机。数字计算机是指用于处理数字数据的计算机。其特点是数据处理的输入和输出都是数字量，参与运算的数值用非连续的数字量表示，具有逻辑判断及关系运算等功能。数字计算机是以近似人类大脑的“思维”方式进行工作的，所以又被称为“电脑”。

（3）混合计算机。这种计算机的输入和输出既可以是数字数据，也可以是模拟数据，它是模拟技术与数字技术灵活结合的计算机。

2. 根据计算机的用途划分

根据计算机的用途不同可分为通用计算机和专用计算机两种。

（1）通用计算机。通用计算机适用于解决一般问题，其适应性强，应用面较广，如科学计算、过程控制等，但其运行效率、速度和经济性依据不同的应用对象会受到不同程度的影响。

（2）专用计算机。专用计算机用于解决某特定方面的问题，配有为解决某特定问题而专门开发的软件和硬件。专用计算机针对某类问题能显示出最有效、最快速和最经济的特性，但它的通用性较差，不适于其他方面的应用。

3. 根据计算机的规模划分

计算机的规模一般指计算机的一些主要技术指标：字长、运算速度、存储容量、输入和输出能力、配置软件丰富与否、价格高低等。计算机根据其规模、速度和功能等的不同一般分为巨型机、大型机、小型机、微型机、工作站等。

（1）巨型机。巨型机一般用于国防尖端技术和现代科学计算等领域。巨型机是当代速度最快的，容量最大，体积最大，造价也是最高的计算机。目前，巨型机的运算速度已达每秒几亿亿次，并且这个记录不断被刷新。研制巨型机是衡量一个国家经济实力和科学水平的重要标志。

（2）大型机。大型机具有较高的运算速度和较大的存储容量，一般用于科学计算、数据处理或用作网络服务器，但随着微机与网络的迅速发展，大型主机正在被高档微机群所取代。

（3）小型机。小型机又称小超级计算机或桌上型超级电脑，典型产品有美国 Convex 公司的 C-1、C-2、C-3 等。

（4）微型计算机。又称个人计算机，简称微机，是目前发展最快、应用最广泛的一种计算机。微机的中央处理器采用微处理芯片，体积小、重量轻。目前，微机使用的微处理芯片主要有 Intel 公司的 Pentium 系列、AMD 公司的 Athlon 系列等。

（5）工作站。工作站是一种高档微型计算机系统，它通常配有大容量的主存、高分辨率大屏幕显示器、较高的运算速度和较强的网络通信能力，具有大型机或小型机的多任务、多用户能力，且兼有微型计算机的操作便利和良好的人机界面。因此，工作站主要用于图像处理和计算机辅助设计等领域。

1.1.5 计算机的应用领域

计算机的应用已渗透到社会的各行各业，正在改变着传统的工作、学习和生活方式，推动着社会的发展。计算机的应用主要表现在以下几个方面。

1. 科学计算

科学计算也称为数值计算，指用于完成科学研究和工程技术中提出的数学问题的计算。它是电子计算机的重要应用领域之一，世界上第一台计算机的研制就是为科学计算而设计的。

2. 数据处理

数据处理也称为非数值计算，指对大量的数据进行加工处理，例如分析、合并、分类、统计等，形成有用的信息。与科学计算不同，数据处理涉及的数据量大，但计算方法比较简单。

目前，数据处理广泛应用于办公自动化、企业管理、事务管理、情报检索等，已成为计算机应用的一个重要方面。

3. 计算机辅助系统

计算机辅助设计（CAD）是设计人员利用计算机的图形处理功能进行各种设计工作。

计算机辅助教学（CAI）是利用计算机辅助教师完成授课工作。它把计算机作为传授和学习科学知识的工具，将教学内容编制成多媒体教学课件，学生借助于计算机获得知识信息，使教学过程具体化和形象化，提高教学效果。

此外还有计算机辅助制造（CAM）、计算机辅助测试（CAT）、计算机辅助教育（CAE）和计算机集成制造系统（CIMS）等。

4. 自动控制

自动控制是指在生产过程中，利用计算机对控制对象进行自动控制和自动调节，并对其进行处理和判定，选择最佳方案，直接指挥受控对象进行有步骤的工作。自动控制主要应用于机械、冶金、石油、化工、电力等有关行业。

5. 人工智能

人工智能是计算机发展的新领域，主要是利用计算机模拟人类的某些高级思维活动，提高计算机解决实际问题的能力。目前研究的方向有模式识别、自然语言识别、图像景物分析、自动定律证明、知识表示、机器学习、专家系统、机器人等。这是计算机应用中最诱人的，也是难度最大且研究最活跃的领域之一。

6. 电子商务

电子商务（E-Business）是指通过计算机和网络进行商务活动。电子商务是在 Internet 的广阔联系与传统信息技术系统的丰富资源相结合的背景下应运而生的一种网上相互关联的动态商务活动，在 Internet 上展开。

电子商务始于 1996 年，虽然起步规模不大，但其高效率、低支付、高收益和全球性的优点，很快受到各国政府和企业的广泛重视，发展势头不可小觑。

1.2　信息技术基础

1.2.1　信息和数据

1. 信息

“信息（Information）”一词来源于拉丁文“Information”，意思是一种陈述或一种解释、理解等。信息的定义迄今说法不一，从不同角度，专家、学者们给出了信息的不同定义。

控制论的创始人之一维纳（N.Weiner）认为：信息是我们在适应外部世界、感知外部世界的过程中与外部世界进行交换的内容。

信息论的创始人香农（Shannon）在 1948 年给信息的定义是：信息是可以减少或消除不确定性的内容。也就是说，信息的功能是消除事物的不确定性，把不确定性变为确定性，信息量就是不确定性减少的程度。这里所谓的“不确定性”是指如果人们对客观事物缺乏全面的认识，就会表现出对这些事物的情况是不清楚的、不确定的，这就是不确定性。

一般认为：信息是在自然界、人类社会和人类思维活动中普遍存在的一切物质和事物的属性。

2. 数据

数据（Data）是信息的具体物理表示，它是信息的载体，是载荷信息的各种物理符号。数据的概念包括两个方面：一方面，数据内容反映或描述事物特性；另一方面，数据是存储在某一媒体上的符号的集合。描述事物特性必须借助一定的符号，这些符号就是数据形式，因此，数据的形式是多种多样的。

从计算机角度看，数据就是用于描述客观事物的数值、字符等一切可以输入到计算机中，并可由计算机加工处理的符号集合。数值、文字、语言、声音、光、图形、图像等都是不同形式的数据。可以看出，在数据处理领域中的数据概念与在科学计算领域相比已大大拓宽。

1.2.2 信息的特征

信息有区别于其他事物的本质特征，主要表现在以下几个方面。

（1）信息必须依附于载体而存在。信息是事物运动的状态和属性，而不是事物本身，所以，它不能独立存在，必须借助某种符号才能表现出来，而这些符号又必须附在某种物体上。

（2）信息的可共享性。可共享性是指信息可以被共同分享和占有。信息的拥有者可以和其他人共享信息而不会使原拥有者产生损失，也不会失去原有信息，这是信息与物质的显著区别。

（3）信息的时效性。一条信息在某个时刻之前可能具有很高的价值，但是在某个时刻之后可能就没有任何价值了，这就是信息的时效性。

（4）信息的社会性。信息直接与社会应用相联系，信息只有经过人类加工、处理，并通过一定的形式表现出来才真正具有应用价值。因此，真正意义上的信息离不开社会。

（5）信息的价值性。信息的价值性在于获取的信息可以影响人们的思维、决策和行为方式，从而为人们带来不同层面上的收益。

1.2.3 计算机处理信息的过程

计算机处理信息的过程大体分为数据输入、数据加工、结果输出三个步骤。人们通过输入设备将各种原始数据输入到计算机，计算机对输入的信息进行加工、处理，然后将结果通过输出设备以文件、图像、动画、图表或声音的形式表示出来。

事实上，计算机与人类处理信息的过程有本质的区别，主要表现在：计算机对信息的处理能力不是自发产生或学习形成的，而是人事先赋予的。人设计好程序，再将程序输入计算机，计算机按照程序的规定，一步一步完成程序设计者交给的任务。所以，计算机处理信息的过程，其实是人所编制的程序的执行过程，是人的思维的一种体现。

1.3 数制转换

在日常生活中，常遇到不同进制的数，如十进制数，逢十进一；一天有二十四小时，逢二十四进一。常用的是十进制数。无论哪种数制，其共同之处都是进位计数制。

1.3.1　数字化信息编码的概念

所谓编码，就是采用少量的基本符号，选用一定的组合原则，以表示大量复杂多样的信息。基本符号的种类和这些符号的组合规则是一切信息编码的两大要素。例如，用 10 个阿拉伯数码表示数字，用 26 个英文字母表示英文词汇等，都是编码的典型例子。

在计算机中，广泛采用的是只用“0”和“1”两个基本符号组成的基 2 码，或称为二进制码。

在计算机中采用二进制码的原因有以下几点。

（1）二进制码在物理上最容易实现。例如，可以只用高、低两个电平表示“1”和“0”，也可以用脉冲的有无或者脉冲的正负极性表示它们。

（2）二进制码用来表示的二进制数其编码、计数、加减运算规则简单。

（3）二进制码的两个符号“1”和“0”正好与逻辑命题的两个值“是”和“否”或称“真”和“假”相对应，为计算机实现逻辑运算和程序中的逻辑判断提供了便利的条件。

1.3.2　进位计数制

在采用进位计数的数字系统中，如果只用 r 个基本符号（例如 0，1，2，…，r-1）表示数值，则称其为基 r 数制（Radix-r Number System），r 称为该数制的基（Radix）。如日常生活中常用的十进制数，就是 r=10，即基本符号为 0，1，2，…，9。如取 r=2，即基本符号为 0 和 1，则为二进制数。

下面介绍数制中的几个术语。

数码：一组用来表示某种数制的符号。如：1、2、3、A、B、星期一、星期二等。

基数（Radix）：数制所使用的数码个数称为“基数”或“基”，常用“R”表示，称 R 进制数。如八进制的数码是 0、1、2、3、4、5、6、7，基为 8。

位权（Weight）：指数码在不同位置上的权值。例如十进制数 11，个位数上的 1 权值为 10^0，十位数上的 1 权值为 10^1。

对于不同的数制，其共同特点如下。

• 每一种数制都有固定的符号集。如十进制数制，其符号有 10 个，即 0、1、2、…、9，二进制数制，其符号有两个，即 0 和 1。

• 都使用位置表示法，即处于不同位置的数符所代表的值不同，与它所在位置的权值有关。例如：十进制数 55.5 可表示为 $55.5=5\times10^1+5\times10^0+5\times10^{-1}$。因此，对任何一种进位计数制表示的数都可以写出按其权展开的多项式之和，任意一个 r 进制数 N 可表示为：

$$N=\sum_{i=-k}^{m-1} D_i \, r^i$$

式中，D_i 为该数制采有的基本数符，r^i 是权，r 是基数，不同的基数，表示不同的进制数。表 1-1 所示的是计算机中常用的几种进位数制。

表 1-1　　计算机中常用的几种进位数制

进位制	二进制	八进制	十进制	十六进制
规则	逢二进一	逢八进一	逢十进一	逢十六进一
基数	r=2	r=8	r=10	r=16
数符	0,1	0,1,…,7	0,1,…,9	0,1,…,9,A,B,C,D,E,F
权	2^i	8^i	10^i	16^i
形式表示	B	O	D	H

1. 十进制数（Decimal）

日常生活中人们普遍采用十进制计数方式，十进制数的特点如下。

① 有 10 个数码：0，1，2，3，4，5，6，7，8，9。

② 加法“逢十进一”，减法“借一当十”。

③ 进位基数为 10，位的权重是 10 的 *n* 次幂。

例如，十进制数 268.28 可以表示为：

$$268.28=2\times10^2+6\times10^1+8\times10^0+2\times10^{-1}+8\times10^{-2}$$

2. 二进制数（Binary）

计算机内部采用二进制数进行运算、存储和控制。二进制数的特点如下。

① 只有 0 和 1 两个数码。

② 加法“逢二进一”，减法“借一当二”。

③ 进位基数为 2，位的权重是 2 的 *n* 次幂。

例如：（101.01）B $=1\times2^2+0\times2^1+1\times2^0+0\times2^{-1}+1\times2^{-2}$

3. 八进制数（Octal）

八进制数的特点如下。

① 有 8 个数码：0，1，2，3，4，5，6，7。

② 加法“逢八进一”，减法“借一当八”。

③ 进位基数为 8，位的权重是 8 的 *n* 次幂。

例如：（103.02）O $=1\times8^2+0\times8^1+3\times8^0+0\times8^{-1}+2\times8^{-2}$

4. 十六进制数（Hexadecimal）

十六进制数的特点如下。

① 有 16 个数码：0，1，2，3，4，5，6，7，8，9，A，B，C，D，E，F。其中 A，B，C，D，E，F 分别表示十进制数 10，11，12，13，14，15。

② 加法“逢十六进一”，减法“借一当十六”。

③ 进位基数为 16，位的权重是 16 的 *n* 次幂。

例如：（2A3.F）H $=2\times16^2+10\times16^1+3\times16^0+15\times16^{-1}$

1.3.3 不同进制之间的转换

1. *r* 进制数转换成十进制式

$$N=\sum_{i=-k}^{m-1} D_i\ r^i$$

本身就提供了将 *r* 进制数转换为十进制数的方法。比如，把二进制数转换为相应的十进制数，只要将二进制中出现 1 的位置其位权相加即可。

例：把二进制数 101 转换成相应的十进制数。

(101)B$=1\times2^2+0\times2^1+1\times2^0=$(5)D

2．十进制数转换成 *r* 进制

十进制数转换成 *r* 进制时，整数部分和小数部分的转换方法是不相同的，下面分别加以介绍。

（1）整数部分的转换。把一个十进制的整数不断除以所需要的基数 *r*，取其余数（除 *r* 取余法），就能够转换成以 *r* 为基数的数。例如，为了把十进制的数转换成相应的二进制数，只要把十进制数不断除以 2，并记下每次所得余数（余数总是 1 或 0），余数从右到左排列，首次取得的余数排在最右，这种方法称为除 2 取余法。

例如：把十进制数 25 转换成二进制数如图 1-2 所示。所以(100)D=(1100100)B，注意：第一位余数是低位，最后一位余数是高位。

（2）小数部分转换。要将一个十进制小数转换成 r 进制小数时，可将十进制小数不断地乘以 r，并取整数，直到小数部分为 0 或达到所要求的精度为止（小数部分可能永远不会得到 0），首次取得的整数排在最左，这种方法称为乘 r 取整法。

例如：将十进制数 0.345 转换成相应的二进制数，如图 1-3 所示。所以，(0.345)D=(0.01011)B。

如果十进制数包含整数和小数两部分，则必须将十进制小数点两边的整数和小数部分分开，分别完成相应转换，然后再把 r 进制数和小数部分组合在一起。

```
2 | 100   余数
2 | 50    0
2 | 25    0
2 | 12    1
2 | 6     0
2 | 3     0
2 | 1     1
    0     1
```

图 1-2　除 2 取余法

```
   0.345
×      2
   0.690
×      2
   1.380
×      2
   0.760
×      2
   1.520
×      2
   1.04
```

图 1-3　乘 r 取整法

3. 非十进制数间的转换

通常两个非十进制数之间的转换方法是采用上述两种方法的组合，即先将被转换数转换为相应的十进制数，然后再将十进制数转换为其他进制数。由于二进制、八进制和十六进制之间存在特殊关系，即 $8^1=2^3$，$16^1=2^4$，因此它们之间的转换方法就比较容易，如表 1-2 所示。

表 1-2　二进制、八进制和十六进制之间的关系

二进制	八进制	二进制	十六进制	二进制	十六进制
000	0	0000	0	1000	8
001	1	0001	1	1001	9
010	2	0010	2	1010	A
011	3	0011	3	1011	B
100	4	0100	4	1100	C
101	5	0101	5	1101	D
110	6	0110	6	1110	E
111	7	0111	7	1111	F

根据这种对应关系，二进制转换到八进制十分简单。只要将二进制数从小数点开始，整数从右向左 3 位一组，小数部分从左向右 3 位一组，最后不足 3 位补零，然后根据表 1-2 即可完成转换。

例如：将二进制数（10100101.01011101）B 转换成八进制数。

010，100，101.010，111，010

 2　　4　　5.2　　7　　2

所以（10100101.01011101）B=（245.272）O。

将八进制转换成二进制的方法是：将 1 位八进制数化为 3 位二进制数即可。

二进制同十六进制之间的转换就如同八进制同二进制之间一样，只是4位一组。

例如：将二进制（1111111000111.100101011）B转换成十六进制数。

0001，1111，1100，0111.1001，0101，1000

1　F　C　7．9　5　8

所以（1111111000111.100101011）B=（1FC7.958）H。

1.3.4　二进制数在计算机内的表示

1. 机器数

在计算机中，因为只有“0”和“1”两种形式，所以数的正、负号，也必须以“0”和“1”表示。通常把一个数的最高位定义为符号位，用0表示正，1表示负，称为数符，其余位仍表示数值。把在机器内存放的正、负号数码化的数称为机器数，把机器外部由正、负号表示的数称为真值数。

例如：真值为（-00101100）B的机器数为10101100，存放在机器中，如下所示。

1	0	1	0	1	1	0	0

↑ 数符

要注意的是，机器数表示的范围受到字长和数据的类型的限制。字长和数据类型定了，机器数能表示的数值范围也就定了。例如，若表示一个整数，字长为8位，则最大的正数为01111111，最高位为符号位，即最大值为127。若数值超出127，就要“溢出”。

2. 数的定点和浮点表示

计算机内表示的数，主要分成定点小数、定点整数与浮点数三种类型。

（1）定点小数。定点小数是指小数点准确固定在数据某一个位置上的小数。一般把小数点固定在最高数据位的左边，小数点前边再设一位符号位。按此规则，任何一个小数都可以写成：

$N=N_sN_{-1}N_{-2}\cdots N_{-m}$，$N_s$ ——符号位

即在计算机中用m+1个二进制位表示一个小数，最高（最左）一个二进制位表示符号（如用0表示正号，则1就表示负号），后面的m个二进制位表示该小数的数值。小数点不用明确表示出来，因为它总是定在符号位与最高数值位之间。对用m+1个二进制位表示的小数来说，其值的范围$|N|\leqslant 1-2^{-m}$。定点小数表示法主要用在早期的计算机中。

（2）定点整数。整数所表示的数据的最小单位为1，可以认为它是小数点定在数值最低位右面的一种表示法。整数分为带符号和不带符号两类。对带符号的整数，符号位放在最高位。可以写成

$N=N_sN_nN_{n-1}$，…，$N_2N_1N_0$，N_s ——符号位

对于用n+1位二进制位表示的带符号整数，其值的范围为$|N|\leqslant 2^n-1$。

对不带符号的整数，所有的n+1个二进制位均看成数值，此时数值表示范围为$0\leqslant N\leqslant 2^{n+1}-1$。在计算机中，一般用8位、16位和32位等表示数据。一般定点表示的范围和精度都较小，在数值计算时，大多数采用浮点数。

（3）浮点数。浮点表示法对应于科学（指数）计数法，如数110.011可表示为

$N=110.011=1.10011\times 2^{+10}=11001.1\times 2^{-10}=0.110011\times 2^{+11}$

等多种形式。为了便于计算机中小数点的表示，规定将浮点写成规格化的形式，即：尾数的绝对

值大于等于 0.1 并且小于 1，从而唯一地规定了小数点的位置。

在计算机中一个浮点数由两部分构成：阶码和尾数，阶码是指数，尾数是纯小数。其存储格式如下所示。

阶符	阶码	数符	尾数

阶码只能是一个带符号的整数，它用来指示尾数中的小数点应当向左或向右移动的位数，阶码本身的小数点约定在阶码最右面。尾数表示数值的有效数字，其本身的小数点约定在数符和尾数之间。在浮点数表示中，数符和阶符都各占一位，阶码的位数随数值表示的范围而定，尾数的位数则依数的精度要求而定。尾数的位数决定数的精度，阶码的位数决定数的范围。

例如：设尾数为 4 位，阶码为 2 位，则二进制数 N=101.1 的浮点数表示形式为

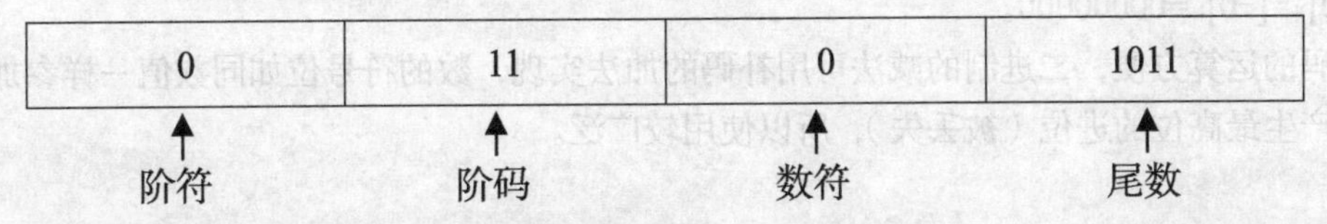

应当注意：浮点数的正、负是由尾数的数符确定，而阶码的正、负只决定小数点的位置，即决定浮点数的绝对值大小。

3. 带符号数的表示

由以上所讲述的数在计算机中的表示可以知道，数在存放时有数符位，用 0 表示正数，1 表示负数。但在计算时若将符号位同时和数值参加运算，则会产生错误的结果；否则要考虑计算结果的符号问题，这将增加计算机实现的难度。为了解决此类问题，在机器数中，负数有三种表示法：原码、反码和补码。

（1）原码。数 X 的原码记为$[X]_原$，如果机器字长为 n，则原码的定义如下：

$$[X]_原=\begin{cases}X, & 0\leqslant X\leqslant 2^{n-1}-1\\ 2^{n-1}+|X|, & -(2^{n-1}-1)\leqslant X\leqslant 0\end{cases}$$

由此可以看出，在原码表示法中：

① 最高位为符号位，正数为 0，负数为 1，其余 n-1 位表示数的绝对值；

② 在原码表示中，零有两种表示形式，即

$[+0]_原$=00000000，　　$[-0]_原$=10000000。

（2）反码。数 X 的反码记作$[X]_反$，如机器字长为 n，则反码定义如下：

$$[X]_反=\begin{cases}X, & 0\leqslant X\leqslant 2^{n-1}-1\\ (2^{n-1})-|X|, & -(2^{n-1}-1)\leqslant X\leqslant 0\end{cases}$$

例如：当机器字长 n=8 时：

$[+1]_反$=00000001，　　$[-1]_反$=11111110

$[+127]_反$=01111111，　　$[-127]_反$=10000000

由此可以看出，在反码表示法中：

① 正数的反码与原码相同，负数的反码只需将其对应的正数按位求反即可得到；

② 机器数最高位为符号位，0 代表正号，1 代表负号；

③ 反码表示方式中，零有两种表示方法，即

$[+0]_反$=00000000，　　$[-0]_反$=11111111。

（3）补码。数 X 的补码记作$[X]_{补}$，如机器字长为 n 时，则补码定义如下：

$$[X]_{补}=\begin{cases}X, & 0\leqslant X\leqslant 2^{n-1}-1\\ 2^{n}-|X|, & -2^{n-1}\leqslant X\leqslant 0\end{cases}$$

例如：当机器字长 n=8 时：

$[+1]_{补}$=00000001，　　　　$[-1]_{补}$=11111111

$[+127]_{补}$=01111111，　　　　$[-127]_{补}$=10000001

由此可以看出，在补码表示中：

① 正数的补码与原码、反码相同，负数的补码等于它的反码加 1；

② 机器数最高位是符号位，0 代表正号，1 代表负号；

③ 在补码表示中，0 有唯一的编码：

$[+0]_{补}=[-0]_{补}$=00000000。

补码的运算方便，二进制的减法可用补码的加法实现，数的符号位如同数值一样参加运算，也允许产生最高位的进位（被丢失），所以使用较广泛。

1.4 计算机中的信息编码

1.4.1 二－十进制 BCD 码

二－十进制 BCD 码是指每位十进制数用 4 位二进制数编码表示。由于 4 位二进制数可表示 16 种状态，可丢弃最后 6 种状态，而选用 0000～1001 来表示 0～9 十个数符。这种编码又叫作 8421 码。

这里要注意，两位十进制数是用 8 位二进制数并列表示，它不是一个 8 位二进制数。如 25 的 BCD 码是 00100101，而二进制数(00100101)B=2^5+2^2+1=(37)D。

1.4.2 西文字符编码

对西文字符编码使用得最多、最普遍的是 ASCII（American Standard Code for Information Interchange）字符编码，即美国信息交换标准代码，如表 1-3 所示。

表 1-3　　　　7 位 ASCII 代码表

$d_3d_2d_1d_0$ 位	$d_7d_5d_4$ 位							
	000	001	010	011	100	101	110	111
0000	NUL	DLE	SP	0	@	P	、	p
0001	SOH	DC1	!	1	A	Q	a	q
0010	STX	DC2	”	2	B	R	b	r
0011	ETX	DC3	#	3	C	S	c	s
0100	EOT	DC4	$	4	D	T	d	t
0101	ENQ	NAK	%	5	E	U	e	u
0110	ACK	SYN	&	6	F	V	f	v

续表

$d_3d_2d_1d_0$位	$d_7d_5d_4$位							
	000	001	010	011	100	101	110	111
0111	BEL	ETB	,	7	G	W	g	W
1000	BS	CAN	(	8	H	X	h	x
1001	HT	EM	)	9	I	Y	i	y
1010	LF	SUB	*	:	J	Z	j	z
1011	VT	ESC	+	;	K	[	k	{
1100	FF	FS	‘	〈	L	\	l	|
1101	CR	GS	−	=	M	]	m	}
1110	SO	RS	.	〉	N	↑	n	~
1111	SI	US	/	?	O	↓	o	DEL

ASCII码的每个字符用7位二进制表示，其排列次序为$d_6d_5d_4d_3d_2d_1d_0$，d_6为高位，d_0为低位。而一个字符在计算机内实际是用8位表示。正常情况下，最高一位d_7为“0”。在需要奇偶校验时，这一位可用于存放奇偶校验的值，此时称这一位为校验位。

要确定某个字符的ASCII码，在表中可先查到它的位置，然后确定它所在位置的相应列和行，最后根据列确定高位码（$d_6d_5d_4$），根据行确定低位码（$d_3d_2d_1d_0$），把高位码与低位码合在一起就是该字符的ASCII码。例如，字母L的ASCII码是1001100，符号%的ASCII码是0100101等。

ASCII码是由128个字符组成的字符集，其中编码值0～31（0000000～0011111）不对应任何可印刷字符，通常称为控制符，用于计算机通信中的通信控制或对计算机设备的功能控制。编码值为32（0100000）是字符SP，编码值为127（1111111）是删除控制DEL码……其余94个字符称为可印刷字符。

字符0～9这10个数字字符的高3位编码（$d_6d_5d_4$）为011，低4位为0000～1001。当去掉高3位的值时，低4位正好是二进制形式的0～9。这既满足正常的排序关系，又有利于完成ASCII码与二进制之间的转换。

英文字母的编码值满足正常的字母排序关系，且大小写英文字母编码的对应关系相当简便，差别仅表现在d_5位的值为0或1，有利于大小写字母之间的编码转换。

1.4.3　汉字的编码表示

用计算机处理汉字时，必须先将汉字代码化，即对汉字进行编码。前面介绍过，直接向计算机输入文字的字形和语音虽然可以实现，但还不够理想。在计算机内部直接处理、存储文字的字形和语音就更困难了，所以用计算机处理字符，尤其是处理汉字字符，一定要把字符代码化。下面介绍主要的汉字代码。

1. 输入码

中文的字数繁多，字形复杂，字音多变，常用汉字就有7000个左右。在计算机系统中使用汉字，首先遇到的问题就是如何把汉字输入到计算机内。为了能直接使用西方标准键盘进行输入，必须为汉字设计编码方法。汉字编码方法主要分为三类：数字编码、拼音码和字形码。

（1）流水码。将汉字和符号按一定规则排序编号而成的编码，称为流水码。常用的是电报码、国标码和区位码，区位码将国家标准局公布的6763个两级汉字分成94个区，每个区分94位，实际上是把汉字表示成二维数组，区码和位码各两位十进制数字，因此，输入一个汉字需要按键四次。

（2）音码。音码是以汉语读音为基础的输入方法。由于汉字同音字太多，输入重码率很高，因此，按拼音输入后还必须进行同音字选择，影响了输入速度。

（3）形码。形码是以汉字的形状决定的编码。形码的核心是将汉字作为若干基本部件的组合。五笔字形、表形码等便是这种编码法。五笔字形编码是最有影响的编码方法。

（4）音形码。结合汉字的读音和字形而对汉字进行的编码称为音形码，也称声形码，如自然码、首尾码等。

2. 内部码

汉字内部码是汉字在设备或信息处理系统内部最基本的表达形式，是在设备和信息处理系统内部存储、处理、传输汉字用的代码。在西文计算机中，没有交换码和内部码之分。目前，世界各大计算机公司一般均以 ASCII 码为内部码来设计计算机系统。汉字数量多，用一个字节无法区分，一般用两个字节来存放汉字的内码。两个字节共有 16 位，可以表示 2^{16} = 65536 个可区别的码，如果两个字节各用 7 位，则可表示 2^{14}=16384 个可区别的码。一般来说，这已经够用了。现在我国的汉字信息系统一般都采用这种与 ASCII 码相容的 8 位码方案，用两个 8 位码字符构成一个汉字内部码。另外，汉字字符必须和英文字符相互区别开，以免造成混淆。英文字符的机内代码是 7 位 ASCII 码，最高位为“0”（即 d_7=0），汉字机内代码中两个字节的最高位均为“1”。即将国家标准局 GB 2312—80 中规定的汉字国标码的每个字节的最高位置“1”，作为汉字机内码，即变形的国标码。以汉字“大”为例，国标码为 3473H，机内码为 B4F3H。

为了统一地表示世界各国的文字，1993 年国际标准化组织公布了“通用多八位编码字符集”的国际标准 ISO/IEC 10646，简称 UCS（Universal Code Set）。UCS 包含了中、日、韩等国的文字，这一标准为包括汉字在内的各种正在使用的文字规定了统一的编码方案。

3. 字形码

汉字字形码是表示汉字字形的字模数据，通常用点阵、矢量函数等方式表示，用点阵表示字形时，汉字字形码指的就是这个汉字字形点阵的代码。字形码也称字模码，是用点阵表示的汉字字形代码，它是汉字的输出形式，根据输出汉字的要求不同，点阵的多少也不同。简易型汉字为 16×16 点阵，提高型汉字为 24×24 点阵、32×32 点阵、48×48 点阵，等等。

字模点阵的信息量是很大的，所占存储空间也很大，以 16×16 点阵为例，每个汉字就要占用 32 个字节，两级汉字大约占 256 KB。因此，字模点阵只能用来构成“字库”，而不能用于机内存储。字库中存储了每个汉字的点阵代码，当显示输出时才检索字库，输出字模点阵得到字形。

4. 各种代码之间的关系

从汉字代码转换的角度，一般可以把汉字信息处理系统抽象为一个结构模型，如图 1-4 所示。

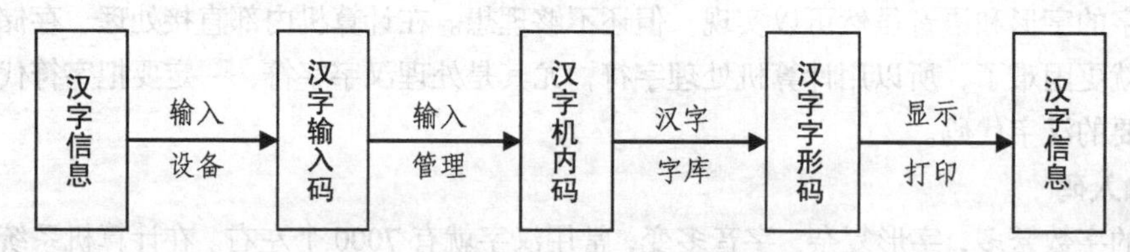

图 1-4　汉字在计算机中的处理过程

1.4.4　汉字的输入

计算机上输入汉字的方法有很多种，如键盘编码输入、语音输入、手写输入、扫描输入等。其中，键盘编码输入是最容易实现和最常用的一种汉字输入方法。以下将以键盘编码输入为基础来介绍汉字的输入，其他几种方法在此不做介绍，有兴趣的读者可参阅有关资料。

通过键盘输入汉字，实际输入的是与该汉字对应的汉字编码（即汉字输入码）。目前输入汉字常用的汉字编码有区位码、拼音码、王码（五笔字型）、自然码等。

并不是任何一种汉字编码都可以在计算机上使用的，这是因为每一种汉字操作系统都只能侧重于提供有限的几种汉字输入方法。也就是说，任何一种汉字编码的输入都需要一定的条件。一种汉字编码能否通过键盘正确输入，关键在于所使用的汉字操作系统是不是提供了这种汉字编码的输入方式。

1.5　计算机系统的组成

一个完整的计算机系统由硬件系统和软件系统两大部分组成，如图 1-5 所示。

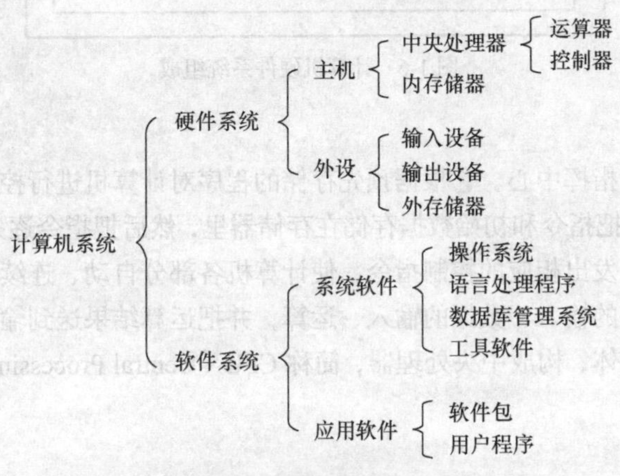

图 1-5　计算机系统的组成

硬件是计算机的物理实体，是指那些能看得见摸得着的计算机器件的总称，如主板、电源、存储器、键盘、显示器、打印机等物理实体。各个器件按一定方式组织起来就形成一个完整的计算机硬件系统。

软件是指挥计算机硬件工作的各种程序的集合。如果说硬件是计算机的物理实体，那么软件就是计算机的灵魂。硬件是计算机的物质基础，软件是发挥计算机功能的关键，两者是不可分割的。

1.5.1　冯·诺依曼结构的计算机硬件系统

ENIAC 诞生后，美籍匈牙利数学家冯·诺依曼提出了重大的改进理论：第一，电子计算机应该以二进制为运算基础；第二，电子计算机应采用“存储程序”方式工作，并且进一步明确指出了整个计算机的结构应由控制器、运算器、存储器、输入设备、输出设备五部分组成。

近 70 年来，虽然现在的计算机系统从性能指标、运算速度、工作方式、应用领域和价格等方面与当时的计算机有很大差异，但基本结构没有变，都属于冯·诺依曼计算机。

冯·诺依曼结构的计算机硬件系统由五个基本部分构成，如图 1-6 所示。

1. 运算器

运算器是计算机对各种数据进行算术运算（加、减、乘、除等）和逻辑运算（比较大小、异同、正负等）的主要部件，是一种能对二进制数进行算术运算和逻辑运算的设备。在运算过程中，运算器不断得到由存储器提供的数据，运算后再把结果送回存储器保存起来。整个运算过程是在控制器统一指挥下按程序编排的次序进行的。

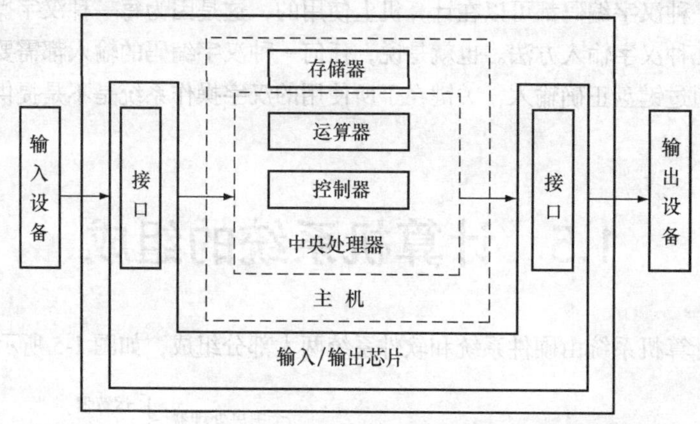

图 1-6 计算机硬件系统组成

2. 控制器

控制器是计算机的指挥中心。它根据预先存储的程序对计算机进行控制，指挥计算机各部件有条不紊地工作。它先把指令和初始数据存储在存储器里，然后把指令逐条从存储器取出、分析，并依据指令的具体要求发出相应的控制指令，使计算机各部分自动、连续并协调动作，成为一个有机的整体，实现程序的输入、数据的输入、运算，并把运算结果送到输出设备上输出。通常把运算器和控制器做成一体，构成中央处理器，简称 CPU（Central Processing Unit），它是计算机的核心部件。

3. 存储器

存储器是计算机中用于存放程序和数据的部件。存储器分为两类：内存储器和外存储器，简称内存和外存。

（1）内存储器。内存储器（简称内存或主存）。在计算机运行中，要执行的程序和数据存放在内存中。内存一般由半导体器件构成。内存是 CPU 可以直接访问的存储器，是计算机中的工作存储器，即当前正在运行的程序与数据都必须存放在内存中。

内存储器分为只读存储器（ROM）和随机存储器（RAM）。计算机在工作过程中只能从只读存储器中读出事先存储的数据，而不能改写，断电后只读存储器中的数据仍能长期保存。CPU 从随机存储器中既可读出信息又可写入信息，但断电后所存的信息会丢失。

（2）外存储器。外存储器也可以作为输入/输出设备。用来存储大量的暂时不参加运算或处理的数据和程序。外存的特点是存储容量大、可靠性高、价格低。

对于存储器的有关术语简述如下。

① 地址：整个内存被分成若干个存储单元，每个存储单元一般可存放 8 位二进制数（字节编址）。每个存储单元可以存放数据或程序代码。为了能有效地存取该单元内存储的内容，每个单元必须有唯一的编号（称为地址）来标识。如同旅馆中每个房间必须有唯一的房间号，才能找到该房间内的人一样。

② 位（Bit）：存放一位二进制数即 0 或 1 称为位（简写为 b）。

③ 字节（Byte）：8 个二进制位为一个字节。

为了便于衡量存储器的大小，统一以字节（Byte 简写为 B）为单位。容量大小一般用 KB、MB、GB、TB 来表示，它们之间的关系是：

1 KB=102 4B，1 MB=1024 KB，1 GB=1024 MB，1 TB=1024 GB，其中 $1024=2^{10}$。

4. 输入设备

输入设备用来接受用户输入的原始数据和程序，并将它们变为计算机能识别的形式（二进制数）存放到内存中。常用的输入设备有键盘、鼠标、扫描仪、光笔、数字化仪等。

5. 输出设备

输出设备用于将存放在内存中由计算机处理的结果转变为人们所能接受的形式。常用的输出设备有显示器、打印机、绘图仪等。

1.5.2　软件系统

1. 指令、程序、软件和裸机的概念

（1）指令。在计算机中，指挥计算机完成某个基本操作的命令称为指令。

一条指令由包含操作码和地址码的一串二进制代码组成。其中操作码规定了操作的性质（做何种操作），地址码指明了操作数和操作结果的存放地址。

（2）程序。程序是为解决某一特定问题而设计的一系列有序的指令或语句的集合，而语句实质包含了一系列指令。

（3）软件。软件是能够指挥计算机工作的程序和程序运行时所需要的数据，以及与这些程序和数据有关的文字说明、图表资料等文档的集合。

（4）裸机。没有安装任何软件的计算机称为裸机。

2. 计算机语言

为解决人和计算机的对话问题，就产生了计算机语言。计算机语言是用于编写计算机程序的语言，它随着计算机技术的发展，为了解决实际问题也在逐步发展。

（1）机器语言。机器语言即二进制语言，它直接用二进制代码（0、1）表示指令，是计算机硬件系统唯一能直接识别、直接执行的计算机语言（可执行代码）。

（2）汇编语言。汇编语言是用一些助记符表示指令功能的计算机语言，它是把机器语言“符号化”的语言，它和机器语言基本上是一一对应的，便于记忆。用汇编语言编写的程序称为汇编语言源程序，汇编语言源程序不能直接执行，需要用汇编程序将其汇编（翻译）成机器语言程序（目标程序），计算机才能执行。

一般将汇编语言和机器语言称为“低级语言”。

（3）高级语言。高级语言更接近人类语言和数学语言。高级语言与具体的计算机指令系统无关，其表达方式更接近人们对求解过程或问题的描述方式。这是面向程序的、易于掌握和书写的程序设计语言。使用高级语言编写的程序称为“源程序”，必须由“编译程序”编译成目标程序，再与有关的“库程序”连接成可执行程序，才能在计算机上运行。

3. 软件系统

计算机软件系统一般包含系统软件和应用软件两大类。

（1）系统软件。系统软件是实现计算机管理、监控、操作和维护的软件，并且由它完成应用程序的装入、编译等任务。它有两个主要特点：一是通用性，即无论哪个应用领域的用户都要用到它；二是基础性，即所有应用软件都在系统软件支持下编写和运行。它主要包括：操作系统、各种语言处理程序、数据库管理系统和各种工具软件。

（2）应用软件。应用软件是指用户或专门的软件公司利用计算机及其提供的系统软件为解决各种实际问题而编制的计算机程序。如文字处理软件（Word 2010）、财务管理软件等。

1.5.3 计算机的工作过程

计算机系统的各个部件能够有条不紊地协调工作，都是在控制器的控制下完成的。计算机的工作过程可以归结为以下几步：

① 控制器控制输入设备将数据和程序从输入设备输入到内部存储器中；

② 在控制器的指挥下，从存储器取出指令送入指令寄存器；

③ 控制器对指令寄存器中的指令进行分析，指挥运算器、存储器执行指令规定的操作；

④ 由操作控制线路发出完成该操作所需要的一系列控制信息，去完成该指令所要求的操作。程序计数器加 1 或将转移地址送入程序计数器，然后回到②，如此反复，直到程序结束。

1.5.4 微型计算机的硬件系统

微型计算机又称为个人计算机，经过 30 多年的不断发展，它已成为现代信息社会的一个重要角色。如图 1-7 所示，微型计算机由以下几个部分组成：微处理器（CPU）、主板、内部存储器（主存）、外部存储器（辅存）、接口设备、输入设备、输出设备、电源等。

图 1-7 微型计算机的硬件系统

中央处理器 CPU 和主存储器构成计算机的主体，称为主机。主机以外的大部分硬件设备都称为外围设备或外部设备，简称外设，它包括输入/输出设备、外存储器和辅助存储器等。

1. 微处理器

在微型计算机中，中央处理器被称作微处理器，即我们通常所说的 CPU，是微型计算机硬件的核心部件。图 1-8 是一款 Athlon 微处理器的外观标志。

图 1-8 Athlon 微处理器

微处理器是微型机进行数据处理的核心，是衡量微型计算机的一个主要性能指标。微处理器的主要性能指标是主频和字长。

（1）主频。CPU 主频也叫时钟频率，是 CPU 内核电路的实际工作频率，指系统时钟脉冲发生器输出的周期性脉冲的频率，通常以赫兹（Hz）为单位。目前，微型机配置的 CPU 主频已达到 2 GHz 以上。

（2）字长。字长是指 CPU 内部各寄存器之间一次能够传递或处理的二进制数据的位数。目前，微型机通常能配置的 CPU 大多是 32 位，如 Pentium 系列，即一次能够处理 32 位二进制数据。

2. 系统主板

主板是微型计算机的另一个重要组成部件，是连接计算机各个功能部件的桥梁。

目前生产的通用主板都设有 CPU 接口插座、BIOS 芯片、主板芯片组、内存插槽及各种外设接口。常见的系统主板如图 1 -9 所示。

图 1-9 系统主板

（1）BIOS 芯片。在每一块主板上都带有 BIOS（Basic Input / Output System），基本输入/输出系统芯片，它是一个只读存储器，BIOS 芯片主要负责解决主板与操作系统之间的接口问题，其功能是：

① 对 CPU、主板芯片以及有关的部件进行初始化；

② 对计算机进行开机自检；

③ 帮助系统从驱动器中寻找 DOS 的引导系统。

（2）芯片组与总线。总线是微处理器（CPU）与各部件和外围设备共用的连接线路。计算机硬件的各个部分是通过总线连接起来的。总线是一组公共信号线，它是计算机各部件之间传输信息的公共通路，简称为 BUS。总线能分时地发送和接收各部件的信息。如果 CPU 是计算机的大脑，那么总线就是计算机的神经线。按照传输信息类型的不同，总线可分为数据总线、地址总线和控制总线三种类型。

微型计算机总线又可以分为内部总线（又称芯片总线或局部总线）、系统总线（又称板级总线）和外部总线（又称通信总线）。内部总线是微机内部各外围芯片与处理器之间的总线，用于芯片一级的互连。系统总线是微机中各插件板与系统板之间的总线，用于插件板一级的互连，以扩展系统的功能。在大多数微机中，显卡、声卡、网卡等都以插件板的形式插入系统总线扩展槽。外部总线是微机和外部设备之间的总线，微机作为一种设备，通过外部总线与其他设备进行信息和数据交换。外部总线用于设备一级的互连，如 USB。

主板芯片组的主要功能就是控制和管理计算机中的硬件以及控制数据传递，它由极其复杂的电路组成。芯片组对整个主板的性能起着决定性的作用。各总线上的数据传输速度取决于该总线的运行时钟频率（CPU 外频）和总线的数据宽度。一般情况下，时钟频率越高，总线的数据传输速度越快。

3. 内部存储器

内部存储器，简称内存，是计算机用来存储程序和中间数据的场所，是影响计算机运行速度的重要因素。在计算机内部，内部存储器包括随机存储器（Random Access Memory，RAM）、只读存储器（Read Only Memory，ROM）、高速缓冲存储器（Cache）三类。

（1）随机存储器。RAM 通常指计算机主存，使用动态随机存储器，制作成内存条形式出现，在使用时将其插在主板的内存插槽上即可。CPU 对它们既可读出又可写入数据。内存条如图 1 -10 所示。

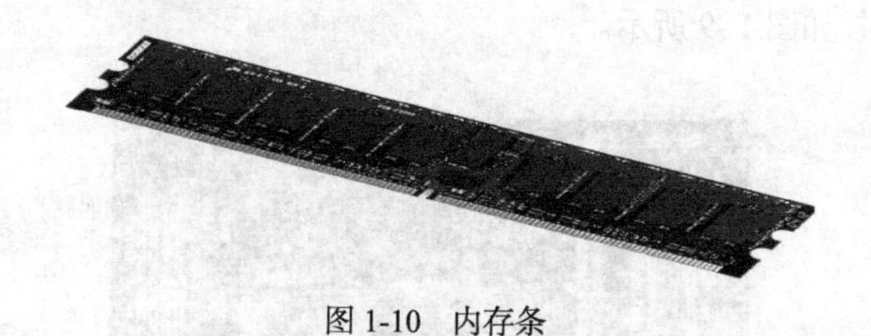

图 1-10　内存条

（2）只读存储器。ROM 主要用来存储固定不变的数据，CPU 对它们只取不存，用户无法修改其信息；断电时信息不会丢失；ROM 中一般存放计算机系统管理程序。

（3）高速缓冲存储器。Cache 是介于 CPU 和内存之间的一种可高速存取信息的芯片，主要用于解决 CPU 和内存之间的速度冲突问题。

我们通常所说的内存就是指随机存储器，即 RAM。内存条按照引脚数量的不同分为 72 线和 168 线，目前使用的多为 168 线。单条内存的容量从 64 MB 至 16 GB 不等，我们可以根据需要选用。

4. 外部存储器

常见的外部存储器有硬盘存储器、光盘存储器、移动存储器等，如图 1-11 所示。

（1）硬盘存储器。硬盘存储器即硬盘，是常用的主要外部存储器。硬盘由盘片、控制器、驱动器以及连接电缆组成。硬盘的存取速度比软盘要快很多，但是比内存的存取速度慢得多。它的优点：具有很大存储容量，不易损坏，而且价格越来越低廉了。

图 1-11　硬盘、光盘和 U 盘

（2）光盘存储器。光盘存储器（简称光盘）是利用激光原理存储和读取信息的媒介。光盘存储器由光盘和光盘驱动器两部分组成。目前，常用的光盘存储器有 CD-ROM（只读压缩光盘）、CD-RW（可擦写光盘）、CD-R（一次性可写）和 DVD-ROM 等。

只读压缩光盘（CD-ROM）是较为常见的光存储介质。CD-ROM 上的信息都是由生产厂家预先刻录上的，不能修改或删除。

衡量光盘驱动器传输数据速率的指标叫作“倍速”，CD-ROM 一倍速为 150 KB/s，DVD-ROM 一倍速为 1.3 MB/s。如果一个 CD-ROM 光驱为 40 倍速，那么它的数据传输速率可以达到 150KB/s

×40=6.0 MB/s。

（3）移动存储产品。目前，一种用半导体集成电路制成的电子盘已取代软盘。电子盘又称“优盘”“闪存”，优盘是一种新型的移动存储产品，主要用于存储较大的数据文件和在电脑之间方便地交换文件。优盘不需要物理驱动器，也不需外接电源，可热插拔，使用非常简单方便。优盘体积很小，重量极轻，可抗震防潮，特别适合随身携带，是移动办公及文件交换的理想存储产品。

5. 输入设备

输入设备是向计算机输入信息的设备，通过外设接口与计算机相连，常见的输入设备有键盘、鼠标、扫描仪等。

（1）键盘。键盘是计算机最常用的输入设备。用户的各种命令、程序和数据都可以通过键盘输入计算机。

键盘是由一组排列成阵列形式的按键开关组成，每按下一个键，都产生一个相应的扫描码，不同位置的按键对应不同的扫描码。键盘中的单片机将扫描码送到主机，再经主机将键盘扫描码转换成 ASCII 码。目前，微机上常用的键盘有 101 键和 104 键。图 1-12 所示为键盘和鼠标。

图 1-12　键盘和鼠标

（2）鼠标。鼠标是一种手持式的坐标定位设备，目前常用的鼠标有两种：机械式和光电式。

- 机械式鼠标下面有一个可以滚动的小球。当鼠标在平面上移动时，小球与平面摩擦转动，带动鼠标内的两个光盘转动，产生脉冲，测出 *X—Y* 方向的相对位移量，就可反映到屏幕上光标的位置。
- 光电式鼠标下面有一个转换装置，需要一块画满小方格的长方形金属板配合使用。鼠标在板上移动时，安装在鼠标上的光电装置根据移动过的小方格数来定位坐标点。光电式鼠标较可靠，故障率较低。

鼠标上有 2～3 个按键，通常使用左键，根据不同的程序，右键的功能也不一样。

6. 输出设备

输出设备是显示计算机内部信息和信息处理结果的设备，常见的输出设备有：显示器、打印机、投影仪等。

（1）显示器。显示器是微型计算机不可缺少的输出设备。显示器可显示程序的运行结果，显示输入的程序或数据等。

目前，显示器分为以阴极射线管为核心的 CRT 显示器、液晶显示器（LCD）、等离子显示器（PD）等。阴极射线管 CRT 是目前常用的显示设备，这不仅用于计算机显示器中，还用于多数电视机中。图 1-13 所示为 CRT 显示器与液晶显示器。

CRT 的分辨率是指显示设备所能表示的像素个数。像素越密，分辨率越高，图像越清晰。显示器的分辨率取决于显像管磷光体的粒度、显像管的尺寸和电子束的聚焦能力。

（2）打印机。打印机的种类很多，但按打印工作原理分为两大类：击打式和非击打式。击打式打印机靠机械动作实现打印，如点阵式打印机、行式打印机都是击打式打印机，工作时噪声较大，激光打印机、喷墨打印机属于非击打式打印机，它们在打印过程中，无机械的击打动作，因此噪声较小。

图 1-13　CRT 显示器与液晶显示器

① 点阵式打印机。点阵式打印机打印的字符或图形是以点阵的形式构成的。点阵是由打印机上的打印头中的钢针通过色带打印在纸上。目前使用的都是 24 针打印机。所谓 24 针，即打印头上有 24 根钢针来形成字符或图形。这 24 根钢针垂直排成两列，每列 12 根钢针。

点阵打印机按打印宽度分成宽行打印机（132 列）和窄行打印机（80 列）。有些打印机还带有汉字库，这是一个优点，就是在西文环境下，也能打印中文的文本文件，而不带汉字库的打印机要打印中文，必须在中文环境下。图 1-14 所示为点阵式、喷墨式和激光打印机。

图 1-14　点阵式、喷墨式和激光打印机

② 喷墨打印机。喷墨打印机是利用喷墨替代针打及色带。可直接将墨水喷到纸上实现印刷。它是利用换能器将墨点从喷墨头中喷出，然后根据字符发生器对喷出的墨点充以不同的电荷，在偏转系统的作用下，墨点在垂直方向偏转，充电越多偏移的距离越大，最后落在纸上，印刷出各种字符或图像。

喷墨打印机一般能达到每英寸 360 点（360 dpi）。目前有些喷墨打印机已达到 1440dpi。它的缺点是：目前打印代价较高，喷头容易堵塞。

③ 激光打印机。激光打印机是激光技术和电子照相技术的复合产物。它利用电子照相原理，类似复印机，但复印机的光源是用灯光，而激光打印机用的是激光。在控制电路的控制下输出的字符或图形变换成数字信号来驱动激光器的打开和关闭，对充电的感光鼓进行有选择的曝光，被曝光部分产生放电现象，而未曝光部分仍带有电荷，随着鼓的圆周运动，感光鼓充电部分通过碳粉盒时，使有字符式图像的部分吸附碳粉，当鼓和纸接触时，在纸反面施以反向静电电荷，将鼓上的碳粉附到纸上，这称为转印，最后经高温区定影，使碳粉永久黏附在纸上。激光打印机噪声低，分辨率高（一般都在 600dpi 以上），打印速度也较快，价格也高。

1.5.5　微型计算机的主要性能指标

1. 主频

CPU 主频也叫时钟频率，通常以赫兹（Hz）为单位。主频越高，运算速度越快。

2. 字长

字长是指 CPU 内部各寄存器之间一次能够传递或处理的二进制数据的位数。不同芯片有不同的字长，如 8 位、16 位、32 位、64 位等。现在市面上的奔腾Ⅳ芯片字长大部分为 32 位，也有的已经高达 64 位。字长越长，表示一次读写和处理数据的范围越大，处理数据的速度越快，计算精度越高。

3. 运算速度

运算速度是衡量 CPU 工作快慢的指标。运算速度经常用 MIPS（10^6 条指令/秒，MIPS 是 Million Instructions Per Second 的缩写）和 BIPS（10^9 条指令/秒，BIPS 是 Billion Instructions Per Second 的缩写）度量。

4. 内存容量

内存容量是衡量微机记忆能力的指标。内存容量越大，一次能存入的数据就越多，能直接接纳和存储的程序就越长，计算机的处理能力和规模就越大，速度就越快。现在市面上流行的奔腾Ⅳ微机都配有 256 MB 以上的内存，有的内存已经达到 1 GB 甚至更高。

5. 输入/输出数据传输速率

输入/输出数据传输速率决定了计算机内部与外设交换数据的速度。提高计算机的输入/输出传输速率可以提高计算机的整体速度。

6. 可靠性

可靠性指计算机连续无故障运行时间的长短。无故障运行时间长，表示可靠性越好。

7. 兼容性

任何一种微机中，高档机总是低档机发展的结果。如果原来为低档机开发的软件不加修改便可以在它的高档机上运行和使用，则称此高档机为向下兼容。

第2章 Windows 7操作系统

操作系统是最基本、最重要的系统软件，是用户和计算机硬件之间的接口。本章介绍操作系统的概念、功能、分类，并以Windows 7操作系统为例介绍操作系统的详细使用方法。

2.1 操作系统概述

2.1.1 操作系统基础知识

1. 操作系统的定义

操作系统OS（Operating System）是直接控制和管理计算机软硬件资源、合理组织多道程序的运行以及为用户提供良好的使用环境、充分发挥计算机作用的最基本的系统软件。

在计算机系统中引入操作系统有两方面的意义：首先，操作系统要方便用户使用计算机，使用户不必了解系统硬件和软件的细节就可通过操作系统方便地使用计算机；其次，操作系统应最大限度地发挥计算机系统资源的使用效率。这里的系统资源既包括CPU、内存、外设等硬件资源，也包括程序、数据等软件资源。

2. 操作系统的功能

从资源管理的角度看，操作系统应具备以下几项重要功能。

（1）处理器管理。中央处理器是计算机系统中最关键的资源。在计算机系统中常常有多个程序同时运行，处理器管理的主要任务是根据一定的原则，做好中央处理器的调度工作，使其资源得到最充分的利用。

（2）存储管理。存储管理的主要任务是对内存资源进行合理分配。当多个程序共享有限的内存资源时，为其分配内存空间，使它们既互不侵扰，又能在一定条件下及时调配，尤其当内存不足时，把当前未运行的程序及其所需数据调出内存，要运行时再调入内存等。

（3）设备管理。设备管理是指计算机系统中除了CPU和内存以外的所有输入/输出设备的管理。除了进行实际输入/输出操作的设备外，还包括各种支持设备。设备管理的首要任务是为这些设备提供驱动程序或控制程序，使用户不必了解设备及接口技术细节，就可方便地对这些设备进行操作。另一方面，就是使相对低速的外设尽可能与CPU并行工作，以提高设备的使用效率并提高整个系统的运行速度。

（4）文件管理。现代计算机系统中，操作系统不仅把程序、数据及各种信息，甚至把外设、操作系统本身都当作文件来管理。因此，文件是计算机系统的软件资源。有效地组织、存储、保护文件，使用户能方便、安全地使用它们，是文件管理的任务。

（5）作业管理。所谓作业，就是用户在一次使用计算机的过程中，要求计算机系统所做工作的集合。可以说，计算机的一切工作都是为了完成作业。用户应如何向计算机系统提交作业，系统如何以较高的效率来组织和调度它们的运行，这就是作业管理的任务。

（6）用户接口。操作系统提供了一组友好的用户接口，包括程序接口、命令接口和图形接口，使用户能灵活、方便地使用计算机和操作系统。

操作系统的上述功能，前四种是对资源的管理，其管理的对象虽然不同，但彼此之间并非完全独立。对每一种资源的管理，操作系统都要做到：记录资源的使用情况；以某种方案分配资源；回收资源。而作业管理，则是用户使用操作系统的方法。

2.1.2 Windows 操作系统概述

1. Windows 的发展史

微软公司分别于 1985、1987、1990 和 1992 年推出了 Windows 1.0、2.0、3.0 及 3.1 版，但它们还不是独立的操作系统，必须依赖于 DOS。1993 年，微软推出网络操作系统 Windows NT，它是一个独立的操作系统，可配置在大、中、小型网络中，管理整个网络中的资源和实现用户的通信。

1995 年 8 月，微软公司推出 Windows 95，它是第一个真正的图形化操作系统，基于视窗界面，并且不再依赖于 DOS。

1998 年，微软公司推出了 Windows 98，这是一款专为个人消费者设计的操作系统，功能、性能进一步提高。Windows 98 的升级版本 Windows Me 于 2001 年推出，面向家庭用户，具有更强的稳定性、更简单的家庭网络功能和更好的多媒体工具等。

Windows 2000 是微软公司的一个划时代的产品，是将 Windows 98 和 Windows NT 的特征相结合发展而来的，具有成本低、可靠性高、支持 Internet 等优点。

2001 年，微软公司又推出了 Windows XP，作为 Windows 2000 的升级版，它允许多个用户登录到计算机系统中，而且每个用户除了拥有公共系统资源外，还可拥有个性化的桌面、菜单、“我的文档”和应用程序等。

2006 年，具有跨时代意义的 Vista 系统发布，它引发了一场硬件革命，是计算机正式进入双核、大（内存、硬盘）时代。

2009 年 10 月，Windows 7 在美国发布，它的设计主要围绕五个重点：针对笔记本电脑的特有设计；基于应用服务的设计；用户的个性化；视听娱乐的优化；用户易用性的新引擎。

2012 年 10 月，Windows 8 在美国正式推出，它支持来自 Intel、AMD 和 ARM 的芯片架构，被应用于个人电脑和平板电脑上，尤其是移动触控电子设备，如触屏手机、平板电脑等。该系统具有良好的续航能力，且启动速度更快、占用内存更少，并兼容 Windows 7 所支持的软件和硬件。另外，在界面设计上采用平面化设计。

2. Windows 7 的版本

微软中国网站发布的 Windows 7 包含 4 个版本，分别为家庭普通版、家庭高级版、专业版以及旗舰版。

Windows 7 Home Basic（家庭普通版）：简化的家庭版，面向使用经济型电脑用户的入门版本，支持多显示器，有移动中心，限制部分 Aero 特效，没有 Windows 媒体中心，缺乏 Tablet 支持，没有远程桌面等。

Windows 7 Home Premium（家庭高级版）：面向个人用户的主流版本，满足家庭娱乐需求，提供了基于最近硬件设备的全部功能。包含所有桌面增强和多媒体功能，如Aero特效、多点触控功能、媒体中心、建立家庭网络组、手写识别等，不支持Windows域、Windows XP模式、多语言等。

Windows 7 Professional（专业版）：面向小企业用户及家庭办公的商业用户，满足办公开发需求，包含加强的网络功能，如活动目录和域支持、远程桌面等，另外还有网络备份、位置感知打印、加密文件系统、演示模式、Windows XP模式等功能。

Windows 7 Ultimate（旗舰版）：面向大中型企业和电脑爱好者的最佳版本，拥有所有功能，与企业版基本是相同的产品，仅仅在授权方式及其相关应用及服务上有区别。

在这些版本中，Windows 7家庭高级版和Windows 7专业版是两大主力版本，前者面向家庭用户，后者针对商业用户。此外，32位版本和64位版本没有外观或者功能上的区别，但64位版本支持16 GB（最高至192 GB）内存，而32位版本只能支持最大4 GB内存。专业版用户和家庭高级版用户可以付费通过Windows随时升级（WAU）服务升级到旗舰版。

2.1.3 Windows 7的安装与激活

1．安装Windows 7的硬件要求

安装windows7的最低配置要求：处理器，1 GHz 32位或者64位处理器；内存，1 GB大小（基于32位CPU）或2 GB大小（基于64位CPU）及以上；显卡，支持DirectX 9.0 128 MB及以上（开启Aero效果）；硬盘空间，16 GB（基于32位CPU）或20 GB（基于64位CPU）以上可用空间（主分区，NTFS格式）；显示器；要求分辨率在1024×768像素及以上（低于该分辨率则无法正常显示部分功能），或可支持触摸技术的显示设备。

如若需要Windows 7提供更多的功能，则需要系统配置满足相关要求，如打印机、麦克风、无线网卡等。

2．安装Windows 7的方法

安装Windows 7之前先确定系统分区的格式是NTFS，如果是FAT32格式的话，先将系统分区的格式转换为NTFS。安装时有3种安装类型：升级安装、全新安装以及多系统安装。下面以“全新安装”为例，介绍安装Windows 7的步骤。

（1）将Windows 7安装光盘放入光驱，BIOS设置开机从光驱启动，加载光驱以后可见Windows 7的安装界面，如图2-1所示。

（2）Windows 7的安装向导界面，默认都是中文，安装光盘自行运行，出现“安装Windows”窗口，选择“要安装的语言”等选项，按照向导逐步完成操作，勾选“我接受许可协议条款”。

（3）在图2-2所示的安装类型选择中，选择“自定义”，确定Windows 7的磁盘，开始整个安装过程，期间会重启计算机，重启之后跟随向导逐个完成设置，从而配置Windows系统。

（4）输入用户名和计算机名称，设置用户密码，输入产品密匙，将Windows 7激活，激活是为了推广正版软件的需要，通常须在30日之内激活，如果过期，系统将采用“黑色桌面”提醒，同时，Windows无法完成自动更新功能。

（5）设置时区、日期和时间，选择当前网络位置等，安装过程完成对系统及有关设备的配置后，进入Windows 7界面，安装成功。

图 2-1　Windows 7 安装界面

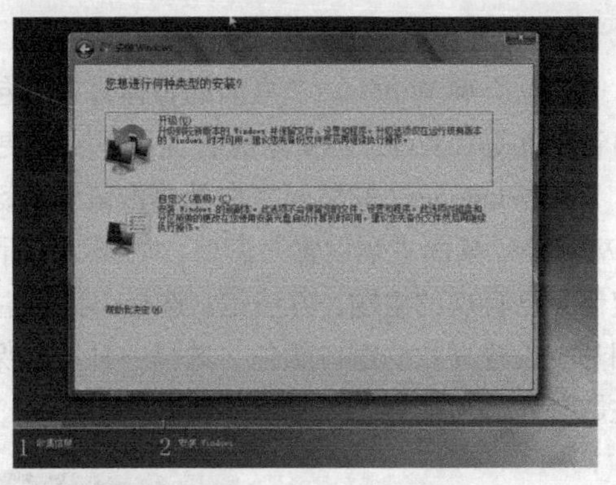

图 2-2　选择 Windows 7 安装类型

2.2　Windows 7 中的基本术语及其基本操作

2.2.1　桌面及其操作

1. 桌面

“桌面”（Desktop）就是用户启动计算机登录到中文版 Windows 7 后看到的整个屏幕区域，它是用户和计算机进行交流的窗口，如图 2-3 所示。Windows 7 桌面主要由桌面背景、桌面图标和任务栏 3 部分组成。系统安装成功后，桌面上呈现的只有“回收站”图标，在使用过程中，桌面上可以存放用户经常用到的系统文件夹，如“计算机”、“网络”等；用户还可以根据自己的需要在桌面上添加各种快捷图标，在使用时双击图标就能够快速启动相应的程序或文件；桌面右上角是一些比较实用的小工具，包括时钟、天气、CPU 仪表盘等。

图 2-3　Windows 7 桌面

2. 桌面上的系统文件夹图标

（1）计算机。“计算机”可以管理计算机中的硬盘驱动器、所有的文件夹和文件，在其中还可以访问连接到计算机的照相机、扫描仪和其他硬件以及有关信息。

（2）网络。当计算机连接网络时，通过“网络”可以访问整个网络或者局域网络中已经登录的计算机，实现文件夹、文件、打印机等软、硬件资源的共享。

（3）回收站。“回收站”是用来暂时存放用户从硬盘上删除的文件或文件夹等信息，当还没有清空回收站时，如果发现某个文件是误删除的，可以从“回收站”中还原该文件。

3. 桌面主题设置

主题影响 Windows 7 桌面的整体外观，包括桌面背景、屏幕保护程序、图标、窗口和系统的声音事件等，Windows 7 家庭普通版不支持更改主题。

在 Windows 7 的桌面空白处单击鼠标右键，弹出桌面快捷菜单，选择“个性化”选项，出现“Windows 桌面主题设置”窗口，如图 2-4 所示，从而设置不同的 Windows 7 主题。用户也可以定制自己喜欢的主题，方法是：选择“我的主题”栏下的“未保存的主题”，然后更改桌面的背景图片、设置喜欢的窗口颜色、选择一种屏幕保护程序、设置触发某一事件的声音等，最后“保存主题”并命名即可。

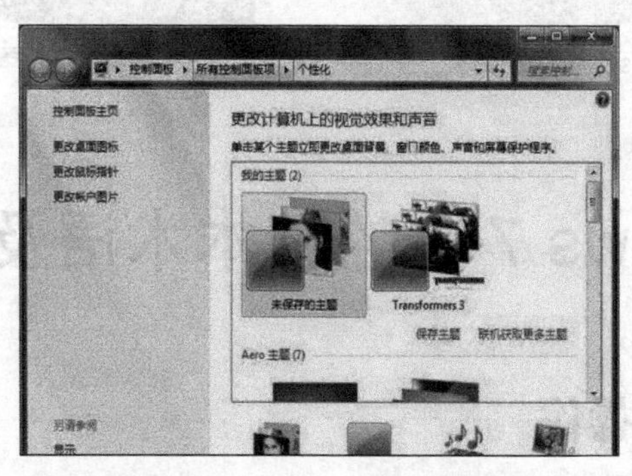

图 2-4　Windows 7 桌面主题设置

4. 设置桌面系统文件夹图标

单击图 2-4 中的“更改桌面图标”项，出现“桌面图标设置”对话框，如图 2-5 所示。在该对话框的“桌面图标”栏中，用户可以选择哪些图标出现在桌面上。单击“更改图标”按钮，还可以变换桌面系统文件夹的图标样式。

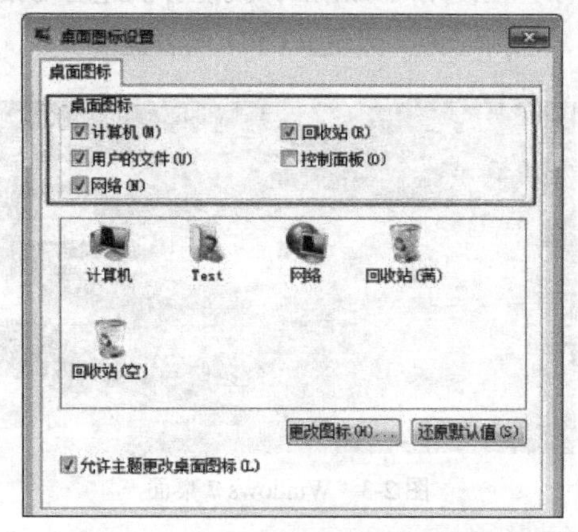

图 2-5　桌面图标设置

5. 桌面图标的显示及排列方式

当用户在桌面上创建了多个图标时，可以对图标进行排列，使用户的桌面看上去整洁而富有条理。调整桌面上的图标时，可以手动用鼠标左键把各个图标拖动到桌面上自己感觉合适的位置，还可以用鼠标右键单击桌面的空白处，在弹出的快捷菜单中调整。在右键快捷菜单（见图 2-6）中选择“查看”菜单项，可以设置桌面图标以“大图标”“中等图标”还是“小图标”显示。

通过勾选“查看”菜单项中的“自动排列图标”与否，设置桌面图标是自动排列还是非自动排列，如果是自动排列，又分为按名称、按大小、按项目类型、按修改日期的不同排列方式，如图 2-7 所示。当“自动排列图标”不起效时，用户才可以按照自己的喜爱拖动桌面图标来安排它们在桌面上的位置。

“将图标与网格对齐”命令项不会改变图标现有的排列方式，只是图标会按一定间隔对齐；勾选“显示桌面图标”项与否，可以显示或隐藏桌面上的图标；“显示桌面小工具”项，亦可决定桌面小工具的显示与隐藏。

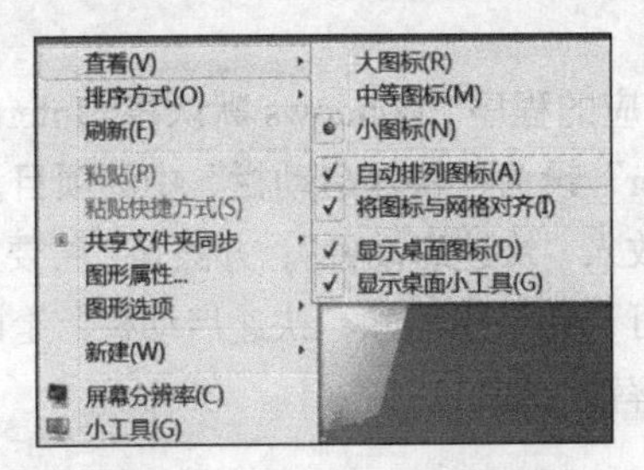

图 2-6　桌面图标的查看方式

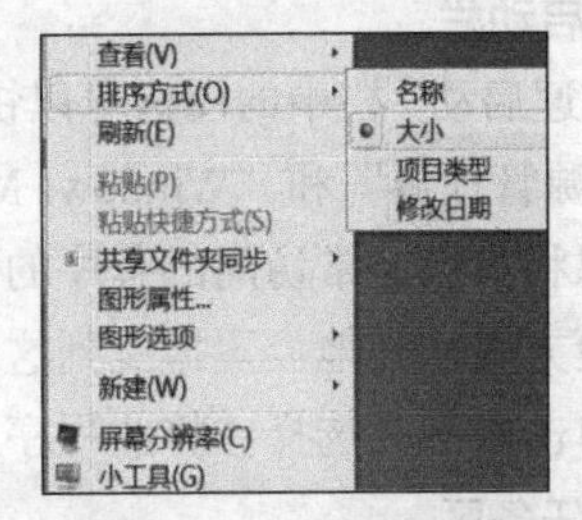

图 2-7　桌面图标的排列

6. 桌面上的小工具

Windows 7 桌面小工具是 Windows 操作系统的新增功能，可以方便电脑用户使用。桌面小工具可以让电脑用户查看时间、天气，可以了解电脑的运行情况（如 CPU 仪表盘），也可以作为桌面装饰（如招财猫）。某些小工具是连网时才能使用的（如天气等），某些是不用联网就能使用的（如时钟等）。

设置桌面小工具的方法如下：首先在电脑桌面空白处，单击鼠标右键打开右键快捷菜单，找到“小工具”这个菜单项。单击进入小工具设置窗口，可以在此窗口中选择相应的小工具，双击图标或者直接拖曳到电脑桌面，如图 2-8（a）所示。如果想更大地展示该功能，可以单击“较大尺寸”按钮进行放大，如图 2-8（b）所示。当不需要该工具的时候可以把鼠标放在工具的右侧，在出现的工具栏中选择关闭，删除该小工具功能。

如果某个小工具不经常用但是又不想删掉，可以更改不透明度。把鼠标移到想设置不透明度的小工具上，单击右键，再移动鼠标到“不透明度”项，单击想要的不透明度，如 20%、40%、60%、80%、100%，如图 2-8（c）所示。

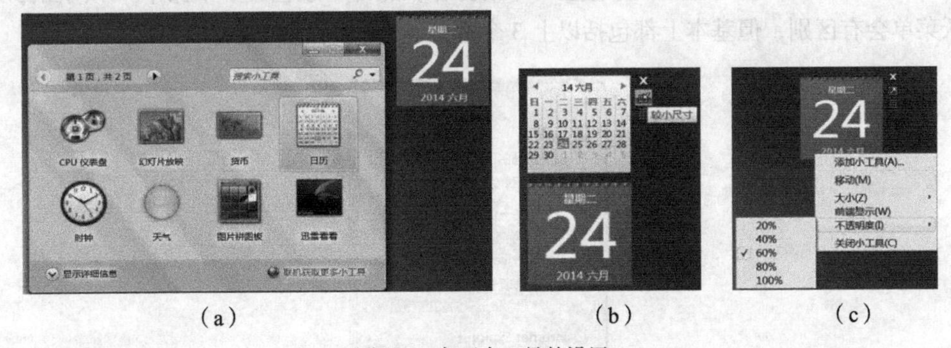

图 2-8　桌面小工具的设置

2.2.2　任务栏

任务栏由“开始”按钮、“快速启动”栏、“活动任务”栏、语言栏和系统区域等几部分组成，如图 2-9 所示。默认情况下，任务栏位于桌面的底部，用户通过任务栏可以完成许多操作，而且可以对它进行一系列的设置。任务栏各组成部分的简单介绍如下。

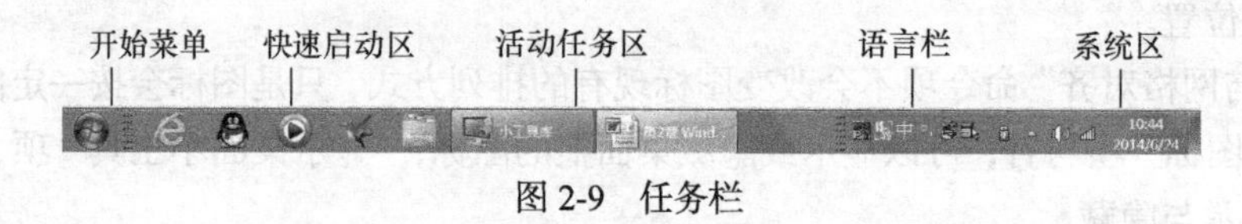

图 2-9　任务栏

1. 快速启动栏

单击“快速启动”栏中的图标可以快速启动相应的程序，Windows 默认将“Internet Explorer”、“Windows 资源管理器”和“Windows Media Player”设为“快速启动栏”中的项目。

用户可以将自己经常访问的程序的快捷方式放入“快速启动栏”，方法是：将要放入“快速启动栏”的快捷方式从其他位置拖曳到这个区域即可，如果想删除“快速启动栏”上的项目，在该项目图标上单击右键，选择“将此程序从任务栏解锁”即可。

2. 活动任务区

“活动任务区”位于“快速启动栏”的右侧，显示当前所有运行中的应用程序和打开的文件夹窗口所对应的图标（如果应用程序和文件夹窗口所对应的图标在“快速启动栏”出现，则就不在“活动任务区”显示了），相同应用程序打开的所有文件只对应一个图标。

鼠标指向任务栏中打开的程序所对应的图标，可以预览打开文件的多个界面，如图 2-10 所示，此为任务栏活动任务的实时预览功能，单击预览的界面，可以切换到该文件或者文件夹，单击“活动任务区”上的图标可实现窗口之间的切换。

图 2-10　任务栏实时预览

鼠标右键单击“活动任务区”或者“快速启动栏”中的图标，会出现跳跃菜单，如图 2-11 所示，最上面的“常用”部分，可以访问用户使用该程序最常访问的文件名列表；中间“任务”部分，可以对该图标所对应的应用程序做些简单的操作；底部一般包含 3 个操作。不同图标所对应的跳跃菜单会有区别，但基本上都包括以上 3 个部分。

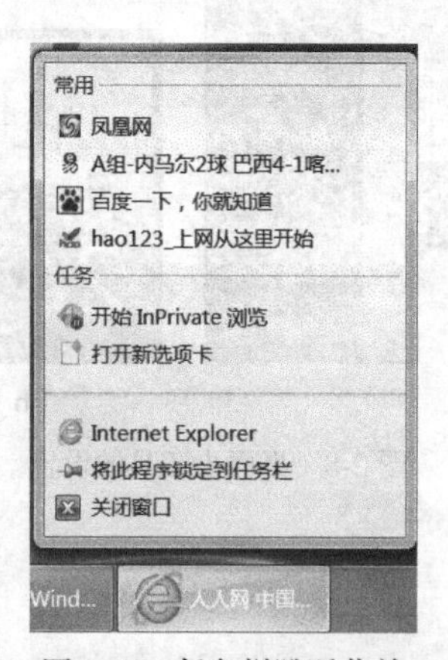

图 2-11　任务栏跳跃菜单

3．语言栏

“语言栏”可以选择或切换输入法，它最小化后融入任务栏中，还可以脱离任务栏。

4．系统区

任务栏最右侧是“系统区”，它以图标的形式显示操作系统启动时连带启动的各种常驻后台的应用程序的状态以及系统的输出音量、时间、反病毒实时监控程序、网络连接等信息。

将鼠标移至系统区的最右侧或单击，可以显示桌面。

5．任务栏的基本操作

（1）添加显示其他工具栏。右键单击任务栏空白处，弹出快捷菜单，从“工具栏”的级联菜单中选择各种其他工具是否显示在任务栏上。

（2）任务栏的自动隐藏。把任务栏设置为隐藏后，当用户不对任务栏进行操作时，可以让任务栏消失，当用户需要使用时，可以把鼠标放在任务栏位置，它会自动出现。设置的方法是：右键单击任务栏空白处，弹出快捷菜单，选择“属性”命令，在打开的“任务栏和‘开始’菜单属性”对话框中选择“自动隐藏任务栏”，如图 2-12 所示。

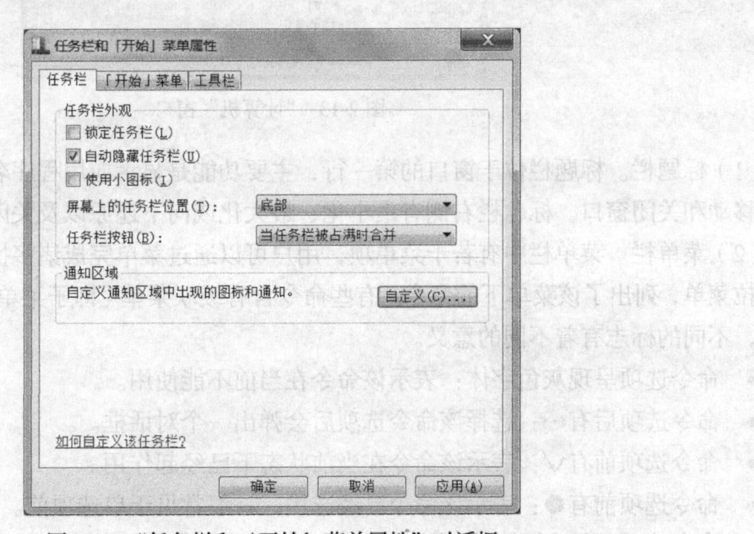

图 2-12　“任务栏和‘开始’菜单属性”对话框

（3）任务栏尺寸的改变。如果任务栏中的图标过多，可以改变任务栏的高度，方法是把鼠标放在任务栏的边缘，当出现双箭头指示时，按下鼠标左键不放拖动到合适高度再松开鼠标。

任务栏的高度最大可以到达桌面高度的二分之一。

（4）改变任务栏的位置。任务栏不仅可以位于桌面的下方，我们还可以把任务栏拖动到桌面的上、下、左、右四个边缘，在移动时用鼠标左键拖动任务栏的空白区域，拖动到目标位置松开鼠标，这样任务栏就会改变位置。

（5）锁定任务栏。鼠标右键单击任务栏的空白处，在弹出的快捷菜单中选择“锁定任务栏”，当任务栏被锁定后，不能被随意移动或改变大小。

2.2.3 窗口及其操作

窗口是用户用于查看应用程序或者文档等信息的矩形区域，Windows 中的窗口有应用程序窗口、文件夹窗口、对话框窗口等。当前操作的窗口称为“活动窗口”或“前台窗口”，其他窗口叫作“非活动窗口”或“后台窗口”。

1. 窗口的组成

在 Windows 7 中，窗口在外观和操作方式上都类似，大部分都包括了相同的组件，由标题栏、菜单栏、工具栏等几部分组成。下面以“计算机”窗口（见图 2-13）为例来介绍窗口的组成。

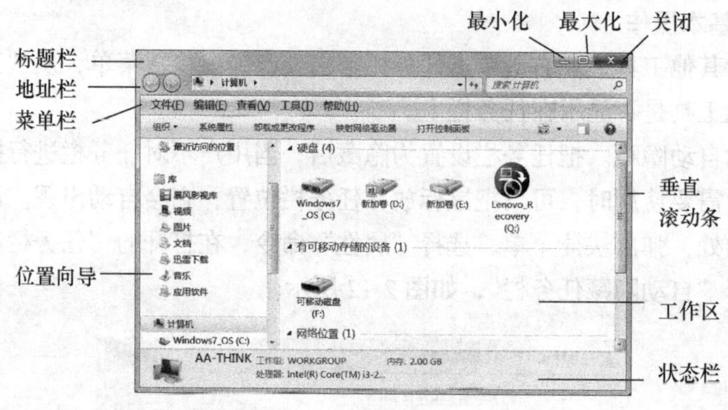

图 2-13 “计算机”窗口

（1）标题栏。标题栏位于窗口的第一行，主要功能是显示应用程序名和文件名、调整窗口大小、移动和关闭窗口。标题栏右侧有最小化、最大化或向下还原以及关闭按钮。

（2）菜单栏。菜单栏中有若干菜单项，用户可以通过菜单完成诸多操作。每个菜单项都有一个下拉菜单，列出了该菜单下的命令。有些命令含有级联菜单（即子菜单），有些命令项带有特殊标志，不同的标志有着不同的意义。

- 命令选项呈现灰色字体：表示该命令在当前不能使用。
- 命令选项后有…：选择该命令选项后会弹出一个对话框。
- 命令选项前有√：表示该命令在当前状态下已经起作用。
- 命令选项前有●：表示该命令已经选用，一般常见于单选项前。
- 命令选项后带有▶：表示该命令选项后有子菜单（级联菜单）。

工具栏：工具栏在菜单栏下方，它将一些常用命令以标准工具按钮和下拉列表的形式排列出来，以便使用鼠标更方便快捷地执行这些命令。鼠标指向工具按钮时，会有文字显示出该按钮的功能，单击它可执行相应的命令。

（3）地址栏。地址栏中的地址是当前文件或文件夹所在的位置。它含有下拉列表，单击其右侧的下拉按钮▸，打开下拉列表，单击某项即可直接跳转到该项的窗口。

（4）位置向导。位置向导位于窗口左侧，其中列出了与该窗口相关联的主要文件夹，每个文件夹都以超链接的形式表示，单击即可到达其所在位置。

（5）工作区。窗口的内部区域称为工作区，通常是窗口中面积最大且具有同一背景的操作区域。工作区显示用户工作的情况，用户的大部分操作都在工作区中进行。

（6）滚动条。滚动条由长方形滚动框、滚动块（滑块）和两个方向相反的滚动按钮组成。利用滚动按钮可以逐行或逐列小步滚动窗口内容。滚动块的长短表示窗口信息占全部信息的比例。

只要全部信息的长度小于窗口的长度，则该方向的滚动条将自动消失。单击垂直滚动条空白处可以快速逐页滚动窗口，拖动垂直滚动块可快速逐行滚动窗口。

（7）状态栏。状态栏位于窗口的最下方，显示一些与操作有关的信息，状态栏可以显示或隐藏。

2. 窗口的基本操作

窗口操作在 Windows 系统中是很重要的，很多操作都是在窗口中完成的。基本的操作包括打开、移动、大小改变、窗口排列、窗口间切换等。

（1）窗口的打开和关闭。当需要打开一个窗口时，可以通过下面两种方式来实现：选中要打开的窗口图标，然后双击打开；或者对选中的图标单击鼠标右键，在其快捷菜单中选择“打开”命令。要关闭一个窗口，可单击“关闭”按钮或者按 Alt+F4 组合键，在一些应用程序中，还可以双击控制菜单按钮。

（2）窗口的移动。当打开的窗口没有设为最大化或最小化时，可以移动窗口到桌面适当的位置。用鼠标指向窗口的标题栏，按住鼠标左键不放，拖曳窗口到新的位置松开鼠标即可。

（3）窗口的尺寸改变。把鼠标移动到窗口边框处，鼠标指针会变成双箭头，如“↕、↗、↘、↔”，这时可以使用鼠标拖曳的方式改变窗口的尺寸。

（4）窗口的排列。右键单击任务栏空白处，在快捷菜单（见图 2-14）中用“层叠窗口”“堆叠显示窗口”或“并排显示窗口”命令，使所有打开的窗口重新排列（见图 2-15）。

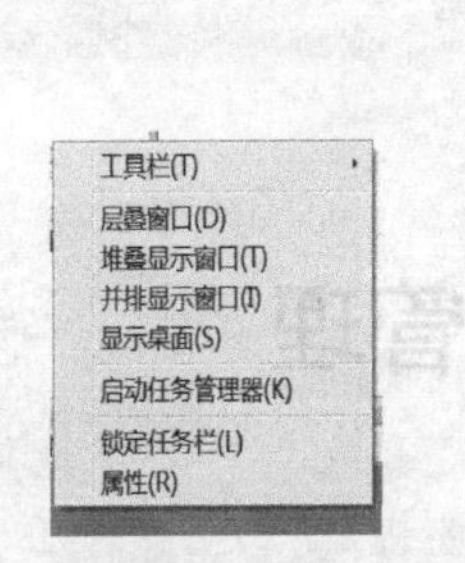

图 2-14　Windows 7 排列窗口菜单

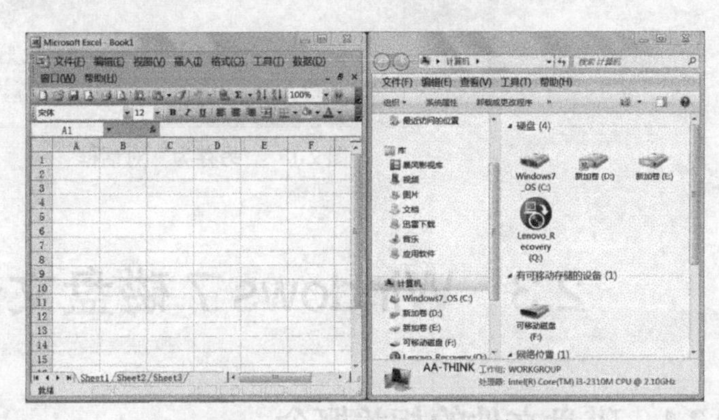

图 2-15　“并排显示窗口”效果

（5）窗口的切换。当用户打开多个窗口时，需要在各个窗口之间进行切换，下面是几种切换的方式。

- 用任务栏切换窗口，在任务栏上单击所要操作的窗口的按钮。
- 用 Alt+Tab 组合键来完成切换，用户可以在键盘上同时按下 Alt 和 Tab 两个键，屏幕上会出现任务栏切换界面（见图 2-16），其中列出了当前正在运行的窗口，用户这时可以按住 Alt 键不动，然后在键盘上反复按 Tab 键选择所要打开的窗口；如果按住 Alt+Shift 组合键不动并反复按 Tab 键，则这些图标会反方向轮流突出显示。
- 用 Alt+Esc 组合键，先按下 Alt 键，然后再通过按 Esc 键来选择需要打开的窗口。
- 不同文档窗口的切换还可以利用 Ctrl+F6 组合键。

图 2-16　任务栏中窗口的切换

3. 对话框的概念

一般来说，对话框是提供人机对话或者计算机给用户以提示信息的场所，当需要用户输入较多信息或某些应用程序要求输入参数时，都会使用对话框。对话框是一种特殊的窗口，其与窗口的最大区别在于，对话框没有菜单栏，且在对话框的右上角没有窗口中的“最小化”和“最大化”按钮（见图 2-17）。对话框窗口的大小是固定的，不可调整。

对话框分为模式对话框和非模式对话框两种类型。模式对话框在关闭之前不允许用户切换到主窗口，主窗口的操作被禁止；而非模式对话框，即使对话框显示时仍可处理主窗口。

对话框由一系列控件组成，主要包括选项卡（标签）、单选按钮、复选框、数值框、列表框、下拉列表框、命令按钮、文本框和滑块等。

公用对话框是 Windows 操作系统提供的用于完成文件打开、另存为、打印等特定任务的对话框，在不同应用程序中具有一致的外观，图 2-17 中的“另存为”对话框即为一种公用对话框。

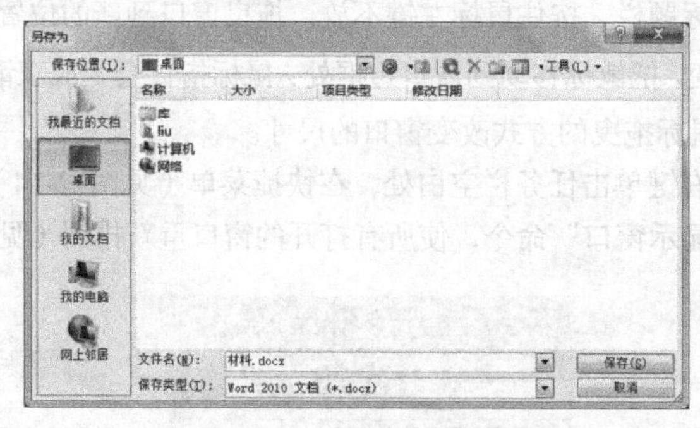

图 2-17 “另存为”对话框

2.3 Windows 7 磁盘文件管理

2.3.1 磁盘文件的相关概念

1. 文件及文件系统

文件是存储在外存储介质中的一组相关且按照某种逻辑方式组织在一起的信息的集合，如程序、文档等。计算机的所有数据（包括文档、图形、声音等各种媒体信息）和程序都以文件形式保存在存储介质上。

文件系统是操作系统中存储信息的格式，它规定了计算机对文件和文件夹进行操作的各种标准和机制。不同的操作系统一般使用不同的文件系统，因此硬盘格式化或分区之前，应考虑使用哪种文件系统对它进行格式化。常见的文件系统有：FAT16、FAT32 和 NTFS。

（1）FAT16（基本文件系统）是一种标准的文件系统，最大只能管理 2 GB 的硬盘空间。只要将分区划分为 FAT16 文件系统，几乎所有的操作系统都可读写用这种格式存储的文件，但这种文件系统不支持系统高级容错性，不具有内部安全性。

（2）FAT32（增强文件系统）可管理的硬盘空间高达 2048 GB，但不支持小于 512MB 的分区。与 FAT16 相比，FAT32 提高了存储空间的使用效率；缺点是兼容性没有 FAT16 好，它只能通过 Windows 9x 以上版本的操作系统进行访问。

（3）NTFS 是微软目前最新的文件系统，允许用户加密文件和文件夹、限制对文件的访问，从而提高了安全性。它还提供了更好的存储压缩功能和对更大分区、更大文件的支持，提高了磁盘使用率；具有容错性、稳定性、向下兼容性、动态分区功能。安装 Windows 7 要求系统分区的文件系统必须是 NTFS。

另外，还有很多其他操作系统所支持的文件系统，如 Ext2、HPFS 等。

2. 文件的命名

存储文件时都要给文件取名，Windows 正是通过文件名来管理文件的。文件命名的格式为“主文件名.扩展名”。Windows 操作系统支持的文件名长度（含扩展名）可达 255 个字符，扩展名由 1～4 个合法字符组成。主文件名不可以省略，扩展名一般用来表明文件的类型，可以省略。

特别注意的是：

（1）给文件取名字的时候“\ / : * ?　“ < > |”这九个英文符号不可用；

（2）Windows 中文件名不区分大小写字母；

（3）可以使用空格（扩展名中一般不使用）；

（4）用户在给文件主名命名时，不得独立使用设备名，如 Aux、Com1、Com2、Com3、Com4、Con、Lpt1、Lpt2、Lpt3、Prn、Nul 等；

（5）Windows 文件名中可以使用多个分隔符，但只有最后一个分隔符“.”后面的部分是扩展名，例如在“zhangsan.China.txt”文件名中的“txt”是扩展名。

操作系统通过扩展名识别文件类型，借助扩展名可以判定用于打开文件的应用软件。应用程序在创建文件时会自动给出扩展名，如用 Word 创建的文件，将自动给出扩展名 DOC。每一种文件类型一般都有一个图标与之对应，如表 2-1 所示，用图标表示 Word 文档。

表 2-1　常用文件类型

文件类型	扩展名	图标	文件类型	扩展名	图标
可执行文件	EXE		文本文件	TXT	
系统文件	SYS		Flash 动画发布文件	SWF	
Word 文档	DOC		网页文件	HTM 或 HTML	
Excel 工作簿	XLS		带格式的文本文件	RTF	
演示文稿文件	PPT		压缩格式文件	RAR 或 ZIP	
MP3 音乐文件	MP3		位图文件	BMP	

在对文件进行查找、替换等操作时，文件名或扩展名中可以使用两个特殊符号“？”和“*”，称为通配符。“？”可代替所在位置的任意一个字符，而“*”可代替从所在位置开始的任意一串连续字符。例如，*.BAT 表示扩展名为 BAT 的所有文件；而 A?.BAT 则表示 A 打头后跟一个任意字符且扩展名为 BAT 的所有文件。

3. 文件夹

文件夹是用来存放程序、文档、快捷方式和子文件夹的地方，为了便于文件等的查找和管理，对文件采用多级树形结构管理方式。为了方便管理磁盘上大量的文件，可以建立多个文件夹，将文件分门别类放入不同的文件夹。

只用来存放子文件夹和文件的文件夹称为标准文件夹。还有些文件夹比较特殊，它们用来存放如控制面板、打印机、硬盘、光盘等，这类文件夹不能用来存储子文件夹和文件，实际上是应用程序。例如，“设备和打印机”文件夹就是用来管理和组织打印机等设备的；“计算机”文件夹则是代表用户计算机资源。

在同一文件夹下，不允许有相同名称的子文件夹或文件。在不同文件夹下，可以有相同名称的子文件夹或文件。

2.3.2 文件及文件夹的浏览

Windows 利用资源管理器实现对系统软、硬件资源的管理。

1. 资源管理器的打开方式

（1）鼠标右键单击“开始”菜单，选择快捷菜单中的“打开 Windows 资源管理器”项。

（2）同时按下 Windows+E 组合键。

（3）打开“开始”菜单，找到“所有程序”命令项，选择“附件”，从中选择“Windows 资源管理器”。

2. 资源管理器的结构

“资源管理器”窗口如图 2-18 所示，其中工作区分为两部分，拖动中间的分割线可改变两区的大小比例。左区为导航窗格（显示文件夹树形结构），有收藏夹、库、计算机等图标，单击文件夹前的三角形按钮可以展开其下一层文件夹，使用窗口中的“组织”→“布局”→“取消导航窗格”命令（见图 2-19），可以关闭左边区域；右区是内容窗格，用于显示左窗格所选中的项目的内容；窗口最下端为细节窗格，也为状态栏。

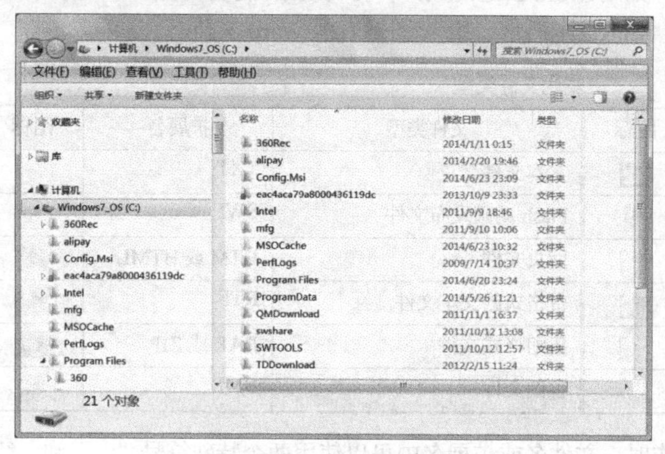

图 2-18 “资源管理器”窗口

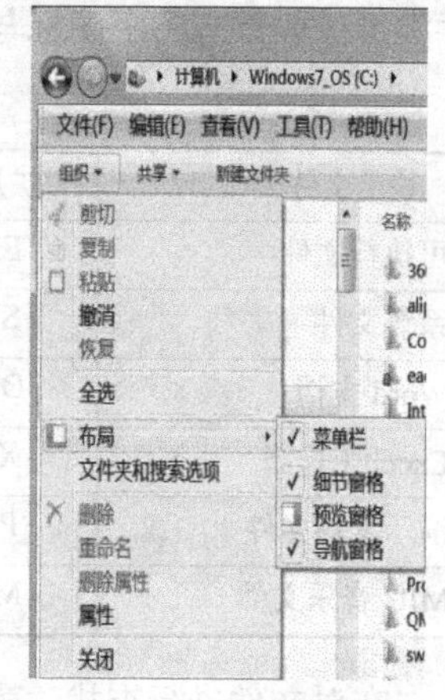

图 2-19 窗口布局

3. 收藏夹

收藏夹收录了用户可能经常访问的位置，默认情况下，收藏夹中建立了 3 个快捷方式：下载、桌面和最近访问的位置。“下载”指向的是从因特网下载时默认存档的位置；“桌面”指向桌面的快捷方式，当想存储文档到桌面时，可通过此快捷方式找到桌面位置；“最近访问的位置”中记录了用户最近访问的文件夹或文件所在的位置。

用户可以在收藏夹中创建快捷方式，方法是拖曳一个文件夹到收藏夹中即可。

4. 库

库是 Windows 7 引入的一项新功能，用于管理文档、音乐、图片和其他文件，用户可以用库快速地访问一些重要的资源。默认情况下，库有 4 个子库："文档库""图片库""音乐库"和"视频库"。用户在 Windows 提供的应用程序中保存创建的文件时，默认的位置就是"文档库"对应的文件夹。从网络上下载歌曲、图片、视频等，也会默认地分别放到相应的 4 个子库中。

在某些方面，库类似于文件夹。例如，打开库时将看到一个或多个文件。但与文件夹不同的是，库可以收集存储在多个位置中的文件。用户可以在库中建立"链接"指向磁盘上的文件夹，方法是：右键单击选中的文件夹，在快捷菜单中选择"包含到库中"命令，如图 2-20 所示，在其子菜单中选择希望加到哪个子库中即可，也可创建新库，如图 2-21 所示。通过访问这个库，用户可以快速地找到需要的对象。

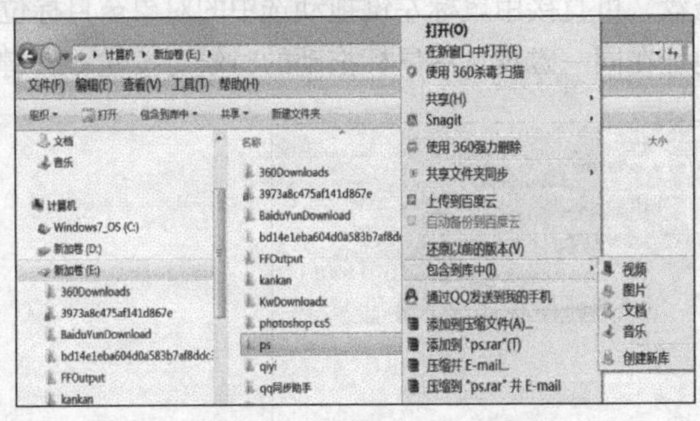

图 2-20　创建链接到库

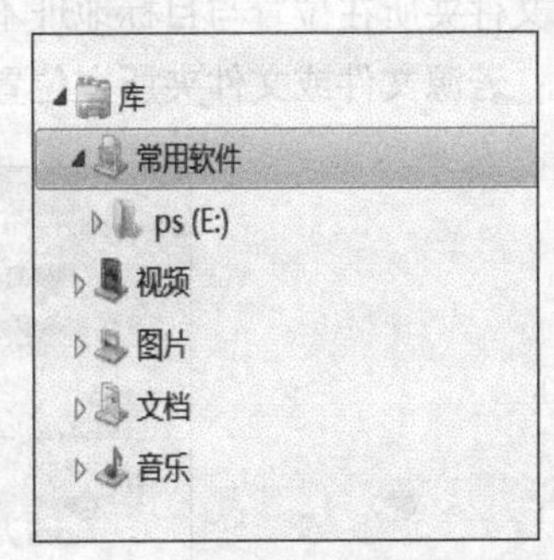

图 2-21　建立新库

2.3.3　文件及文件夹的管理

1. 创建文件及文件夹

（1）找到并且打开要创建文件或文件夹的地方（磁盘或者文件夹）。

（2）在"文件"菜单或者右键快捷菜单中可以找到"新建"命令项，然后在其级联菜单中选择文件夹或者文件类型。

（3）给新建的文件或文件夹命名。

这里建好的文件或者文件夹都是空的，内容需要以后录入或者存放。

2. 文件及文件夹的选择方法

对文件或文件夹进行复制、删除等操作，首先要选中文件或文件夹，方法如下。

（1）单个文件或文件夹的选择。在"我的电脑"或"资源管理器"中，找到相应的文件及文件夹用鼠标单击即可。

（2）连续的多个文件及文件夹的选择。先用鼠标左键单击第一个文件或文件夹，再按住 Shift 键，单击最后一个文件或文件夹；或在一片连续的文件夹区域外按住鼠标左键拖动，用出现的虚线框把要选择的多个连续的文件或文件夹框起来，这样相应的文件及文件夹就都被选中了。

（3）不连续的多个文件及文件夹的选择。先用鼠标单击第一个文件或文件夹，再按住 Ctrl 键，逐个选择其他文件或文件夹。

另外，还可用"编辑"菜单的"全选"及"反向选定"帮助我们选择对象。

（4）取消选定的文件或文件夹。要取消全部选中的对象，可以用鼠标左键单击窗口工作区的空白处；如果取消选中的多个对象的部分项目，可按住 Ctrl 键，逐个单击要取消的项目。

3. 复制或移动文件及文件夹

（1）复制文件及文件夹。复制文件及文件夹就是为原文件或文件夹建立一个备份，这里提供 3 种文件及文件夹的复制方法，用户可根据自己的情况选择一种灵活地使用，具体介绍如下。

① 使用“复制”命令。选中要复制的文件或文件夹（可以是多个）；选择“编辑”菜单或右键快捷菜单中的“复制”命令项，也可单击窗口中的“复制”工具按钮或在键盘上按下 Ctrl+C 组合键；定位目标磁盘或文件夹；在目标位置选择“编辑”菜单或右键快捷菜单中的“粘贴”命令项，也可单击窗口中的“粘贴”工具按钮或在键盘上按 Ctrl+V 组合键完成复制。

② 使用鼠标拖动的方式（见图 2-22）。选中要复制的文件或文件夹（可以是多个）；若源文件或文件夹所在位置与目标地址不在同一磁盘，可直接用鼠标左键拖动选中的对象至目标位置处释放；若源文件或文件夹所在位置与目标地址在同一磁盘，用鼠标拖动的时候要按住 Ctrl 键。

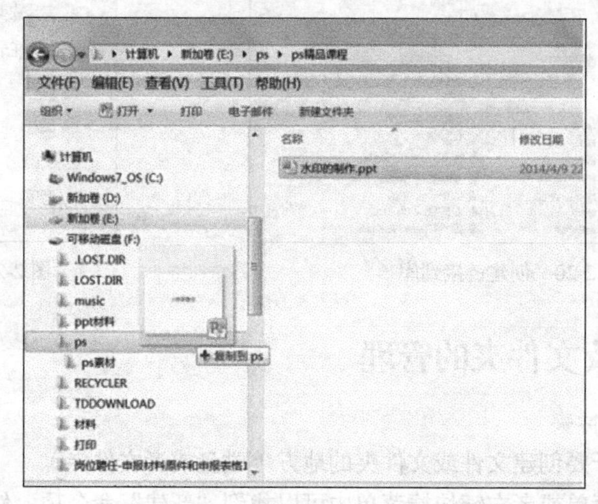

图 2-22 “鼠标拖动”复制文件

注意

此时拖动源对象的鼠标右下方有个“+”号。

③ 利用“发送到”命令。选中要复制的文件或文件夹（可以是多个），选择“文件”菜单或右键快捷菜单中的“发送到”命令项，然后选择发送到的目标磁盘或文件夹即可。

（2）移动文件及文件夹。移动文件及文件夹操作就是把源文件或文件夹从源位置移动到一个新的位置，操作完成后，源位置的文件或文件夹不保留。移动操作的实现与复制操作很类似，我们这里提供两种文件及文件夹移动的方法，具体介绍如下。

① 使用“剪切”命令。选中要移动的文件或文件夹（可以是多个）；选择“编辑”菜单或右键快捷菜单中的“剪切”命令项，也可选择窗口中的“剪切”工具按钮或在键盘上按下 Ctrl+X 组合键；定位目标磁盘或文件夹；在目标位置选择“编辑”菜单或右键快捷菜单中的“粘贴”命令项，也可选择窗口中“粘贴”工具按钮或在键盘上按下 Ctrl+V 组合键完成复制。

② 使用鼠标拖动的方式。选中要移动的文件或文件夹（可以是多个）；若源文件或文件夹所在位置与目标地址在同一磁盘，直接用鼠标左键拖动选中的对象至目标位置处释放；若源文件或

文件夹所在位置与目标地址不在同一磁盘，用鼠标拖动的时候要按住 Shift 键。此时拖动源对象的鼠标右下方不会有“+”号。

以上介绍了文件或文件夹的复制与移动，这两个操作在执行的过程中均使用到一个叫作“剪贴板”的工具，剪贴板（Clip Board）实际上是 Windows 操作系统在计算机内存中开辟的一个临时存储区，用于各应用程序之间、各文档之间和文档内部传递信息，以实现不同应用程序之间的信息共享。剪贴板中存放的可以是某个文件夹或某个文件，或多个文件夹或多个文件，也可以是文件中的某段文字，或图片中的部分图像。

另外，按下 Printscreen 键，可以将当前屏幕的全部内容作为图像复制到剪贴板；按下 Alt+Printscreen 组合键可以将当前活动窗口以图像的形式复制到剪贴板。可以把这些图像利用“粘贴”命令复制到其他应用程序中去（如画图、Word）。

剪贴板中的内容可以多次粘贴；剪贴板只存放最后一次“复制”的内容；剪贴板只能临时存放有关信息，关闭或重新启动计算机，存放在剪贴板中内容将自动丢失。

4. 文件和文件夹的删除及回收站的操作

（1）删除文件和文件夹的 3 种方法如下。

① 选定要删除的文件或者文件夹（可以是多个），使用“文件”菜单或鼠标右键菜单中的“删除”命令项。

② 将选定文件或文件夹用鼠标直接拖到“回收站”亦可实现删除。

③ 选定要删除的文件或者文件夹（可以是多个），按 Del 键。

（2）永久删除文件或文件夹。如果删除的文件或文件夹在硬盘上，默认情况下，执行上述操作后可将它们移动到“回收站”中，这种方法删除的对象并没有真正从计算机中删除，称为逻辑删除。若确定硬盘上的某些文件或文件夹再无用处，则可直接彻底删除，只要执行上述“删除”方法时按住 Shift 键即可永久删除，该种删除也称为物理删除。

（3）回收站的操作。“回收站”专门用来存放用户删除掉的硬盘上的文件或文件夹，有如下操作。

① 还原。当用户发现删除的文件或文件夹还有价值时，可以从回收站中将其还原，方法如下：打开“回收站”窗口；选定要还原的文件或文件夹；选中窗口工具栏上的“还原此项目”。

② 删除回收站的对象。清理“回收站”时，若回收站中的某些文件或文件夹不再有价值，我们可以将其彻底删掉，方法如下：选定需删除的对象；在“文件”菜单或右键快捷菜单中选择“删除”选项，或者按 Del 键。

③ 清空“回收站”。打开“回收站”窗口，选中窗口工具栏上的“清空回收站”即可删除回收站中的所有文件。

在“回收站”中删除文件或者文件夹相当于永久删除，不可还原。

5. 重命名文件及文件夹

用户可以根据需要改变已经命名的文件或文件夹名称，操作如下：选定要重命名的文件或文件夹；使用“文件”菜单或者右键快捷菜单中的“重命名”命令项；输入文件或文件夹的新名称即可。

在 Windows 7 中，能够同时为一批文件进行重命名操作。方法如下：首先选择需要重命名的一批文件；然后对第 1 个文件单击右键，在弹出的快捷菜单中选择“重命名”命令；输入新名称，按 Enter 键即可将这多个对象同时重命名，而且重命名好的多个文件会按顺序排列。

6. 查看和设置文件或文件夹的属性

每个文件或文件夹都有属性信息，不同文件类型的“属性”对话框也不同。

（1）查看文件的属性。选定要查看或设置属性的对象（文件或文件夹），单击“文件”菜单中的“属性”命令项，即可打开文件或文件夹的属性对话框，如图 2-23 所示。在 Windows 7 中，文件的常规属性包括文件名，文件类型，文件打开方式，文件存放位置，文件大小及占用空间，创建、修改及访问的时间，文件属性等。文件属性包含只读（文件只可以阅读，其内容不可以编辑或删除）、隐藏（指定文件隐藏或显示）。

（2）文件夹的属性。文件夹属性的“常规”选项卡的内容与文件基本相同，“共享”选项卡可以设置该文件夹共享（见图 2-24），可以让同一局域网的计算机共享该文件夹中的资源。计算机连接到网络后，打开“网络”可以显示网络上的所有计算机、共享文件夹、打印机等资源。

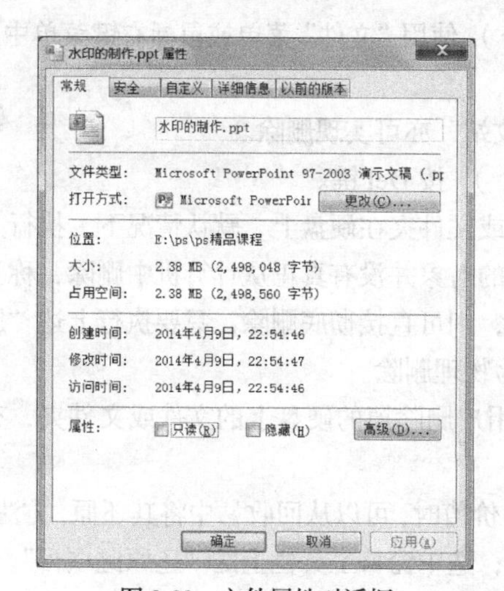

图 2-23 文件属性对话框

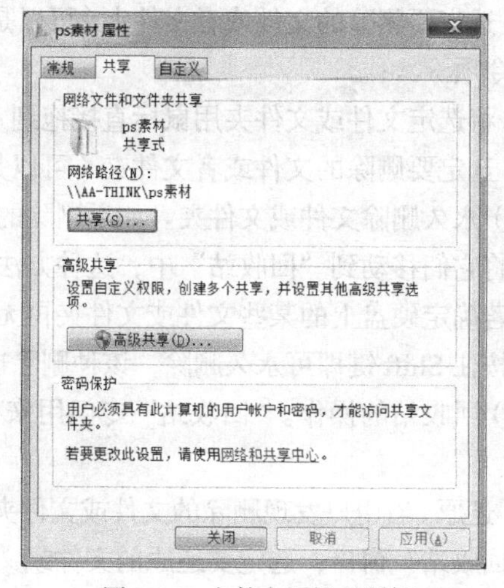

图 2-24 文件夹属性对话框

7. 搜索文件或文件夹

如果用户忘记某文件或文件夹的存储位置，可用“搜索”功能来查找，用户通过设定查找目录和输入查找内容，系统就会返回满足该查找条件的文件或文件夹的信息。

（1）普通搜索。打开资源管理器，在导航窗格中设定要查找的目录，如 E 盘；在窗口右上角的搜索框中输入要查找的内容，如“ps”（如果用户记不清文件或文件夹的名称，在这里可以使用通配符“*”和“？”），单击右侧的放大镜搜索按钮，搜索结果会显示在资源管理器的右侧窗格，如图 2-25 所示。单击工具栏的“保存搜索”可以保存搜索结果。

以上搜索结果是显示名称中包含搜索关键词的文件或文件夹，如果用户是想找到内容包含搜索关键词的文件集合，那么 Windows 还提供了基于内容的搜索办法。在资源管理器窗口中，选择工具栏“组织”下拉列表中的“文件夹和搜索选项”，打开“文件夹选项”对话框，选择“搜索”选项卡，选中“始终搜索文件名和内容（此过程可能需要几分钟）”单选按钮，如图 2-26 所示，那么系统在搜索时就会检查文件内容是否包含搜索关键词了，用户还可以设置其他搜索选项。

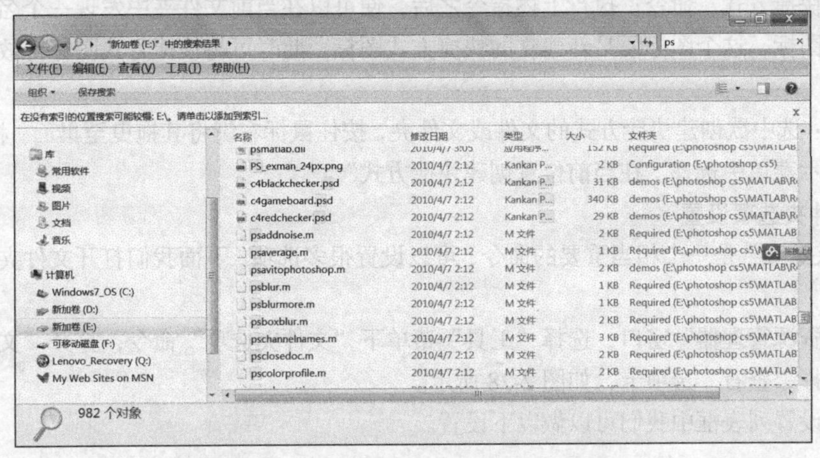

图 2-25　在资源管理器中搜索有关 ps 的结果

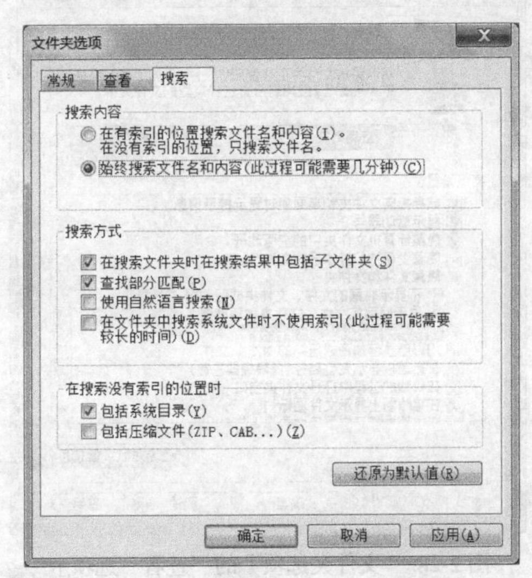

图 2-26　文件夹选项对话框

（2）筛选搜索。用户如果知道搜索对象的修改日期或者大小，则可以设置搜索筛选条件。单击资源管理器窗口右上角的搜索框，出现“添加搜索筛选器”栏，如图 2-27 所示，提供“修改日期”和“大小”两项筛选项目，用户可输入相关筛选条件。

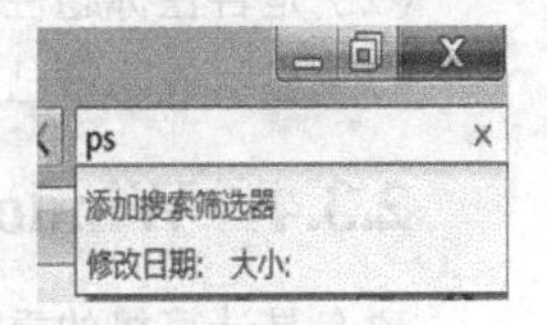

图 2-27　搜索筛选器

8.　**给文件及文件夹创建快捷方式**

快捷方式是一个扩展名为 LNK 的文件，一般与一个应用程序或文档相关联。双击快捷方式图标可打开相关联的应用程序或文档以及访问计算机或网络上任何可访问的项目，而不需要打开重重目录去找到相应的对象。快捷方式的图标左下角有一个斜向上的箭头，简称快捷图标，它是一个链接对象的图标，不是这个对象本身，而是指向这个对象的指针。打开快捷方式意味着打开相应的对象，删除快捷方式却不会影响相应的对象。

建好的快捷方式可以放在“我的电脑”中的任何位置，一般将图标搬移到桌面上居多，为文件或文件夹创建快捷方式的方法如下。

方法一：先选取欲创建快捷方式的文件或文件夹；然后在“文件”菜单下或右键快捷菜单中选择“创建快捷方式”命令；执行上述指令之后，便可以在当前文件夹中发现一个名为“快捷方式××”的图标，这个图标便是新建立的快捷方式图标，此时可将快捷方式图标拖放到桌面或其他位置。

方法二：选中欲创建快捷方式的文件或文件夹，按住鼠标右键将其拖曳至桌面，松开鼠标时，在给出的提示菜单中选择“在当前位置创建快捷方式”。

9. 文件夹选项设置

“文件夹选项”是一个相当重要的命令，可以设置很多选项。下面我们打开文件夹选项了解其用途。

打开“资源管理器”窗口，选择“工具”菜单下“文件夹选项”命令，打开“文件夹选项”对话框，选择“查看”选项卡，如图2-28所示。

在高级设置列表框中我们可以做以下设置。

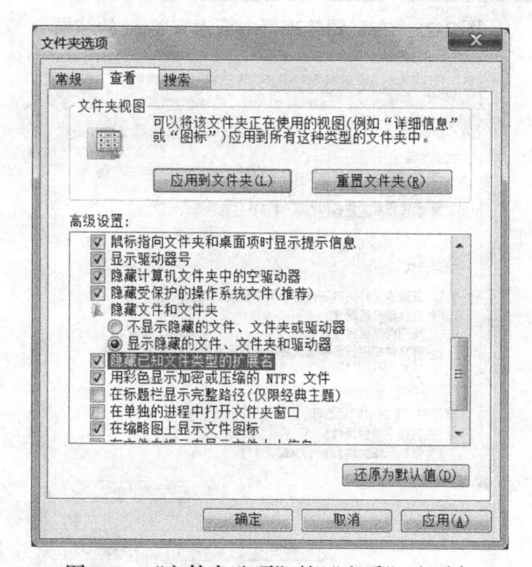

图2-28 “文件夹选项”的“查看”选项卡

（1）隐藏或者显示文件和文件夹。

（2）是否在标题栏显示完整路径。

（3）显示或隐藏已知文件类型的扩展名。

2.3.4 Windows XP 磁盘的管理

磁盘是计算机的重要硬件，用户的所有文件以及安装的操作系统、应用程序都存储在这个存储设备上。用户首先应该了解以下几个基本概念。

1. 磁盘格式化

磁盘由多个磁片构成。格式化后，每一磁片被格式化为多个同心圆，称为磁道（track）。磁道进一步分成扇区（sector），它是磁盘存储信息的最小单元。格式化就是在磁盘上建立可以存放信息的磁道和扇区。没有格式化的磁盘，操作系统将无法向其中写入信息。目前，用户新买的磁盘都已经格式化，若对使用过的磁盘重新格式化，一定要慎重，因为格式化将清除磁盘上的全部信息。格式化还是彻底清除病毒最有效的方法。

2. 硬盘分区

在对新硬盘做格式化操作前，一般都进行硬盘分区。所谓硬盘分区，是将硬盘的整体存储空间划分成多个独立的区域，如分成 C、D、E 和 F 多个逻辑磁盘，目的是分门别类地存储不同的程序和文件，便于程序和文件的存放和管理。比如，在 C 盘上安装操作系统，在 D 盘上安装应用程序，在 E 盘上存放数据文件，在 F 盘备份数据和程序。

3. 磁盘基本操作

（1）磁盘属性。查看磁盘属性的具体操作步骤如下。

① 在“资源管理器”窗口选定某个磁盘，执行“文件”菜单或右键快捷菜单中的“属性”命令，弹出图 2-29 所示的“磁盘属性”对话框。

② 图 2-29 所示的对话框中有“常规”“工具”“硬件”和“共享”等选项卡，每选择一个选项卡即出现一个相应的窗口。在“常规”选项卡中，显示有磁盘类型、文件系统、已用空间、可用空间和容量。用户可以在磁盘“ ”文本框中输入新的卷标名，为“本地磁盘”重新命名卷标。单击“磁盘清理”按钮可对当前磁盘进行清理。“工具”选项卡中有三个用于磁盘管理的工具，即“开始检查”“立即进行碎片整理”和“开始备份”工具，单击对应工具的按钮，就会打开相应的程序。“共享”选项卡中，可对当前磁盘设置共享，与文件夹设置共享的方法相同。

如果只想查看某磁盘的容量（总大小）和可用空间，用户在“资源管理器”窗口把鼠标指向某磁盘图标，停顿片刻就会浮动显示出“可用空间”和“总大小”；或单击某个磁盘图标，在窗口底部状态栏上就会显示出当前磁盘的“可用空间”和“总大小”。

（2）磁盘格式化。用户可以在“资源管理器”窗口中对选定的磁盘进行格式化操作。下面以格式化 U 盘为例，介绍具体的操作步骤。

① 将 U 盘插入 USB 接口。

② 打开“资源管理器”窗口，右键单击“可移动磁盘 F:”图标，在右键菜单上单击“格式化”命令，弹出图 2-30 所示的对话框。

③ 在图 2-30 所示的对话框中，用户一般采用默认值。如果选择“快速格式化”方式，能够快速完成格式化，但这种格式化不检查磁盘的损坏情况，实际上只相当于删除磁盘上的所有内容；如果要想在格式化时彻底清除病毒，则不要选择此项。

④ 单击“开始”按钮，即开始进行格式化。

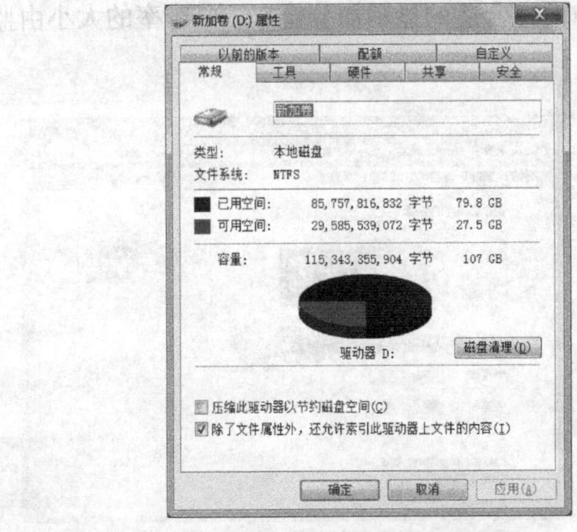

图 2-29 “磁盘属性”对话框

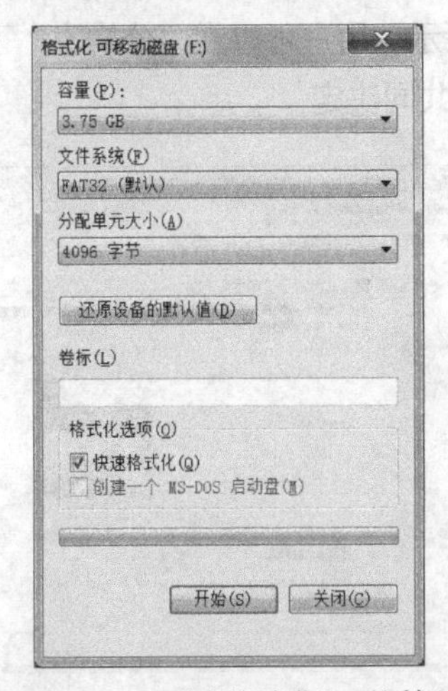

图 2-30 “磁盘格式化”对话框

2.4 Windows 7 的控制面板

“控制面板”是一个用来对 Windows 本身的设置进行控制的工具集，包含用来更改计算机硬软件设置的许多独立的工具或者实用程序。通过“控制面板”可以更改系统的外观和功能，可以管理打印机、添加新硬件、添加/删除程序等。本节介绍一些常用的操作和设置。

打开“控制面板”的方法如下。

（1）打开“开始”菜单，选中“控制面板”项目即可。

（2）打开“计算机”或“资源管理器”，在其窗口的工具栏上选择“控制面板”项。

通过改变控制面板窗口上（见图 2-31）查看方式的列表选项，还可以切换控制面板窗口的不同显示效果。下面我们将介绍如何利用“控制面板”来管理和操作计算机。

图 2-31 控制面板窗口

2.4.1 显示器的设置

在“控制面板”中，找到“显示”图标，双击后打开“显示”设置窗口（见图 2-32），在窗口的右侧窗格，用户可以设置桌面上文本和其他项目的显示大小。

图 2-32 窗口左侧显示的是导航链接，单击“调整分辨率”链接，出现更改显示器外观窗口，如图 2-33 所示，用户可以在“分辨率”下拉列表中设定合适的显示器分辨率，分辨率的大小由监视器和显卡共同决定。

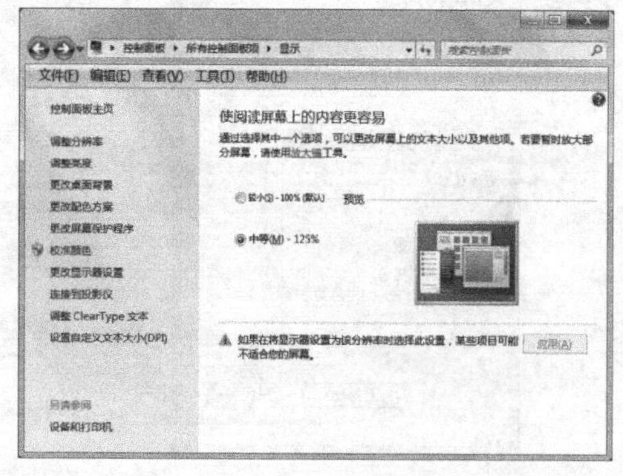

图 2-32 “显示”窗口

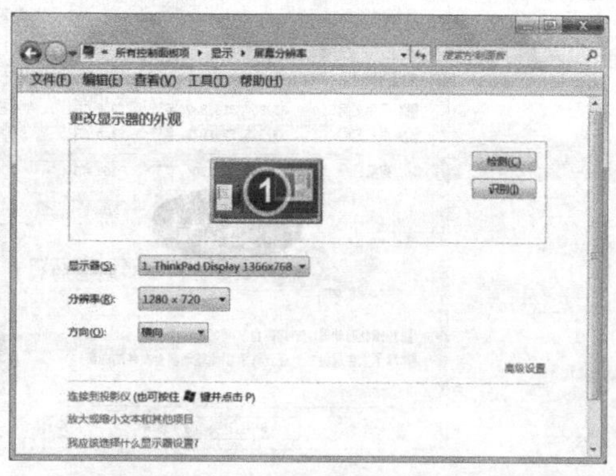

图 2-33 设置“更改显示器外观”窗口

“配色方案”指的是窗口的颜色和外观，如窗口、菜单、桌面、滚动条的颜色，以及屏幕文字的大小、字形等，如图 2-34 所示，用户可以在“显示”窗口的左侧导航链接栏中选择“更改配色方案”来设置系统外观。从“窗口颜色和外观”下拉列表中选择预定的外观方案，如“Windows 经典”等；如果要按个人意愿去设计窗口或对话框中的项目，可单击“高级”按钮，进入“高级窗口颜色和外观”窗口中设置。

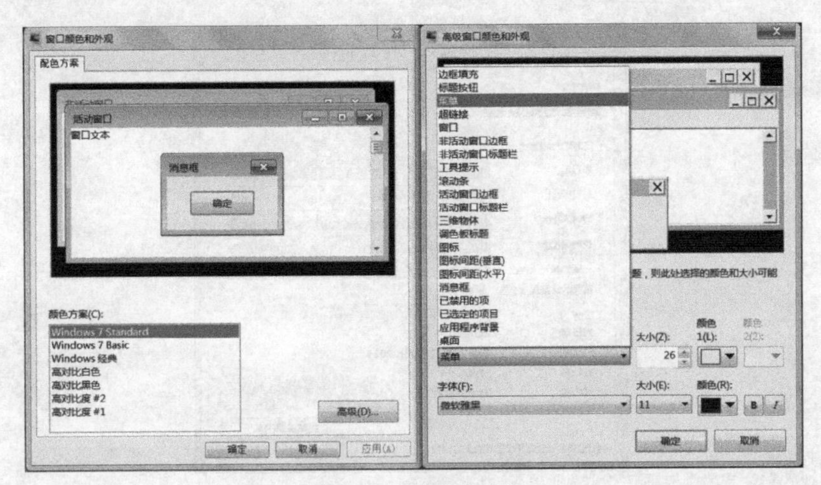

图 2-34　更改配色方案

在图 2-32 窗口左侧显示的导航链接中，用户还可以设置系统的“背景”“屏幕保护程序”“配色方案”和“更改显示器设置”等。在“高级设置”链接中，如图 2-35 所示，用户可以为监视器设置颜色管理和“屏幕刷新频率”等。

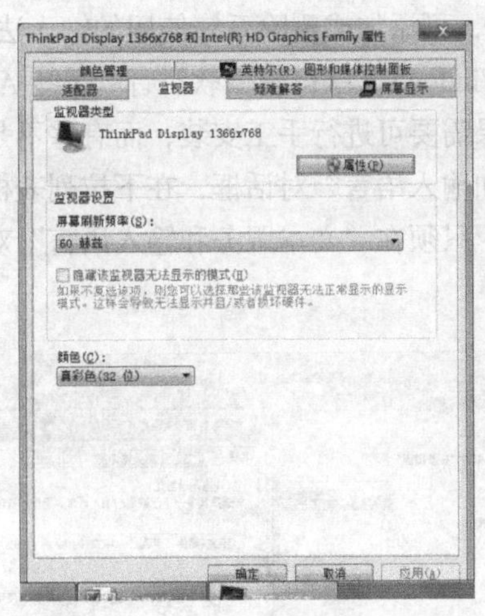

图 2-35　显示器“高级设置”窗口

2.4.2　区域和语言的设置

在 Windows 7 可以支持不同国家和地区的自然语言，但在安装时，只安装默认的语言系统，要支持其他语言系统，需要安装相应的语言及该语言的输入法和字符集。

1. 区域设置

在 Windows 7 中，用户还可以通过“区域设置”选择不同文化、民族等需要的语言、数字格式、货币格式、时间格式和日期格式等，方法如下。

（1）打开“控制面板”窗口，双击打开“区域和语言”选项。

（2）在“区域选项”对话框的“格式”选项卡中（见图 2-36），用户可以选择与其位置匹配的区域设置，该设置会影响日期、时间的显示方式。用户还可以单击“其他设置”按钮，自定义用户习惯使用的时间以及日期的显示方式。

图 2-36　区域选项设置

（3）设置完成后，单击“确定”按钮即可。

2. 语言设置

在“区域和语言”对话框中的“键盘和语言”选项卡中单击“更改键盘”，打开“文本服务和输入语言”对话框（见图 2-37），可添加或删除系统使用的输入法。

（1）添加或删除输入法。Windows 7 中自带微软拼音、智能 ABC 等输入法，有的是系统在默认情况下没有加载的，用户如果需要可进行手工安装；而有些不是很常用，用户可以将其删除。单击“添加”按钮，弹出“添加输入语言”对话框，在下拉列表框中选择输入法的名称，进行输入法的安装。若要删除输入法，只须在“文本服务和输入语言”对话框中，选择需要删除的输入法，单击“删除”按钮即可。

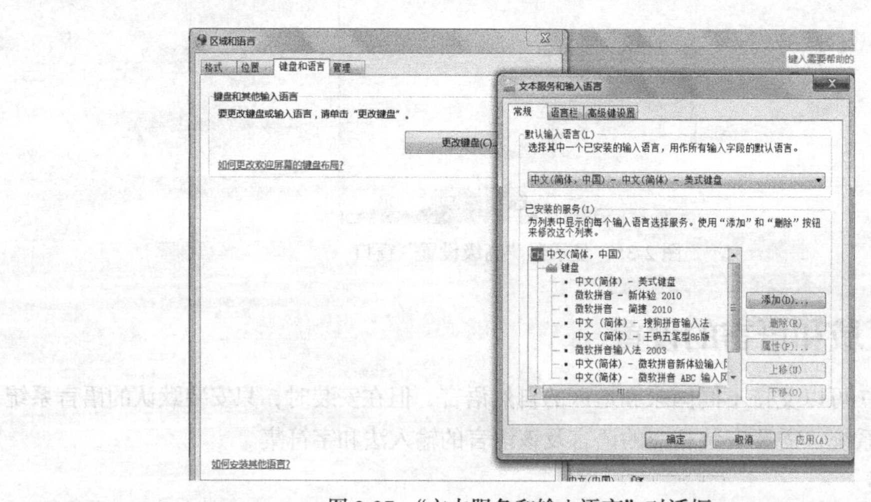

图 2-37　“文本服务和输入语言”对话框

（2）安装输入法。如果 Windows 7 中自带的输入法不能完全满足用户的需要，用户需要使用 Windows 7 中所没有的输入法（如五笔字型等输入法），这时也需要用户自己手动安装。首先，要找到相应的输入法安装软件（可以是在网上免费下载的）；然后，运行该文件夹下的安装文件（如 Setup.exe）便可以进行安装，安装过程根据向导进行，此处不再赘述。

（3）输入法的设置。为更好地使用各种输入法，还可在“语言栏”或“高级键设置”选项卡中进行各种设置。例如，可以设置是否在桌面上显示输入法，选择输入法组合键，如 Ctrl+Space（输入法切换）等。

2.4.3 添加硬件

一个硬件设备要正常工作，必须有一个专门为该设备提供的程序来驱动该设备正常工作，此程序称为该设备的驱动程序。Windows 7 操作系统集成了大量常见设备的驱动程序，大多数设备只要在 Windows 所支持的硬件列表之内，系统就可以自动完成驱动程序的安装，这种特性叫作硬件的“即插即用”。

为计算机添加新的硬件设备，一般先将硬件与计算机连接好，Windows 将搜索是否新增了“即插即用”的设备，通常情况下，Windows 7 会自动完成对设备的安装，不需要人工干预，完成安装后用户就可以直接使用新设备了。安装不成功时，需要手动安装驱动程序，方法如下：

打开“控制面板”，找到“设备管理器”，打开“设备管理器”窗口（见图 2-38），右键单击计算机名称（例如本机 aa-THINK），在出现的快捷菜单中选择“添加过时硬件”命令。接下来会出现“欢迎使用添加硬件向导”对话框，单击“下一步”按钮，出现“添加硬件”对话框（见图 2-39），选择“安装我手动从列表选择的硬件（高级）”，然后根据向导选择硬件的类型、驱动程序所在的位置，即可完成安装过程。

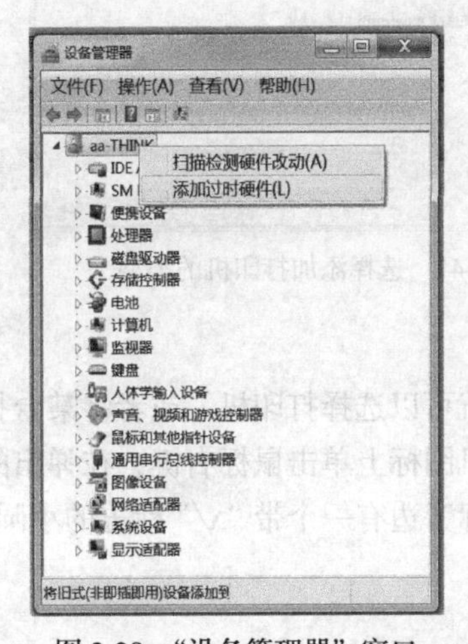

图 2-38 “设备管理器”窗口

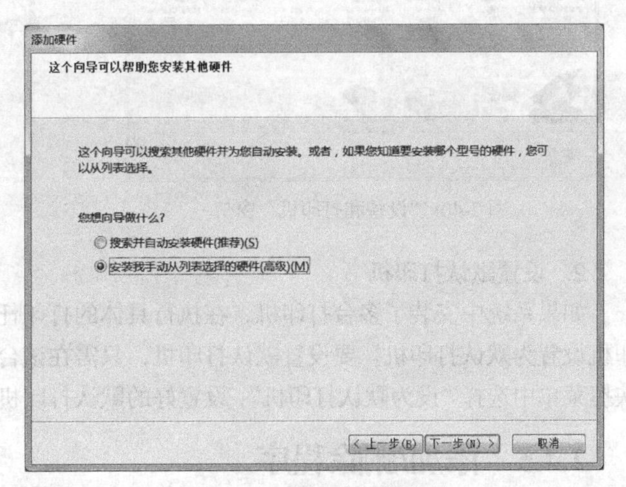

图 2-39 手动添加硬件向导

在“设备管理器”窗口中，计算机中的所有硬件以树形控件视图显示。如果某个设备有问题，在该设备名前将出现一个黄色“？”符号。对设备单击鼠标右键，在弹出的快捷菜单中我们可以查看其“属性”。

2.4.4 打印机的设置

打印机是用户经常使用的硬件设备之一，安装打印机和安装其他设备一样，也必须安装驱动程序，为了方便用户，在控制面板中专门设置了“设备和打印机”项目。在 Windows 7 中，用户不但可以在本地计算机上安装打印机，如果用户是连入网络中的，也可以安装网络、无线等打印机，以使打印机可以在网络中实现共享等。

1. 安装打印机

（1）在关机的情况下，把打印机的信号线与计算机的端口相连，做好准备工作。

（2）接通电源开启计算机，在启动计算机的过程中，Windows 7 系统会自动搜索自带的硬件驱动程序并加载。如果系统没有在 Windows 7 中找到用户所连接的打印机的驱动程序，就需要用户进行手动安装。

（3）打开“控制面板”，在“控制面板”窗口中双击“设备和打印机”图标，这时打开“设备和打印机”窗口（见图 2-40），窗口打开后将显示安装在本台计算机中的所有打印机和设备。

（4）单击工具栏上的“添加打印机”，启动“添加打印机向导”，根据向导提示用户接下来要选择安装打印机的种类（如本地打印机还是网络、无线或蓝牙打印机，如图 2-41 所示），打印机使用的端口，指定打印机的驱动程序的正确路径，给打印机命名，如果将该打印机设置为共享打印机，则会有一个手形标志，网络中的其他用户就可以使用这台打印机，最后还可以选择打印测试页，至此完成添加打印机向导。随后，屏幕上会出现“正在复制文件”对话框，说明正在复制打印机的驱动程序，复制完成后全部的添加工作就完成了，在“打印机和传真”窗口中会出现刚添加的打印机的图标。

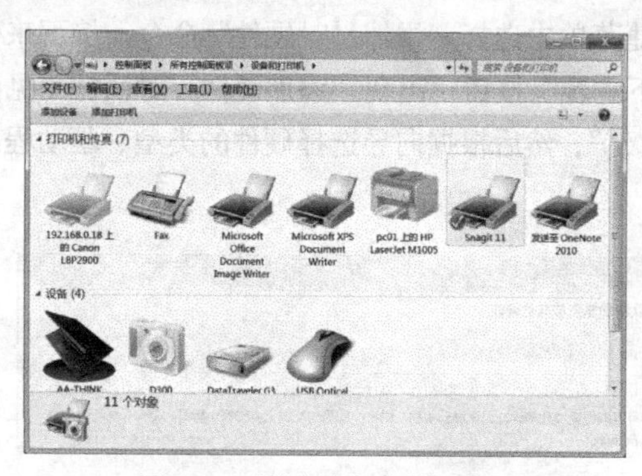

图 2-40 “设备和打印机”窗口

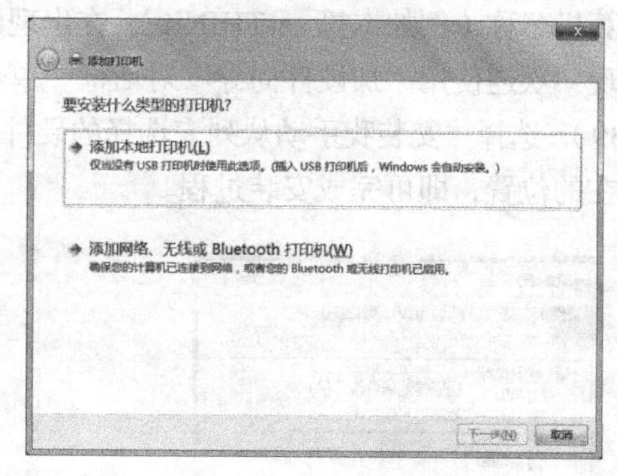

图 2-41 选择添加打印机的类型

2. 设置默认打印机

如果系统中安装了多台打印机，在执行具体的打印任务时就可以选择打印机，或者将某台打印机设置为默认打印机。要设置默认打印机，只需在该台打印机图标上单击鼠标右键，在弹出的快捷菜单中选择“设为默认打印机”，设置好的默认打印机的图标旁边有一个带“√”标志的小圆。

2.4.5 添加/删除程序

计算机通常需要运行大量程序才能完成不同的工作，一台计算机在安装完操作系统之后，还需要安装大量软件，这些软件有些是操作系统自带的，而大多数都需要通过光盘或从网上下载安装。

软件分为两种：绿色软件和非绿色软件，它们的安装和卸载完全不同。安装程序时，绿色软件只要将组成该软件的所有文件复制到本机硬盘，双击主程序即可运行。而非绿色软件的运行需要动态库，这些文件必须安装在系统文件夹下，而且需要向系统注册表写入信息才能运行。卸载程序时，绿色软件只要将组成该软件的所有文件删除即可，而非绿色软件在安装时都会生成一个卸载程序，必须运行卸载程序，才能将软件彻底删除。

对于非绿色软件，用户在安装前，必须确定用户的计算机是否满足"系统需求"。系统需求指明了正确运行一个软件所需要满足的操作系统类型和最小的硬件配置等。

1. 添加/安装程序

安装程序常用的两种方法介绍如下。

（1）通过自运行方式安装程序。若存放程序的光盘上带有自运行安装程序（AUTORUN.EXE），将光盘放入光驱中，安装程序将自动运行"安装向导"，用户只需按向导的界面提示一步一步地操作即可。

（2）用"资源管理器"或"计算机"窗口安装程序。大多数非绿色软件（特别是用户从网上下载的软件）为了方便用户的安装，都专门编写了一个安装程序，该安装程序文件一般名为"Setup.exe"或"Install.exe"等，在"资源管理器"或"计算机"窗口找到该文件，双击运行该安装程序文件即可完成安装。

2. 更改或卸载程序

删除非绿色程序（习惯上称为卸载）不能像删除文件或文件夹那样直接删除，因为这样不能把该程序的注册信息从 Windows 注册表中删除，而注册表中含有大量的无用信息后将会造成系统性能下降，运行速度变慢。

更改或删除程序常用的方法有以下两种。

（1）"开始"菜单，找到目标程序，通常情况下，每个程序都会对应一个"卸载程序"，选择"卸载"，即可根据卸载向导完成程序的删除。

（2）用"程序和功能"窗口删除或更改程序。打开"控制面板"窗口，双击"程序和功能"图标，打开"程序和功能"窗口，选中相应的程序，再单击窗口中的"卸载/更改"按钮，如图 2-42 所示，也可完成程序的卸载与更改。

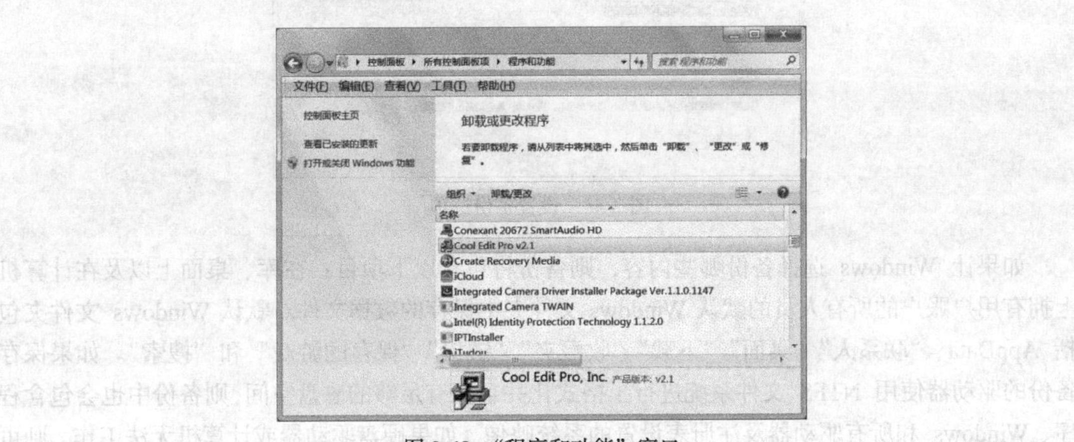

图 2-42 "程序和功能"窗口

2.4.6 备份文件和设置

Windows 7 本身带有非常强大的系统备份与还原功能，可以备份文件、文件夹以及用户的有关设置（如收藏夹和桌面）等，可以在你的系统出现问题时能很快把系统恢复到正常状态，并且之前的 Windows 7 设置、账户等都是初始设置。

1. 设置备份

启动"控制面板"，打开"备份和还原"项目，如图 2-43 所示。只需点击"设置备份"，备份全程自动运行。

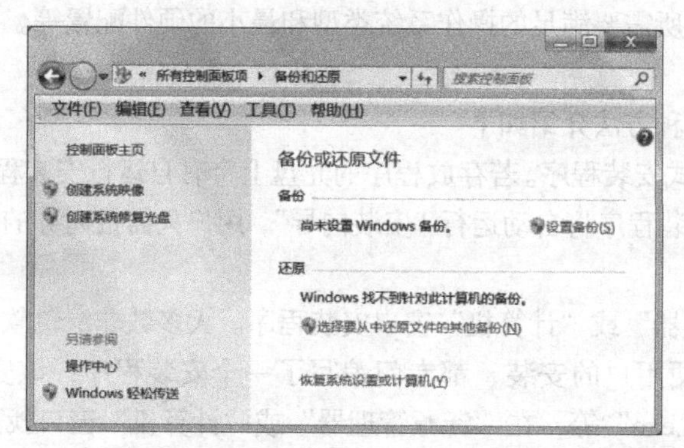

图 2-43　备份和还原窗口

为了更加确保 Windows 7 数据的安全性，建议把备份的数据保存在移动硬盘等其他非本地硬盘的地方。

使用 Windows 备份来备份文件时，可以让 Windows 选择备份哪些内容，或者由用户自己选择要备份的个别文件夹和驱动器，如图 2-44 所示。

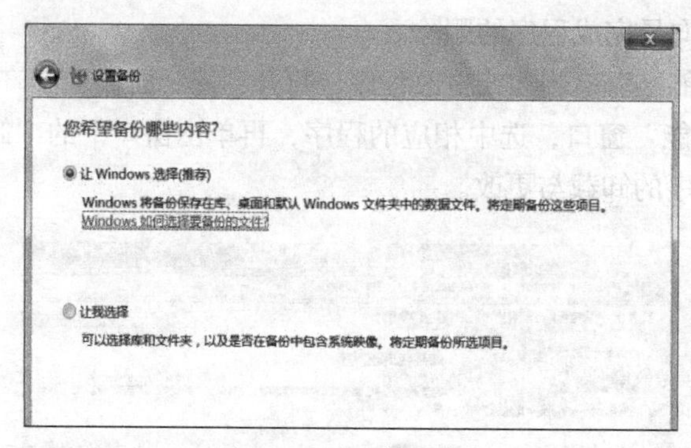

图 2-44　设置备份选项

如果让 Windows 选择备份哪些内容，则备份将包含以下项目：在库、桌面上以及在计算机上拥有用户账户的所有人员的默认 Windows 文件夹中保存的数据文件。默认 Windows 文件夹包括 AppData、“联系人”“桌面”“下载”“收藏夹”“链接”“保存的游戏”和“搜索”。如果保存备份的驱动器使用 NTFS 文件系统进行了格式化并且拥有足够的磁盘空间，则备份中也会包含程序、Windows 和所有驱动器及注册表设置的系统映像。如果硬盘驱动器或计算机无法工作，则可以使用该映像来还原计算机的内容。如果选择“让我选择”，用户则可以选择备份个别文件夹、库或驱动器。

2. 还原备份文件

若要还原备份的文件，可在图 2-43 所示的窗口中单击“选择要从中还原文件的其他备份”，然后根据还原向导逐步操作。

2.4.7　字体设置

很多软件需要设置不同的字体格式，要用到添加和删除字体的功能。

启动“控制面板”，双击“字体”图标打开“字体”窗口（见图 2-45）；可以浏览、删除、隐藏字体。如果要添加新的字体，那么选择需要添加的字体文件，将其复制到字体窗口中，复制完字体文件即可完成添加（见图 2-46）。

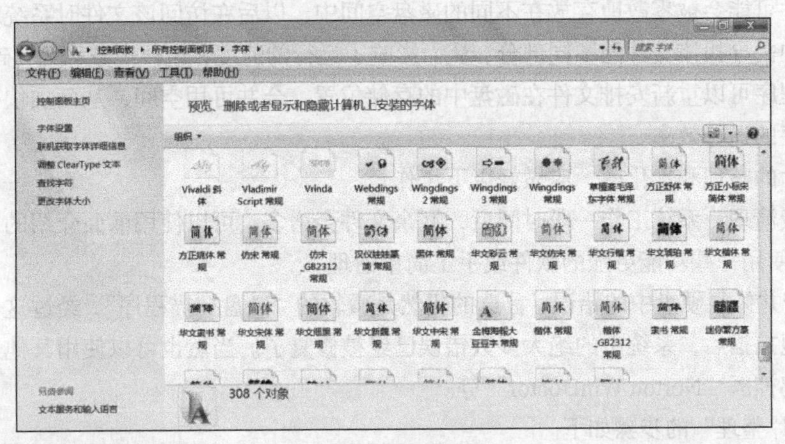

图 2-45 “字体”窗口

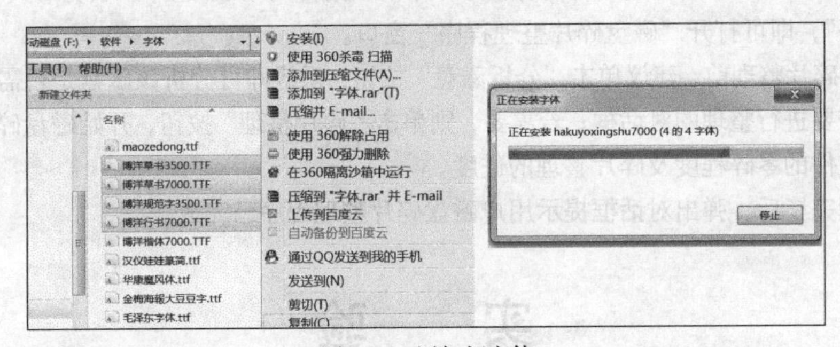

图 2-46 添加新字体

2.5 Windows 7 的系统维护

附件为用户提供了一些简单实用的应用程序，可以完成很多基本的功能。

1. 磁盘清理

磁盘清理程序可以分辨硬盘上的一些无用的文件，可以删除 Internet 缓存文件等临时文件，释放硬盘驱动器空间，以提高系统性能。执行磁盘清理程序的步骤如下。

（1）单击“开始”菜单，选择“所有程序”中的“附件”，从中选择“系统工具”中的“磁盘清理”命令。

（2）在打开的“磁盘清理”对话框中，选择要清理的“驱动器”，“确定”后该程序就开始自动检查磁盘空间和可以被清理的数据。

“磁盘清理”程序还可以在“资源管理器”窗口中启动，右键单击要清理的磁盘的图标，在快捷菜单中选择“属性”命令，在“常规”选项卡下，单击“磁盘清理”按钮。

清理完毕后，程序将报告出清理后可能释放的磁盘空间，列出可能被删除的目标文件类型和每个目标文件类型的说明，用户可以选择哪些文件类型确定要删除，再确定开始清理。

2. 磁盘碎片整理

当用户向磁盘上保存文件时，系统尽可能地将文件存放在一个连续的地方，使用电脑一段时间后，由于文件的多次增删会造成磁盘（尤其是硬盘）的可用空间不连续，出现很多零散的空间，这时一个文件可能会被零散地存放在不同的磁盘空间中，以后在访问该文件时系统就需要到不同的磁盘空间中去寻找该文件的不同部分，从而影响了运行的速度，这种现象称为“碎片”。使用磁盘碎片整理程序可以重新安排文件在磁盘中的存储位置，合并可用空间，从而加快磁盘的访问速度，提高程序的运行效率。

进行碎片的整理和优化前，应做好以下工作。

（1）垃圾清理：系统工作一段时间后，冗余文件会增多，可以使用前面介绍的“磁盘清理程序”，也可以使用一些功能更强的软件或手工简单清理。

（2）检查并修复硬盘中的错误：首选的仍然是微软的“磁盘扫描程序”，经过这个程序对磁盘完整而详细地扫描后，系统中的绝大多数错误已经被修复了。当然也可以使用其他速度比较快的工具，如扁鹊神医“Norton WinDoctor”等。

“磁盘碎片整理”的步骤如下。

（1）单击“开始”菜单，选择“所有程序”中的“附件”，从中选择“系统工具”中的“磁盘碎片整理程序”，即可打开“磁盘碎片整理程序”窗口。

（2）执行碎片整理前，建议单击“分析磁盘”按钮，系统即可分析该磁盘是否需要整理碎片，并弹出是否需要进行整理的对话框；若需要，则单击“碎片整理”按钮，开始磁盘碎片整理程序，系统会显示文件的零碎程度及碎片整理的进度。

（3）整理完毕后，弹出对话框提示用户磁盘碎片整理程序已完成。

实　验

一、实验目的

（1）了解 Windows 7 的功能，熟悉 Windows7 操作系统界面。

（2）熟练掌握 Windows 7 利用“资源管理器”进行文件和文件夹的管理操作。

（3）掌握 Windows 7 控制面板的常用设置，了解 Windows 7 的系统维护工具。

二、实验内容

1. 熟悉 Windows 7 的操作界面

（1）浏览 Windows 7 的桌面，设置桌面图标的不同排列方式，隐藏或显示系统文件夹图标（如“计算机”“网络”等），更改桌面图标，在桌面呈现小工具（时钟、天气等）。

（2）分别打开应用程序窗口、文件夹窗口及对话框窗口，观察窗口的特点及窗口的切换、窗口的不同排列方式（层叠、堆叠等）等。

（3）改变任务栏的尺寸、位置以及设置任务栏的其他属性（自动隐藏等）。

（4）熟练使用“开始”菜单，练习从系统中获得帮助信息。

2. 掌握 Windows 7 利用“资源管理器”进行文件和文件夹的管理

（1）新建文件夹，会利用“资源管理器”打开文件夹及子文件夹。

（2）会使用多种方法复制和移动文件（夹）。

（3）练习更名文件（夹）。

（4）练习逻辑或物理删除文件（夹），掌握对回收站的常见操作（清空、还原等）。

（5）查看文件（夹）的属性，设置文件的“只读”属性，设置文件夹“共享”属性。

（6）给应用程序或者文件（夹）建立快捷方式，并将快捷方式图标放至桌面。

（7）搜索文件（夹），并将搜索结果保存。

3. 控制面板及系统工具的练习

（1）掌握控制面板的启动方法，设置控制面板窗口内容的不同查看方式。

（2）设置控制面板中的“显示”项，更改屏幕的配色方案、屏幕保护程序、主题等。

（3）在控制面板中添加新硬件（如打印机）。

（4）安装一个新的软件或应用程序，在控制面板中了解软件的更改或者卸载。

（5）添加新的输入法，并设置将语言栏显示在任务栏上。

（6）在控制面板中安装三个新的字体，并打开记事本或者 Word 进行练习使用。

（7）分析计算机的磁盘碎片情况，如需要整理，执行磁盘碎片整理程序。

（8）对计算机的磁盘进行磁盘清理。

第3章 Office 2010及应用

3.1 Office 2010概述

3.1.1 Office 2010简介

Microsoft Office 2010是微软推出的新一代办公软件，开发代号为Office 14，实际是第12个发行版。该软件共有6个版本，分别是初级版、家庭及学生版、家庭及商业版、标准版、专业版和专业高级版，此外还推出Office 2010免费版本，其中仅包括Word和Excel应用。Office 2010可支持32位和64位Vista及Windows 7，仅支持32位Windows XP，不支持64位Windows XP。现已推出最新版本Microsoft Office 2013。

Microsoft Office 2010的新界面简洁明快，清晰明了，没有丝毫混淆感，标志也改为了全橙色，而不是此前的四种颜色。采用Ribbon新界面主题，由于程序功能的日益增多，微软专门为Office 2010开发了这套界面。

3.1.2 新增功能

Office 2010 是微软最新推出的智能商务办公软件，它具备了全新的安全策略，在密码、权限、邮件线程等方面都有更好的控制；且Office的云共享功能包括与企业SharePoint服务器的整合，让PowerPoint、Word、Excel等Office文件皆可通过SharePoint平台，同时间供多人编辑、浏览，提升文件协同作业的效率。企业发展得越快，企业的组织结构就越复杂，业务需求也越复杂，统一的协作、有效的沟通、安全的控制就成为企业的强烈需求。因此要求企业在瞬息万变的信息时代具有很强的业务竞争能力，并且要有能适应各种业务需求的智能化信息商务软件平台系统。

3.1.3 Office 2010组件

Office 2010中包含了多个组件，具体如下。

- Microsoft Word 2010：图文编辑工具，用来创建和编辑具有专业外观的文档，如信函、论文、报告和小册子。
- Microsoft Excel 2010：数据处理程序，用来执行计算、分析信息以及可视化电子表格中的数据。
- Microsoft PowerPoint 2010：幻灯片制作程序，用来创建和编辑用于幻灯片播放、会议和网页的演示文稿。

- Microsoft Access 2010：数据库管理系统，用来创建数据库和程序来跟踪与管理信息。
- Microsoft Outlook 2010：电子邮件客户端，用来发送和接收电子邮件；管理日程、联系人和任务；以及记录活动。
- Microsoft InfoPath Designer 2010：企业级搜集信息和制作表单工具，用来设计动态表单，以便在整个组织中收集和重用信息。
- Microsoft InfoPath Filler 2010：用来填写动态表单，以便在整个组织中收集和重用信息。
- Microsoft OneNote 2010：笔记程序，用来搜集、组织、查找和共享您的笔记和信息。
- Microsoft Publisher 2010：出版物制作程序，用来创建新闻稿和小册子等专业品质出版物及营销素材。
- Microsoft SharePoint Workspace 2010（相当于 Office2007 的 Groove）。
- Office Communicator 2007（统一通信客户端）等。

总之，Office 2010 的版本众多，功能也越来越强大，其界面基本延续了 2007 的风格，甚至更加简洁。最大的特色和变化是加入了更多的云技术，支持不同的终端设备进行在线协同工作。

3.2 Word 2010 及应用

Word 2010 是一种字处理程序，旨在帮助用户创建具有专业水准的文档。Word 中带有众多优秀的文档格式设置工具，可帮助用户更有效地组织和编写文档。Word 中还包括功能强大的编辑和修订工具，以便与他人轻松地开展协作。

3.2.1 启动

Word 应用程序的方法有多种，这里只介绍 3 种最基本的方法。一是通过桌面任务栏上的“开始”菜单；二是使用桌面上的快捷方式；三是打开已有的 Word 文档。

3.2.2 Word 2010 窗口

启动 Word 2010 之后，就会打开图 3-1 所示的 Word 窗口。它主要由标题栏、功能区、标尺、状态栏和文档编辑区等部分组成。

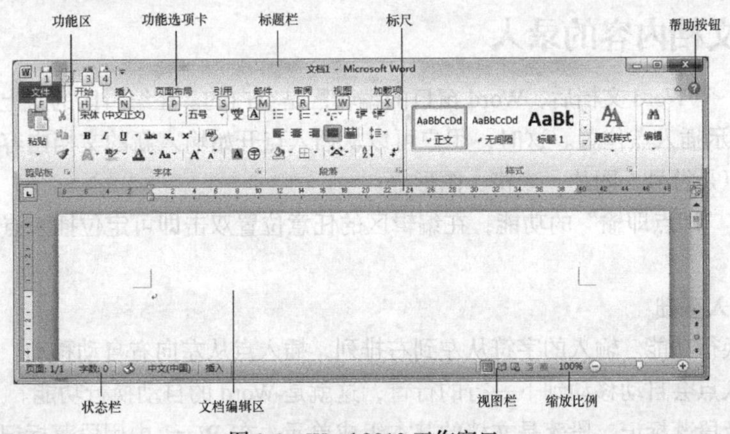

图 3-1 Word 2010 工作窗口

3.2.3 创建新文档

创建一个新文档最常用的方法是创建一个空白文档，用户可以在空白文档编辑窗口中进行文本录入、编辑等操作。如果用户要建立具有某些特殊格式的文档，如传真、信函、备忘录、个人简历等，使用 Word 为用户提供的模板和向导会更加快捷、方便。

1. 通用型文档

默认情况下，Word 2010 在打开的同时会自动新建一个空白文档。用户在使用该空白文档完成文字输入和编辑后，如果需要再次新建一个空白文档，则可以按照如下步骤进行操作。

（1）单击“文件”→“新建”按钮，如图 3-2 所示。

（2）在打开的“新建”面板中，选中需要创建的文档类型，例如“空白”“博客文章”“书法字帖”等文档，完成选择后单击“创建”按钮。

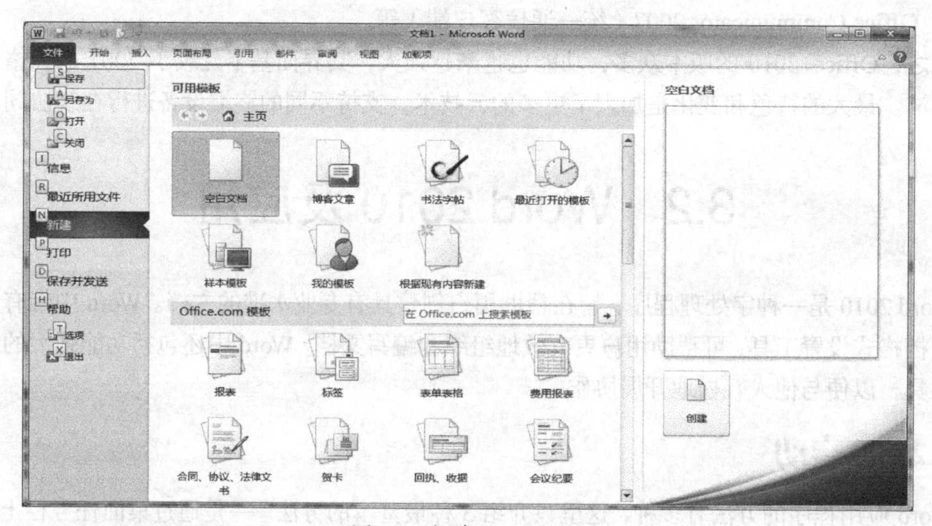

图 3-2 新建 Word 文档

2. 其他文档模板

除了通用型空白文档模板之外，Word 2010 中还内置了多种文档模板，如博客文章模板、书法字帖模板等。另外，Office.com 网站还提供了证书、奖状、名片、简历等特定功能的模板。借助这些模板，用户可以创建比较专业的 Word 2010 文档。

3.2.4 文档内容的录入

用户新建一个 Word 文档后，Word 窗口的编辑区是空白的。在编辑区的左上方有一个闪烁的竖形 I 光标，表示插入点位置。这时，用户可以从插入点开始输入新的文档内容。文档内容主要是文字，还可以是符号、图片、表格、图形等。

Word 具有“即点即输”的功能，在编辑区的任意位置双击即可定位插入点，并输入相应的文本。

1. 文档录入基础

（1）自动换行功能。输入的字符从左到右排列，插入点从左向右自动移动。当一行内容到达右边界时，插入点会自动移动到下一行的行首，这就是 Word 的自动换行功能。

（2）段落及段落标记。段落是文档的基本组成单元，在 Word 中用段落标记来标志一个段落的结束，段落标记是非打印字符。

（3）插入与改写方式。插入与改写是文本输入的两种基本方式，在默认情况下是插入方式，按 Insert 键或单击窗口状态栏上的“插入”按钮可进行两种状态的切换。

2. 全角、半角字符及符号的输入

（1）输入英文字母和数字。对于英文字母和数字来说，全角和半角存在着很大的区别，一个全角字符相当于两个半角字符。如全角 １ １ Ａ Ｂ Ｃ、半角 11ABC。全/半角的切换方法如下。

① 直接单击输入法指示器上的半角按钮◗和全角按钮●进行切换。

② 利用 Shift+空格键进行切换。

（2）输入汉字。单击“语言栏”最左侧的按钮或用 Ctrl+Shift 组合键选择一种中文输入法，然后再进行汉字输入。

（3）输入符号。在某种中文输入法状态下，用户可以利用键盘输入常用的中文标点符号、货币符号、数学符号等，但是键盘上可供选择的符号并不多。在 Windows 7 中提供了 13 种不同的软键盘，可提供更多的符号。

3.2.5　保存和关闭文档

1. 保存文档

当用户创建了一个新文档或对旧文档进行修改后，就需要对文档进行保存。Word 2010 的默认保存类型为.DOCX，但是也可以保存为其他类型，例如：.DOC、.PDF 等。保存的方法有多种。

（1）保存为.DOCX 类型。直接单击窗口左上角的“保存”按钮即可。如果要对当前文档采取一定的安全措施（加密）进行存盘，只要按图 3-3 和图 3-4 进行操作即可。

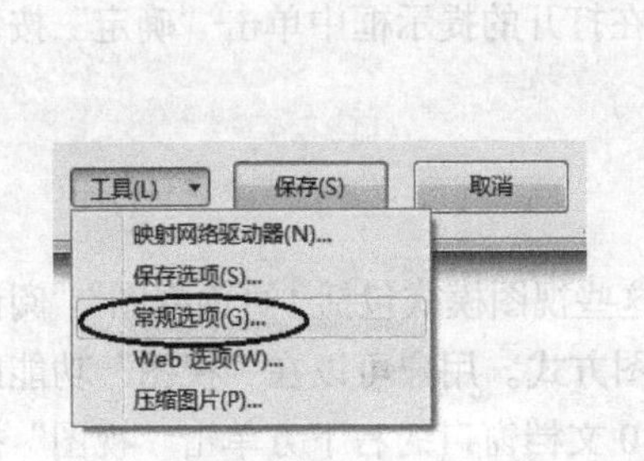

图 3-3　“工具”下拉菜单中的“常规选项”

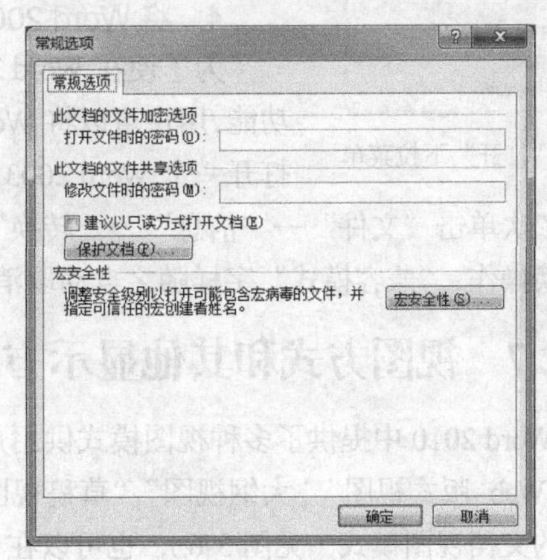

图 3-4　加密对话框

（2）保存为.DOC 类型。为了能够和以前版本的 Word 文件兼容，Word 2010 支持用户将其默认的保存格式设置为 DOC 文件。具体操作为：在 Word 2010 文档窗口中依次单击“文件”→“选项”，在“选项”对话框中切换到“保存”选项卡，在“保存文档”区域中的“将文件保存为此格式”处，选择“Word97—2003 文档（.DOC）”选项，进行更改即可。

（3）保存为.PDF 类型。Word 2010 具有直接将文档另存为 PDF 文件的功能，具体操作：单击“文件”→“另存为”按钮，在“另存为”对话框中，选择“保存类型”为 PDF 即可。

（4）自动保存文档。为了避免突然断电、死机而引起的未保存文本的丢失，应设置自动保存功能。系统可以每隔一定时间（默认 10 分钟）自动保存文档一次。设置方法是：单击“文件”→

“选项”命令，在 Word“选项”对话框中切换到“保存”选项卡，在“保存自动恢复信息时间间隔”中设置合适的数值，并单击“确定”按钮。

（5）另存文档。当某个文档被“另存”时，另存的新文档将处于当前状态，同时原文档不保存未执行保存操作的修改并被关闭。

2. 关闭文档

单击文档窗口右上角的关闭按钮，或执行“文件”→“关闭”命令，或用组合键 Ctrl+F4、Ctrl+W 可关闭当前文档而不退出 Word 应用程序。如果文档中有修改的内容没有保存，Word 会提醒用户是否保存对该文档的修改，用户可以根据需要做出相应的回答。

3.2.6 打开文档

1. 打开最近使用的文档

在 Word2010 中默认显示 20 个最近打开过的 Word 文档，用户可以通过“最近所用文件”面板打开最近使用的文档。

2. 打开所有支持的文档

用户可以在“打开”对话框中打开任何一个 Word 文档。

3. 以特殊方式打开文档

在图 3-5 所示的下拉菜单中可以选择特殊的方式打开 Word 文档。其中，“以副本方式”打开 Word 文档可以在相同文件夹中创建一份完全相同的 Word 文档；“以只读方式”打开 Word 文档会限制对原始文档的编辑和修改，从而有效保护文档的原始状态。

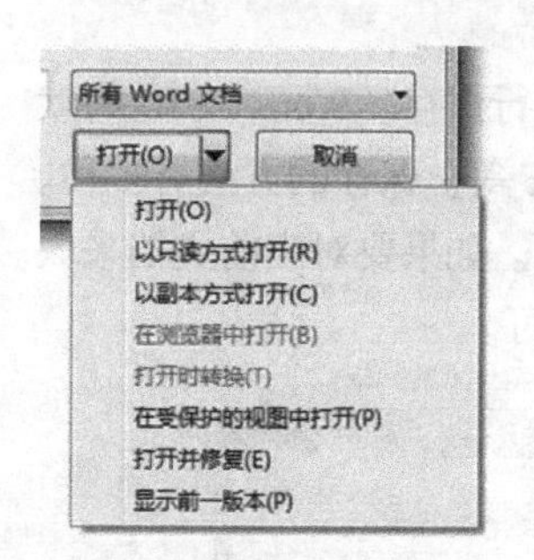

图 3-5 “打开”下拉菜单

4. 将 Word 2003 文档转换成 Word 2010 文档

为了使在 Word 2003 中创建的 Word 文档具有 Word 2010 文档的新功能，用户可以将 Word 2003 文档转换成 Word 2010 文档。用 Word 2010 打开一个 Word 2003 文档，可以看到文档名称后边标志有“兼容模式”字样，依次单击“文件”→“信息”→“转换”命令，在打开的提示框中单击“确定”按钮即可完成转换操作，“兼容模式”字样随之自动取消。

3.2.7 视图方式和其他显示方式

在 Word 2010 中提供了多种视图模式供用户选择，这些视图模式包括“页面视图”“阅读版式视图”“Web 版式视图”“大纲视图”“草稿视图”等视图方式。用户可以在“视图”功能区中选择需要的文档视图模式（见图 3-6），也可以在 Word 2010 文档窗口的右下方单击“视图”按钮选择视图。

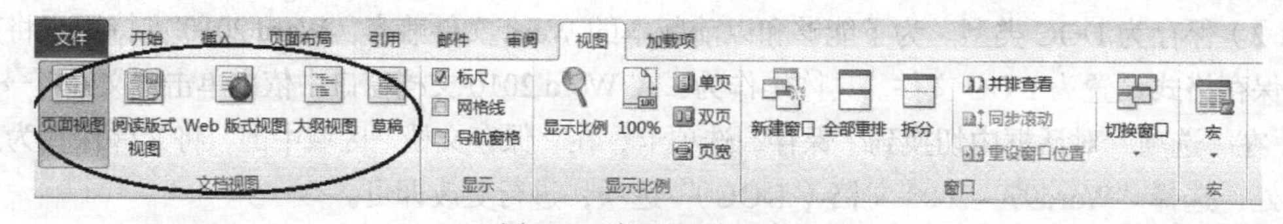

图 3-6 “视图”选项卡

1. 页面视图

“页面视图”可以显示 Word 2010 文档的打印结果外观，主要包括页眉、页脚、图形对象、分栏设置、页面边距等元素，是最接近打印结果的页面视图。

2. 阅读版式视图

“阅读版式视图”以图书的分栏样式显示 Word 2010 文档，“文件”按钮、功能区等窗口元素被隐藏起来。在阅读版式视图中，用户还可以单击“工具”按钮选择各种阅读工具。

3. Web 版式视图

“Web 版式视图”以网页的形式显示 Word 2010 文档，Web 版式视图适用于发送电子邮件和创建网页。

4. 大纲视图

“大纲视图”主要用于设置 Word 2010 文档和显示标题的层级结构，并可以方便地折叠和展开各种层级的文档。大纲视图广泛用于 Word 2010 长文档的快速浏览和设置中。

5. 草稿视图

“草稿视图”取消了页面边距、分栏、页眉页脚、图片等元素，仅显示标题和正文，是最节省计算机系统硬件资源的视图方式。当然，现在计算机系统的硬件配置都比较高，基本上不存在由于硬件配置偏低而使 Word 2010 运行遇到障碍的问题。

3.2.8　Word 2010 帮助系统

用户在使用 Word 2010 的过程中遇到问题时可使用 Word 2010 的“帮助”功能，操作步骤如下。

① 单击 Word 2010 主界面右上角的?按钮，打开“Word 帮助”窗口，在该窗口中可以搜索帮助信息。

② 在“键入要搜索的字词”文本框中输入需要搜索的关键词，如“页眉”，单击“搜索”按钮，即可显示出搜索结果。

③ 单击搜索结果中需要的链接，在打开的窗口中即可看到具体内容。

3.2.9　文档的编辑和排版

1. 文档的基本编辑

（1）插入点定位。

① 使用鼠标。移动鼠标指针到文本中的某一位置，然后单击鼠标，插入点就定位到该处。

② 使用键盘。用户可以用键盘上的↑、↓、←、→4 个光标移动键进行插入点定位；要快速定位插入点，还可以使用表 3-1 列出的一些常用组合键，然后再用 4 个光标移动键准确定位。

表 3-1　插入点快速定位的常用组合键

组 合 键	功 能
Home	将插入点移动到当前行的最前面
End	将插入点移动到当前行的最后面
Ctrl+Home	将插入点移动到当前文档的开始位置
Ctrl+ End	将插入点移动到当前文档的末尾位置
PgUp	将插入点上移一屏
PgDn	将插入点下移一屏
Ctrl+ PgUp	将插入点移动到上一页的开始位置
Ctrl+ PgDn	将插入点移动到下一页的开始位置
Ctrl+↑	将插入点移动到当前段落的开始位置，如果已在开始位置，则移动到上一段落的开始位置

续表

组 合 键	功 能
Ctrl+↓	将插入点移动到下一段落的开始位置
Ctrl+←	将插入点左移一个单词
Ctrl+→	将插入点右移一个单词

（2）选择文本。

① 利用键盘选择文本。将插入点移动到要选择文本的起始位置，按住 Shift 键，再将插入点移动到要选择文本的结尾处，松开 Shift 键。所选择的文本反白显示，表示该文本区域已被选中。

② 利用鼠标选择文本。

表 3-2 文本选择方法一览表

选 定	操 作
任意文本	直接按住鼠标拖动即可；或定位插入点后按住 Shift 键再单击其他任意位置
一个词	双击要选择的词
一个句子	按住 Ctrl 键，单击句子的任意位置
一行或多行	在该行所对应的文本选定区中单击或单击并拖动到目的位置
一个段落	在段落中三击，或在该段对应的文本选定区双击
矩形文本区	先按住 Alt 键，然后拖动鼠标经过要选择的区域
连续文本区	选择一部分文本，然后按住 Shift 键再用鼠标单击其他位置
非连续文本区	选择一部分文本，然后按住 Ctrl 键再用鼠标单击其他位置
整篇文档	在文本选定区三击鼠标，或按住 Ctrl 键在文本选定区单击鼠标，或利用"编辑"菜单里的全选命令；组合键 Ctrl+A 也可

在 Word 编辑区的左侧空白处是文本选择区。鼠标指针在该区域中会变成一个向右上倾斜的箭头，此时，利用鼠标可以进行文本选择，具体方法参见表 3-2。

（3）复制、移动和删除文本。执行复制、剪切和粘贴命令都有以下 3 种方式：使用"开始"功能面板中的命令；使用右键快捷菜单中对应的命令；使用快捷键 Ctrl+C（复制）、Ctrl+X（剪切）、Ctrl+V（粘贴）。

① 复制文本。首先选定文本，按 Ctrl+C、Ctrl+V 组合键，即可复制文本。

② 移动文本。选择需要移动的文本，松开鼠标然后按住鼠标左键，鼠标指针变成（）形状，拖动鼠标至合适的位置再松开鼠标，完成移动文本。

拖动鼠标选择需要移动的文本块或段落，然后单击鼠标右键，在弹出的快捷菜单中选择"剪切"命令或者按 Ctrl+X 组合键，然后将光标定位在需要文档移动的位置处，单击鼠标右键，弹出"选择"选项，在"粘贴选项"下，单击"保留源格式"按钮 ，或按 Ctrl+V 组合键完成文本内容的移动。

③ 删除文本。首先选择要删除的文本，按 Del 或 Delete 或 Backspace 键。

（4）剪贴板的多对象功能。使用 Office 剪贴板可以从任意数目的 Office 文档或其他程序中收集文字、表格、数据表、图形等内容，再将其粘贴到任意 Office 文档中。例如，可以从一篇 Word 文档中复制一些文字，从 Microsoft Excel 中复制一些数据，从 Microsoft PowerPoint 中复制一个带项目符号的列表，从 Microsoft FrontPage 中复制一些文字，从 Microsoft Access 中复制一个数据表，再切换回 Word，把收集到的部分或全部内容粘贴到 Word 文档中。

Office 剪贴板可与标准的“复制”和“粘贴”选项配合使用。只需将一个项目复制到 Office 剪贴板中，然后在任何时候均可将其从 Office 剪贴板中粘贴到任何 Office 文档中。在退出 Office 之前，收集的项目都将保留在 Office 剪贴板中。

（5）选择性粘贴。在进行粘贴操作时，会对粘贴对象所有包含的格式进行粘贴，若想复制不带格式的内容或者有其他要求，就要使用“选择性粘贴”命令了。

在“开始”→“剪贴板”选项组中单击“粘贴”下拉按钮，在下拉菜单中选择“选择性粘贴”命令，从打开的对话框里做相应的选择即可。

（6）其他操作。

① 撤销操作。在编辑过程中有时会出现误操作，Word 提供的撤销功能可以撤销已经发生的误操作。每单击一次 就可以撤销此前发生的一次操作。单击下拉按钮 就会打开一个“操作撤销”列表框，用鼠标单击某一项操作，则该项操作及发生在它后面的其他操作都将被撤销。

② 恢复操作。恢复操作是撤销操作的逆操作，用鼠标单击某一项撤销操作，则该项撤销操作及发生在它后面的其他撤销操作都将被恢复。

③ 字符统计。单击“审阅”选项卡中的“字数统计”命令，打开“字数统计”对话框，在该对话框给出了当前文档的页数、字数、字符数、段落数、行数等信息。

④ 中文简繁体转换。单击“审阅”选项卡中的“中文简繁转换”命令即可。

⑤ 查找与替换。Word 2010 的查找和替换功能很强大，该功能主要用来查找和替换文本、格式、分段符、分页符以及其他项目，还可以使用通配符和代码来扩展搜索，从而查找包含特定字母或者字母组合的单词或短语。另外，还可以使用“定位”命令查找文档中的特定位置。

- 查找。首先，把光标定位到本文档开始，然后单击“开始”选项卡→“编辑”组→“查找”按钮（Ctrl+F 组合键也可），则在 Word 文档窗口左侧出现了“导航”窗格，输入需要查找的内容，如“计算机”，按 Enter 键，此时文档中所有的“计算机”均以黄色背景显示。
- 替换。单击“开始”选项卡→“编辑”组→“替换”按钮（Ctrl+H 组合键也可），则在 Word 文档窗口中出现“替换”对话框。单击其中的“更多”按钮可进行更详细的设置。

若取消相应的格式，可选择“不限定格式”按钮。

⑥ 拼写和语法检查。当文档中无意之中输入了错误的或者不可识别的单词时，Word 会在该单词下用红色波浪线标记；如果是出现了语法错误，则在出现错误的部分用绿色波浪线标记。

单击“审阅”选项卡中的“校对”组中的“拼写和语法”命令，打开“拼写和语法”对话框，其中用红色或绿色字体显示了错误，并列出了修改建议，可以更正或者忽略。

2. 字符格式设置

Word 文档的格式分为 3 类：字符格式、段落格式和页面格式。字符格式主要包括字体、字号、字形、下划线、字符间距和动态效果等。

（1）字符格式设置。利用“开始”选项卡中的“字体”组可以进行常用格式设置，也可单击该组右下角的箭头，打开“字体”对话框进行详细设置。基本设置内容包括：

① 字体。所谓字体是指文字在屏幕或打印纸上呈现的书写形式，如汉字的宋体、楷体、黑体等。在 Word 中，正文默认的中文字体是宋体，西文字体是 Times New Roman。

② 字号。在 Word 中，中、西文文字的大小一般用“字号”来表示，从初号到八号，其中初

号字最大，八号字最小。另外，还可以选择磅值（5～72）或直接输入 1～1638 之间的磅值来设定中、西文文字的大小。正文默认的中、西文文字号都是五号。

提示

磅，即印刷业中的基本计量单位（点），1 磅等于 1/72in（约等于 0.3528mm）。

③ 字形、下划线和着重号。

④ 字体颜色和效果。

⑤ 字符间距。

（2）格式的复制。Word 2010 中的“格式刷”工具可以将特定文本的格式复制到其他文本中，当用户需要为不同文本重复设置相同格式时，可以用“格式刷”工具来提高工作效率。

单击“开始”→“剪贴板”组中的“格式刷”按钮进行格式复制。单击复制一次格式；双击可实现多次格式复制；要取消“格式刷”状态，可按 Esc 键或再次单击“格式刷”按钮即可。

3. 段落格式设置

段落是一个文档的基本组成单位。一般指两次回车键之间的所有字符，也包括段后的回车符。用户常对段落格式中的对齐方式、缩进方式、段间距、行间距等内容进行设置。如果要对一个段落进行格式设置，则需将光标插入到该段落中的任意位置即可；如果要对多个段落进行格式设置，则需要选中多个段落后再行设置。

段落标记保留着有关该段的所有格式设置信息。所以，在移动或复制一个段落时，要保留该段落的格式，就一定要将该段段落结束标记选中。当按下 Enter 键开始一个新段落时，Word 将复制前一段的段落标记以及其中所包含的格式信息。

单击“开始”选项卡中的“段落”组中相应按钮进行设置。也可打开图 3-7 所示的“段落”对话框，在该对话框中可以设置各种段落格式，设置的效果可以在“预览”框中看到。

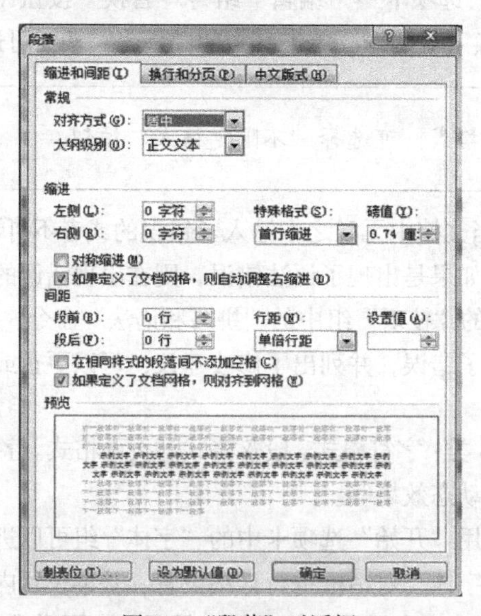

图 3-7 “段落”对话框

（1）段落缩进。在“段落”对话框的“缩进和间距”选项卡中，可以设置整个段落相对左、右页边距的缩进距离，即左缩进和右缩进。还可以设置首行缩进（第一行左端相对左页边距的起始位置）和悬挂缩进（除第一行之外其他行相对左页边距的起始位置）。

在“缩进和间距”选项卡的“缩进”栏，可设置段落的左、右缩进量。在“特殊格式”下拉列表中选择“首行缩进”“悬挂缩进”或“无”进行设置，缩进的度量单位一般使用“字符”或“厘米”。

段落缩进还可通过“段落”组中的“减少缩进量”按钮和“增加缩进量”按钮设置。

（2）段落间距。在“段落”对话框的“缩进和间距”选项卡中，利用“段前”和“段后”数值框可以分别设置所选段落与上一段落或与下一段落之间的距离，即段落间距，段落间距的度量单位一般使用“行”或“磅”。

（3）行距。在“段落”对话框的“缩进和间距”选项卡中，利用“行距”下拉列表可以设置段落中各行之间的距离，即行距。单倍行距是 Word 默认的行距，另外还可以有 1.5 倍行距、2 倍行距、多倍行距、最小值、固定值等多种行距供用户选择。最小值和固定值行距的度量单位一般使用“磅”或“厘米”。

行距还可以通过“行距”按钮进行设置。

（4）对齐方式。对齐方式总是相对左、右缩进位置而言。文本段落默认的对齐方式为两端对齐。两端对齐是指段落中的各行均匀地靠左、右缩进位置对齐，最后一行靠左缩进位置对齐。

最简单的方法是分别单击“开始”选项卡中的“段落”组中的“两端对齐”按钮、“居中”按钮、“右对齐”按钮、“分散对齐”按钮设置相应的对齐方式。

4. 制表位

制表位是指水平标尺上的位置，当按下键盘的 Tab 键光标就会移动一个制表位的距离。制表位可以让文本向左、向右、居中对齐，或将文本与小数字符或竖线字符对齐。

常见的制表符有左对齐、右对齐、居中、竖线对齐、小数点对齐等。

用户可以通过两种不同的方法来设置制表位。一种是单击“段落”对话框中的“制表位”按钮，会打开图 3-8 所示的对话框，在打开的“制表位”对话框中完成相应的设置；另一种是单击标尺来设置制表位的位置和对齐方式，但要想设置制表位的前导字符，只有通过第一种方法才能实现。在标尺左侧，有一个小工具，它就是设置制表位对齐方式的形态可变的制表符。默认状态下的制表符保持左对齐方式，单击该制表符可以依次改变其形状，若单击标尺的某刻度值，可以在被击点产生制表符。图 3-9 所示为利用不同的制表符对齐所设置的文字。

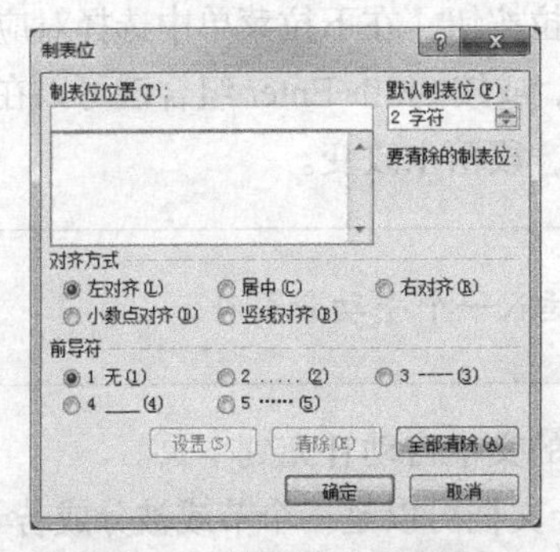

图 3-8 “制表位”对话框

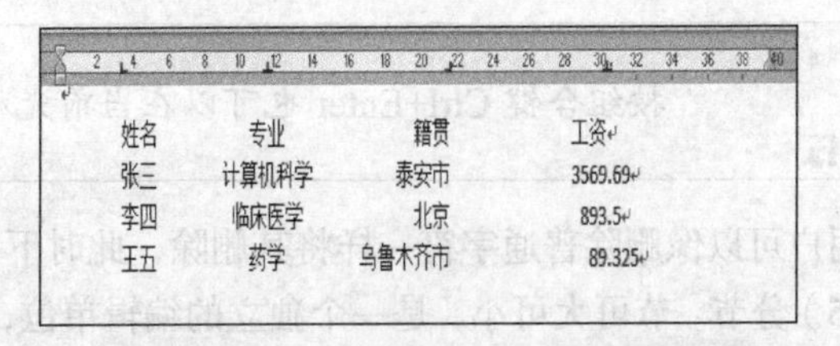

图 3-9 “制表位”设置效果截图

5. 美化文档及排版

（1）项目符号和编号。

① 添加项目符号和编号。为了便于阅读，可以在文本中添加项目符号或编号。方法是：选择要添加项目符号或编号的段落，然后单击“开始”选项卡中“段落”组中的“项目符号”按钮或“编号”按钮进行设置。

② 自动创建项目符号和编号。用户可以自动创建项目符号或编号，例如，如果要自动创建项目符号，则在段落的开头键入一个星号“*”后跟一个空格，然后输入文本；当按下 Enter 键时，星号自动转换成黑色圆点“●”形式的项目符号，并且在新的一段中自动添加该项目符号。当要结束创建项目符号时，按下 Enter 键可开始一个新的段落，再按 Backspace 键删除该段落的项目符号即可。

如果要自动创建编号，则在段落的开头先键入“1.”或“①”等格式的编号，然后输入文本；当按下 Enter 键时，在新的一段开头会自动续接上一段的编号。

（2）首字下沉。在书籍和报刊中经常采用将段落的第一个字放大数倍的方法来引起读者的注意（见图 3-10），利用首字下沉可以实现用户的愿望。具体步骤为：依次单击“插入”选项卡中的“文本”组中的“首字下沉”，打开下拉菜单进行相应设置即可。

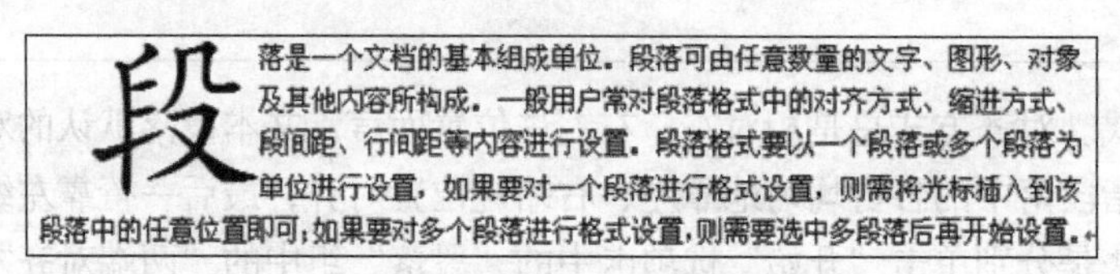

图 3-10 “首字下沉”效果图

（3）边框和底纹。为了修饰对象，可以对所选的对象（包括字符、段落、表格、图片和文本框）加上边框和底纹。边框和底纹可以添加在某一段落中，也可以添加在选择的字符或整个页面中。

① 在“开始”→“段落”选项组中单击“框线”下拉按钮，在下拉菜单中选择一种适合的边框线，即可为段落添加边框样式。

② 在“开始”→“段落”选项组中单击“底纹”下拉按钮，在下拉菜单中选择一种底纹颜色，即可为段落添加底纹。

（4）分页及分行。一般情况下，Word 会根据上下页边距和纸张的大小，在满一页时自动分页，并在页尾插入一个自动分页符（软分页符），自动分页符随着上下页边距和纸张的大小变化而变化。除了自动分页符外，还可以插入人工分页符（硬分页符），进行人工分页。

用户可以在“页面设置”选项组中单击“分隔符”下拉按钮，在下拉菜单中选择对应的分页与分节效果，如图 3-11 所示。若选择“自动换行符”选项，或按 Shift+Enter 组合键可以在光标所在位置插入一个换行符，此时，将光标后的文本另起一行，段落未改变。

按组合键 Ctrl+Enter 也可以在当前光标处插入一个手动分页符。

用户可以像删除普通字符一样将其删除，此时下一页的文本自动补充到本页。

（5）分节。节可大可小，是一个独立的编辑单位，整个文档可以是一个节或被分成若干个节。当一个文档需要不同的页面设置、页眉、页脚、页码格式时，都要分节。利用图 3-11 所示的“分隔符”下拉菜单可以将分节符插入到当前的光标位置，分节符后面的内容为新的一节。分节符的类型有四种，其含义如下。

- “下一页”：新的一节显示在下一页之后。
- “连续”：新的一节与上一节连续显示。
- “奇数页”：新的一节从一个奇数页开始显示。
- “偶数页”：新的一节从一个偶数页开始显示。

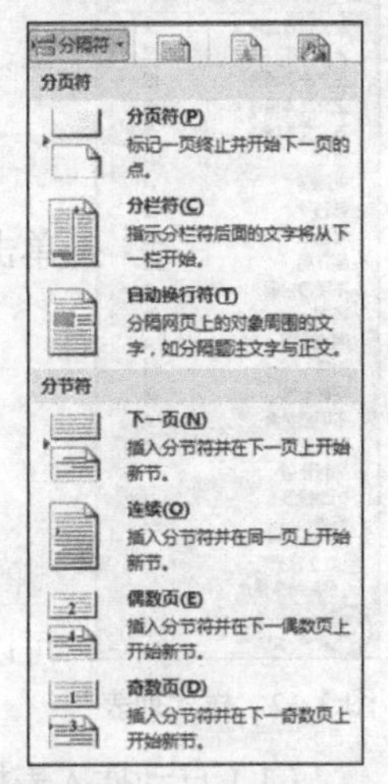

图 3-11 “分隔符”列表

分节符在页面视图中可以看到，它用双虚线标志，用户可以像删除普通字符一样将其删除。

（6）分栏。分栏排版在报纸和杂志中经常使用，它能将一段文本分为并排的几栏。分栏的实际效果只能在页面视图方式或打印预览中才能看到。

单击“页面布局”中的“分栏”下拉菜单，选择相应选项进行设置。在分栏的同时还可以在各分栏之间加上分隔线，将各栏隔开。

当选择多栏时，在取消“栏宽相等”复选标记“√”后，用户可以根据需要调整各栏的宽度和间距的数值。若选中栏宽相等复选项，Word 将自动调整各栏宽度使其相同。

（7）添加页眉、页脚和页码。

① 页眉与页脚。页眉与页脚是指每页顶端或底部的特定内容。例如章节、日期以及页码等。

在“插入”→“页眉页脚”选项组中单击“页眉”或“页脚”下拉按钮，选择一种样式，以激活“页眉页脚”区域。

② 为奇偶页创建不同的页眉或页脚。首先在“插入”→“页眉页脚”选项组中单击“页眉”下拉按钮，在下拉菜单中选择一种页眉样式，然后在“页眉和页脚”→“选项”选项组中选中“奇偶页不同”复选框。

③ 页码。插入页码的好处是可以清楚地看到文档的页数，也可以在打印时方便对打印文档进行整理。方法同页眉、页脚的插入。

（8）脚注和尾注。脚注和尾注是文档的一部分，用于对文档正文的某处内容做注释、补充说明，帮助读者理解全文的内容。但是，脚注和尾注是有所区别的：脚注一般位于页面的底部，可以用于对文档某处内容的注释；尾注一般位于文档的末尾，列出引文的出处等。

不论是脚注还是尾注，都由两部分组成，一部分是注释引用标记，另一部分是注释文本。对于引用标记，可以自动进行编号或者创建自定义的标记。当启动了引用标记自动编号功能之后，在插入、删除和移动脚注或尾注之后，将自动对注释引用标记进行重新编号。

方法：单击“引用”选项卡中的“插入脚注”“插入尾注”按钮即可。

（9）样式。样式是应用于文档中的文本、表格和列表的一套格式特征，它是指一组已经命名的字符和段落格式，是由多个排版命令组合而成的集合。利用样式能减少许多重复的操作，在短时间内排出高质量的文档。例如，用户要一次改变使用相同样式的所有文字的格式时，只需要修改该样式即可。

① 应用样式。选中要应用样式的文本后，单击“开始”→“样式”选项组中的某种样式即可。

② 创建新样式。用户可以新建一种全新的样式。单击“样式”选项组右下角的按钮打开“样式”下拉列表，如图 3-12 所示，选中最下方的“新建样式”按钮，打开“根据格式设置创建新样式”对话框，从中进行设置即可。

图 3-12　样式列表

③ 样式的修改和删除。在图 3-12 中选中某一样式，单击其右侧的下拉按钮，出现“修改”“删除”等选项，可根据需要进行相应的修改、删除操作。

6. 页面设置

单击“页面布局”选项卡中的“页面设置”选项组，进行基本设置，也可单击其展开按钮，打开“页面设置”对话框，进行更详细的设置。

7. 打印

单击“文件”→“打印”，进行相应设置，打印输出即可。

3.2.10　表格的制作

表格是由行与列相交而成的单元格组成，单元格是表格的基本单元。用户可以在单元格中填写文字和插入图片，还可以嵌套表格。

1. 创建表格

（1）自动插入表格。单击要创建表格的位置，在“插入”→“表格”选项组中单击“表格”下拉按钮，拖动鼠标，选定所需的行数、列数。

（2）使用“插入表格”。使用该方法可以在将表格插入到文档之前选择表格的大小和格式。

单击要创建表格的位置，在“插入”→“表格”选项组中单击“表格”下拉按钮，选择“插入表格”命令，打开“插入表格”对话框（见图 3-13）进行相应设置即可。

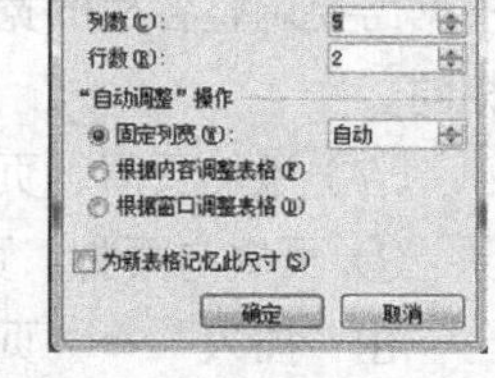

图 3-13　插入表格对话框

2. 表格的编辑

（1）数据输入。创建表格后，插入点自动定位在第一个单元格中，此时可以直接输入数据。Word 中的数据包括文字、数字、图片和嵌入表格等，其输入方式、编辑以及格式设置方法均与普通文本的操作方法相同。

向单元格内输入数据时，当数据到达单元格右边界时，将自动增加单元格所在列的列宽或单元格所在行的行高；按 Enter 键换行，单元格所在行的行高将随之增加。

（2）选择表格。

① 选择单元格。将鼠标指针移到某个单元格的左侧并使其变为粗黑右斜箭头↗时，单击即可选择该单元格；或把光标定位在单元格，单击“表格”菜单中的“选择”→“单元格”命令选择该单元格。如果要选择连续的多个单元格区域，则当鼠标移到第一个单元格的左侧并使其变为粗黑右斜箭头↗时，拖动鼠标到最后一个单元格后松开鼠标左键即可。

② 选择行或列。将鼠标移到表格左侧，鼠标变成一个空白的右斜箭头↗，此时单击即可选中该行。向下或向上拖动鼠标，可以选择连续的多行。如果要选中不连续的多行，则先用鼠标在表格左侧单击选中一行，再按住 Ctrl 键用鼠标单击其他行。

将鼠标移到表格上方，并使其变成一个粗黑向下的箭头⬇，此时单击即可选中该列。选择多列的方法与多行相同，在此不再赘述。

将插入点定位在某该行（列）的任一单元格，单击“布局”→“表”选项组中的“选择”命令，可以选择单元格、行、列或整个表格。

③ 选择整个表格。将插入点定位在某该行（列）的任一单元格，单击“布局”→“表”选项

组中的“选择”命令，或单击表格左上角的“表格控制”按钮⊞，则可以选中整个表格。

（3）插入单元格、行、列。将光标定位在某单元格，单击“布局”→“行和列”选项组中的相应命令；根据需要做出选择。

若要一次插入多个单元格、行和列，必须首先选择多个，再进行插入操作。

把光标定位在某行的行尾（行结束符）处，按 Enter 键可在当前行下方插入一个空行；把光标定位在表格的最后一个单元格，按 Tab 键即可在表格尾添加一个空行。

（4）删除单元格、行、列、整个表格。将光标定位在某单元格，单击“布局”→“行和列”选项组中的“删除”命令；在其下拉菜单中做相应选择即可。

表格的删除并不能通过 Delete 键实现（该操作只能删除表格中的内容）。

（5）调整列宽、行高。调整列宽、行高的方法有多种。主要有以下几种。

① 利用鼠标进行调整。将鼠标指针移到要调整的行和列的边线上，当鼠标指针形状变为⫲或⇳时按住鼠标，该边线就会变成一条垂直虚线，拖动该虚线到目标位置即可。

按住 Alt 键进行以上操作可以微调。

② 利用“表格属性”对话框。单击“布局”→“表”选项组中的“属性”按钮，打开“表格属性”对话框设置。

③ 利用制表位调整。将插入点定位到表格的某个单元格上，会看到水平和垂直标尺上出现灰色的矩形块，该矩形块叫作制表站，拖动制表站可以快速的对列宽和行高进行调整。

④ 平均分布各行或各列。选定要平均分布的多行或多列，单击“布局”→“单元格大小”选项组中的“分布行”按钮⊞和“分布列”按钮⊞即可，也可选择“自动调整”按钮自动调整。

（6）单元格和表格的合并及拆分。

① 单元格的合并与拆分。合并单元格就是将多个连续的单元格合并成一个，具体操作步骤为：选择要合并的多个单元格，执行“布局”→“合并”组中的“合并单元格”按钮或者单击鼠标右键从弹出的快捷方式中选择“合并单元格”命令。

单元格拆分的方法与合并类似，不再赘述。

② 表格的合并与拆分。

表格合并：独立建立的两个表格或拆分后的表格，若从未进行过移动操作，则可以利用 Delete 键删除两个表格中间的回车符来实现表格的合并。

表格拆分：拆分表格是将一个表格拆分成两个表格。将光标定位到表格中，单击“布局”→“合并”组中的“拆分表格”按钮完成拆分。

3. 设置表格格式

设置表格格式包括：设置表格属性、设置边框和底纹以及使用自动套用格式等。

（1）设置表格属性。使用“表格属性”对话框，可以方便地改变表格的各种属性，主要包括对齐方式、文字环绕、边框和底纹、默认单元格边距、默认单元格间距、自动重调尺寸以适应内容及行、列、单元格。在“表格工具”→“布局”→“表”选项组中单击“属性”按钮，打开“表格属性”对话框，进行相应设置即可。

注意

Word 能够依据分页符自动在新的一页上重复表格标题，如果在表格中插入了手动分页符，则 Word 无法重复表格标题。

（2）添加边框和底纹。表格边框和底纹与前面介绍的文本边框和底纹的含义相同，二者的设置方法基本相同，只是在表格中设置的对象是表格、单元格或文字，在此不再赘述。

（3）设置单元格的对齐方式。单元格的对齐方式就是单元格中的数据相对单元格边线的位置。用户可以像设置普通文本的对齐方式一样进行设置。另外一种方法是右键快捷菜单法：选中单元格后单击鼠标右键，在弹出的右键快捷菜单中选择“单元格对齐方式”菜单项进行相应设置。

（4）套用表格样式。Word 2010 为用户提供了多种表格样式，单击“设计”→“表格样式”选项组中的“其他”下拉按钮，在“内置”区域选择一种表格样式，即可套用表格样式。

4. 表格计算与排序

在 Word 表格中还能进行一些简单的计算和排序。如果参与计算的单元格不在同一行或同一列上，可以借用单元格区域的概念加以解决。

在表格中，列从左到右依次用“列标”A、B、C…AA、AB…表示，最多 63 列，行从上至下依次用“行号”1、2、3…表示，最多可达 32767 行。单元格用“列标+行号”表示，如 A2 表示第 A 列与第 2 行相交的单元格。单元格区域用“左上角单元格:右下角单元格”来表示，如“A1:C3”表示以 A1 与 C3 单元格连线为对角线的矩形区域。

（1）表格计算。

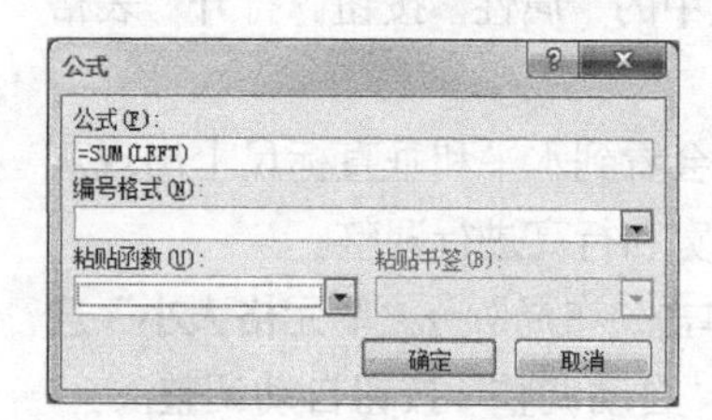

图 3-14 “公式”对话框

① 单击要放置计算结果的单元格。

② 在“表格工具”→“布局”→“数据”选项组中单击“公式”按钮，打开图 3-14 所示的对话框。

③ 若 Word 提议的公式非所需，请将其从“公式”框中删除。不要删除等号，如果删除了等号，请重新插入。

④ 在“粘贴函数”框中，单击所需的公式。例如，求平均值，单击“AVERAGE”。

⑤ 在公式的括号中输入单元格引用，可引用单元格的内容。如果需要计算单元格 D2 至 H2 中数值的平均值，应建立这样的公式“=AVERAGE（D2:H2）”。

注意

表格计算中有四个参数，分别是 ABOVE、BELOW、LEFT 和 RIGHT。

（2）表格排序。可以将列表或表格中的文本、数字或数据按升序或降序进行排序。在表格中对文本进行排序时，可以选择对表格中单独的列或整个表格进行排序；也可在单独的表格列中用多于一个的单词或域进行排序。例如，如果一列同时包含专业和班级，可以按专业或班级进行排序，就像专业和班级是在列表而不是表格中。

① 选定要排序的列表或表格。

② 在“表格工具”→“布局”→“数据”选项组中单击“排序”按钮。

③ 打开“排序”对话框（见图 3-15），选择所需的排序选项。如果需要关于某个选项的帮助，请单击问号，然后单击该选项。

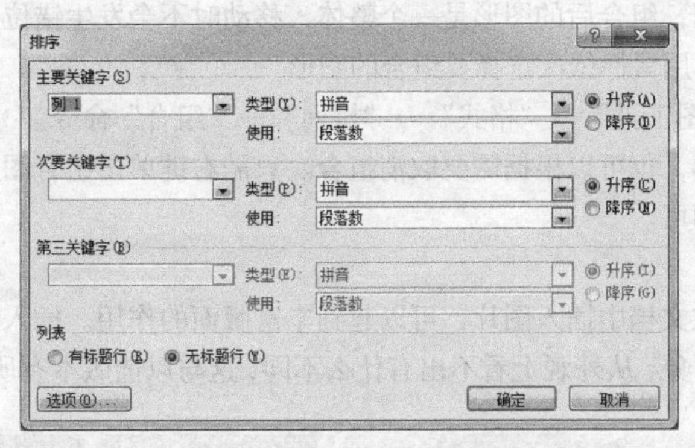

图 3-15 “排序”对话框

④ 完成设置后，单击“确定”按钮，即可进行排序。

3.2.11 图形对象的应用

从前面的章节中，我们体会到了 Word 2010 强大的文字处理功能。本节我们将学习 Word 对图形的处理功能，用户可以在文档中插入各种图形、图片、艺术字、剪贴画、文本框等，还可自己绘制图形，以达到文章图文并茂的效果。

1．绘制图形

在 Word 2010 中，用户可以在文档中插入形状，形状分为“线条”“基本形状”“箭头汇总”“流程图”“标注”“星与旗帜”几大类型，用户可以根据文本需要插入相应的形状。基本方法为：

① 在“插入”→“插图”选项组中单击“形状”下拉按钮，在下拉菜单中选择合适的图形插入，如图 3-16 所示。

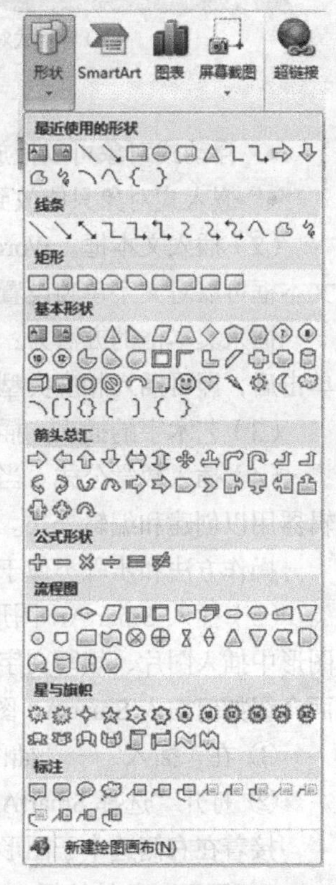

图 3-16 “形状”下拉列表

② 拖动鼠标画出合适的图形大小，完成图形的插入，将光标放置在图形的控制点上，可以改变图形的大小。

（1）绘制基本图形。绘制基本图形的技巧总结如下。

① 按下 Shift 键，再拖动鼠标绘图时，可分别绘制特殊角度的直线（水平、垂直及 15°、30°、45° 和 60° 的直线）、箭头以及正方形和圆。

② 按下 Ctrl 键，再拖动鼠标绘图时，可以画出以鼠标按下时的位置为中心的图形。

③ 同时按下 Ctrl 键和 Shift 键，再拖动鼠标绘制图形时，可以绘制以鼠标按下时的位置为中心的圆、正方形和各种特殊角度（垂直、水平和 45°）的直线、箭头。

（2）使用“自选图形”工具绘制图形。Word 提供了多种预设的自选图形工具，用户可以直接利用这些工具绘制各种图形。

（3）添加文字。右键单击绘制好的图形，单击“添加文字”命令，此时的自选图形相当于一个文本框，可以在其中输入文字。

（4）图形组合与取消组合。图形组合就是把两个或以上的简单图形（必须是浮动式）组合起来作为一个图形来使用，组合后的图形是一个整体，移动时不会发生错位。具体操作如下。

① 按住Shift键，用鼠标依次选择要组合的图形。

② 依次单击“绘图工具”→“格式”→“排列”→“组合”命令。

对于组合后的图形，也可以根据需要取消组合。只需右键单击组合图形，在弹出的快捷菜单上选择“取消组合”即可。

2. 插入图形对象

（1）插入图片。在文档中插入图片，可以起到丰富版面的作用。插入的图片对象有两种，即嵌入式对象和浮动式对象，从外观上看不出有什么不同，这与以前版本有所区别，如图3-17所示。

（a）浮动式对象

（b）嵌入式对象

图3-17

- 浮动式对象可以拖放到任意位置，与正文实现多种方式的环绕，可以与其他对象实施组合。
- 嵌入式对象只能放到插入点的位置，不能与正文实现环绕，也不能与其他对象进行组合。

（2）插入文本框。Word 2010以图形对象的方式使用文本框，即作为存放文字的容器。通过文本框可以对文字单独设置，还可以随意移动文字。

插入文本框的方法为：单击“插入”→“文本”组→“文本框”按钮，出现文本框选择列表。单击后，即可插入相应类型的文本框。

（3）艺术字的插入。插入艺术字的操作方法和步骤类似于文本框，不再赘述。

（4）插入数学公式。当用户写报告、论文时经常会用到数学公式，Word 2010提供了公式编辑器用以创建和编辑公式。

操作方法和步骤类似于文本框，不再赘述。

（5）插入SmartArt图形。SmartArt是Word 2010中新增的一项图形功能，可以在SmartArt图形中插入图片、填写文字及建立组织结构图等，其功能更强大、种类更丰富、效果更生动。下面介绍如何插入SmartArt图形。

① 在“插入”→“插图”选项组中单击“SmartArt”命令按钮。

② 打开“选择SmartArt图形”对话框，在左侧单击“层次结构”，

接着在右侧选中子图形类型，如图3-18所示。

3. 图形对象的编辑

要想使插入的图形对象更加适合需要，就必须对图片进行编辑。图片的编辑包括图片的缩放、剪裁、复制、移动、删除等，具体操作方法为：单击需要编辑的图片，图形对象的四周会出现8个控制点，用户可在图像对象上单击鼠标右键（见图3-19）或者利用“图片工具”选项卡上的相

应命令按钮完成相应的操作。

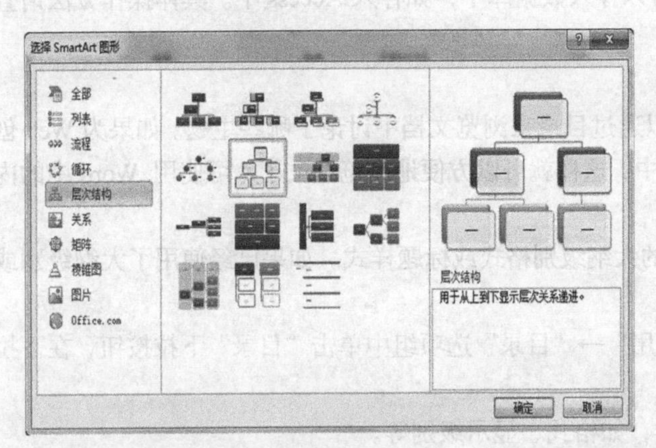

图 3-18 插入 SmartArt 图形

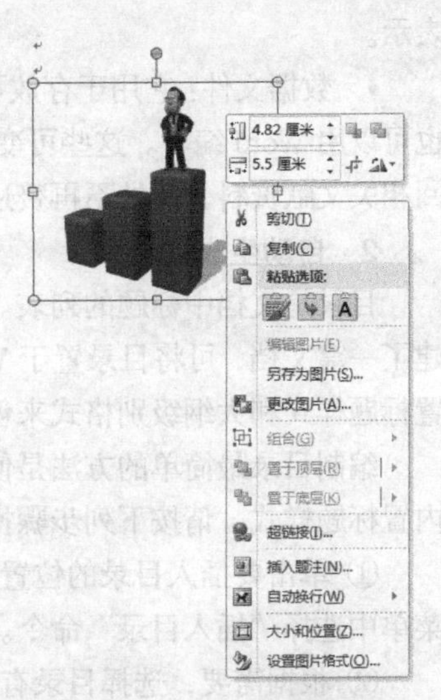

图 3-19 图形对象编辑菜单

4. **设置图形对象的格式**

右键单击图片，选择“设置图片格式”命令打开图 3-20 所示的对话框，根据需要设置即可。

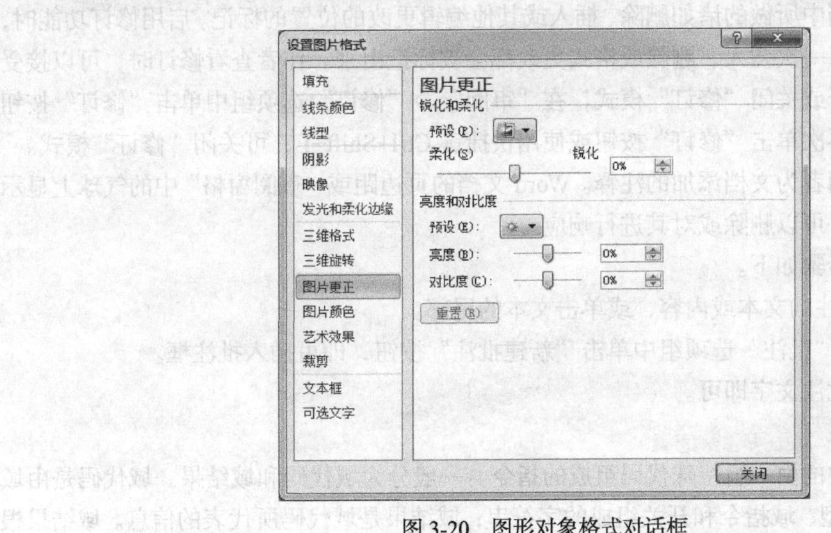

图 3-20 图形对象格式对话框

3.2.12 Word 2010 的高级操作

1. **邮件合并**

在实际编辑文档中，经常遇到这种情况，即多个文档的大部分内容是固定不变的，只有少部分内容是变化的，例如，会议通知中，只有被邀请人的单位和姓名是变的，其他内容是完全相同的；会议通知的信封发出单位是固定不变的，收信人单位、邮政编码和收信人的姓名是变的。对于这类文档，如果逐份编辑，显然是费时费力，且易出错。Word 为解决这类问题提供了邮件合并功能，使用该功能可以方便地解决这类问题。

使用邮件合并功能解决上述问题需要两个文件。

• 主控文档：它包含两部分内容，一部分是固定不变的，另一部分是可变的，用“域名”表示。

• 数据文件：它用于存放可变数据，如会议通知的单位和姓名。数据文件可以用 Excel 编写，也可以用 Word 编写。这些可变数据也可以存入数据库中，如存入 Access 中。具体操作方法请查阅相关文献资料，此处不再赘述。

2. 自动生成目录

目录是文档中标题的列表。用户可以通过目录来浏览文档中讨论了哪些主题。如果为 Web 创建了一篇文档，可将目录置于 Web 框架中，这样就可以方便地浏览全文了。可使用 Word 中的内置标题样式和大纲级别格式来创建目录。

编制目录最简单的方法是使用内置的大纲级别格式或标题样式。如果已经使用了大纲级别或内置标题样式，请按下列步骤操作。

① 单击要插入目录的位置，在“引用”→“目录”选项组中单击“目录”下拉按钮，在下拉菜单中选择“插入目录”命令。

② 根据需要，选择目录有关的选项，如格式、显示级别等。

3. 文档审阅

为了便于联机审阅，Word 允许在文档中快速创建和查看修订与批注。为了保留文档的版式，Word 在文档的文本中显示一些标记元素，而其他元素则显示在页边距上的批注框中。

修订用于显示文档中所做的诸如删除、插入或其他编辑更改的位置的标记。启用修订功能时，作者或其他审阅者的每一次插入、删除或格式更改都会被标记出来。作者查看修订时，可以接受或拒绝每处更改。打开或关闭“修订”模式，在“审阅”→“修订”选项组中单击“修订”按钮打开“修订”模式；再次单击“修订”按钮或使用快捷键 Ctrl+Shift+E，可关闭“修订”模式。

批注是作者或审阅者为文档添加的注释。Word 文档的页边距或“审阅窗格”中的气球上显示批注。当查看批注时，可以删除或对其进行响应。

插入批注的操作步骤如下。

① 选择要设置批注的文本或内容，或单击文本的尾部。

② 在“审阅”→“批注”选项组中单击“新建批注”按钮，即可插入批注框。

在批注框中输入批注文字即可。

4. 域

域是隐藏于文档中的由一组特殊代码组成的指令。一般分为域代码和域结果。域代码是由域特征字符“{}”、域类型、域指令和开关组成的字符串；域结果是域代码所代表的信息。域结果根据文档的变动或相应因素的变化而自动更新。前面所学过的插入日期时间、页眉页脚、页码、邮件合并等都使用了域的功能。

3.3 Excel 2010 及应用

Excel 2010 可以把文字、数据、图形、图表和多媒体信息集合于一体，并以电子表格的方式对各种记录进行统计计算、分析和管理等操作，主要应用于统计分析、财务管理分析、股票分析、经济、行政管理等多个领域。

Excel 的启动可以通过“开始”选项卡、桌面快捷方式图标和已有的 Excel 工作簿文件启动。

用前两种方法第一次启动 Excel 时，工作簿文件自动被命名为“工作簿 1”，再次启动 Excel 或再建立新的 Excel 工作簿文件时，Excel 工作簿文件自动被命名为“工作簿 2”，之后依此类推为“工作簿 n”。当然存盘时用户可以对工作簿文件重命名。另外，退出 Excel 与退出 Word 方法相似。

3.3.1　Excel 2010 基础

1. Excel 2010 窗口

Excel 2010 窗口包括应用程序窗口和工作簿窗口，如图 3-21 所示。工作簿窗口隶属于应用程序窗口。

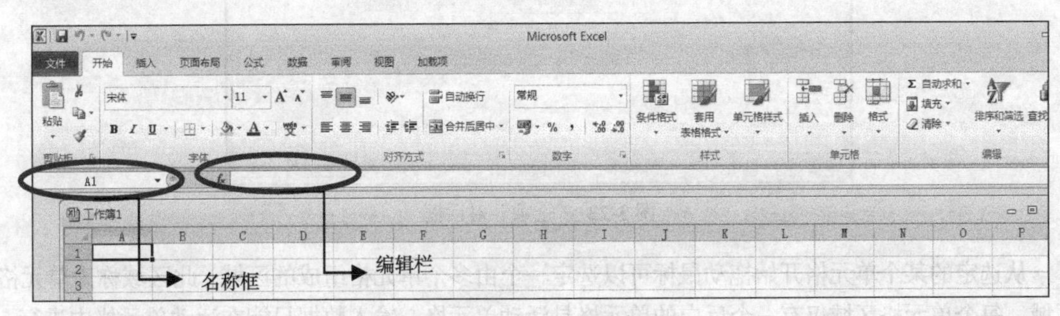

图 3-21　Excel 2010 窗口

（1）应用程序窗口。

与其他应用程序一样，Excel 应用程序窗口主要包括标题栏、选项卡栏、工具栏、状态栏等，这里仅介绍与 Word 不相同的名称框和编辑栏。

① 名称框。名称框中显示当前的活动单元格名称或用户自定义的区域名称，接受用户的输入。

② 编辑栏。编辑栏用来输入或修改单元格数据、公式等。活动单元格中已有的数据通常显示在编辑栏的编辑区中。当输入或修改单元格数据、公式时，在编辑栏中会出现“取消”按钮 × 和“输入”按钮 ✓。

（2）工作簿窗口。

工作簿窗口用于显示工作簿的内容，如图 3-21 中的工作簿 1。工作簿是指在 Excel 环境中用来存储和处理工作表数据的文件，每一个工作簿由若干个工作表组成，而工作表又由若干个单元格组成。一个工作簿就是一个 Excel 文件，其默认扩展名为.xlsx。

① 工作表。工作表也称电子表格，是 Excel 用来存储和处理数据的地方。每个工作表都是由若干行和若干列组成的一个二维表格。列标（列号）是每列的标志，行号是每行的标志。列标用字母 A、B…表示，其中 26 列之后的列标用 AA、AB、AC、…、AZ、BA、BB…ZZ、AAA…XFD 表示，共有 16384 列；行号用数字 1，2，…，1048576 表示，共 1048576 行。

② 工作表数目。在一个工作簿中默认有 3 个工作表，即 Sheet1、Sheet2、Sheet3，而一个工作簿中最多允许有 255 个工作表。用户可以根据需要增减新建工作表的数目。当打开某一个工作簿时，它包含的所有工作表也同时被打开。设定新建工作簿内工作表数目的步骤如下。

- 执行“文件”选项卡下的“选项”命令，打开图 3-22 所示的“选项”对话框。
- 在“常规”选项卡的“包含的工作表数”数值框中，输入工作表数目，如 5，则表示将来新建工作簿的工作表数目为 5 个。

③ 单元格和单元格区域。单元格在工作表中的位置用单元格地址表示，每个单元格都有唯一的单元格地址，它由列标+行号组成，如 D9 表示第 D 列第 9 行相交的单元格的地址。

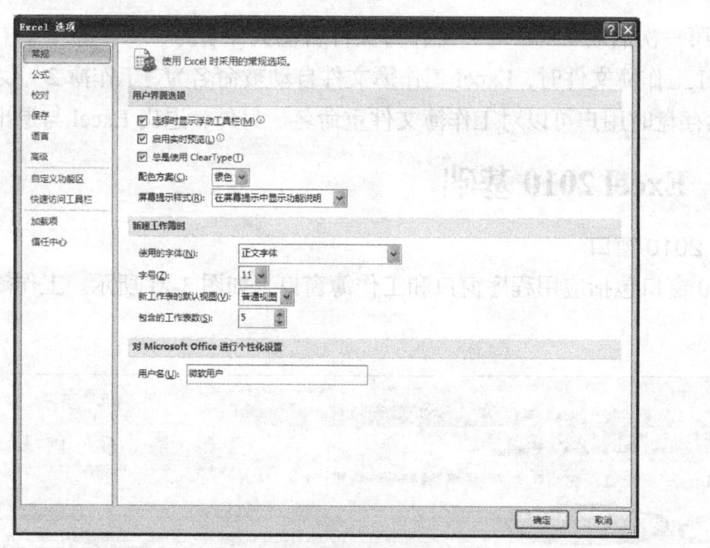

图 3-22 “选项”对话框

从选定的某个单元格开始拖动鼠标可以选定一个由多个单元格组成的区域，此区域称为单元格区域。每个单元格区域仅有一个反白的单元格是活动单元格。输入数据只能在活动单元格中进行，许多编辑操作也只对活动单元格或选定的单元格区域起作用。单元格区域用它的左上角和右下角的单元格地址来表示的，如单元格区域 A1:B3 包含 A1、A2、A3 和 B1、B2、B3 等 6 个单元格。

④ 工作表名。工作表标签位于工作簿窗口的底部，默认的工作表标签名是 Sheet1、Sheet2、Sheet3。工作表标签名就是工作表名，用户可以对其重命名，当前活动工作表标签呈白色，其余标签呈灰色。

2. 工作簿的基本操作

（1）创建工作簿。

启动 Excel 时，系统会自动创建一个空白工作簿，如需新建文件，则单击“文件”选项卡下的“新建”命令即可。用户可以选择空白工作簿、模板、Office.com 模板等。

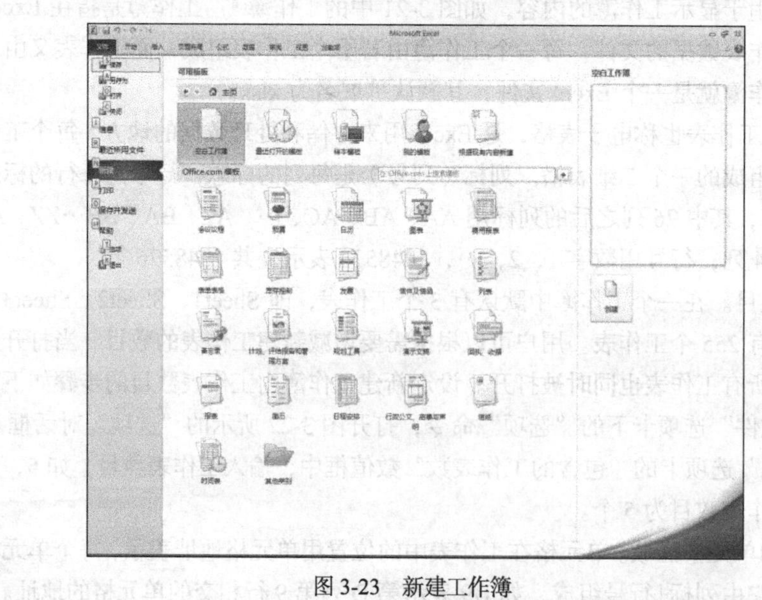

图 3-23 新建工作簿

（2）保存工作簿。

工作簿的保存步骤如下。

① 单击快速访问工具栏中的“保存”按钮，或执行“文件”选项卡下的“保存”命令，打开“另存为”对话框。

② 在默认情况下，将工作簿保存在“我的文档”文件夹。

③ 如果要保存到新文件夹，则首先单击“新建文件夹”按钮创建一个新的文件夹。

④ 如果要对当前工作簿采用加密存盘，则单击“工具”按钮 工具(L) ▾ 打开下拉列表；单击该下拉列表中的“常规选项”，打开图 3-24 所示的对话框，在该对话框可以设置“打开权限密码”“修改权限密码”；单击“确定”按钮打开 “确认密码”对话框，重新输入密码，单击“确定”按钮完成密码的确认，返回“另存为”对话框。

⑤ 在“文件名”文本框中键入新的文件名。

⑥ 默认的保存类型为“Excel 工作簿（*.xlsx）。单击“保存”按钮，则新工作簿被成功保存。

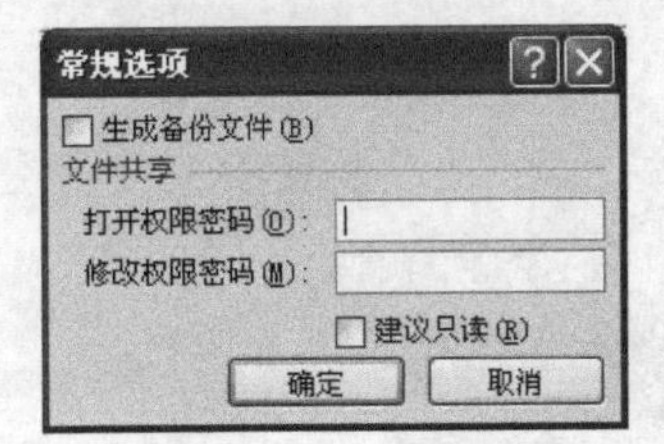

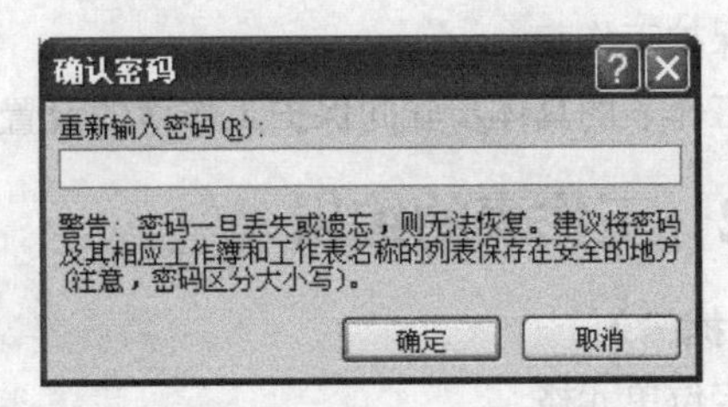

图 3-24 “常规选项”和“确认密码”对话框

某个工作簿一旦被另存，另存的工作簿将处于当前状态，同时原工作簿保存修改结果并被关闭。

（3）关闭工作簿。当完成工作簿的编辑之后，应该及时将其关闭，以释放工作簿所占用的内存空间。关闭工作簿文件的方法同关闭 Word 文档。

（4）隐藏工作簿。

在需要隐藏的工作簿的“视图”选项卡下单击“隐藏”命令即可隐藏该工作簿。如果想显示已隐藏的工作簿，可单击“视图”选项卡中的“取消隐藏”命令，打开“取消隐藏”对话框，在“取消隐藏工作簿”列表框中，选中需要显示的被隐藏工作簿的名称，单击“确定”按钮即可重新显示该工作簿。

（5）保存工作区。

在 Excel 2010 中，“保存工作区”命令将所有窗口的当前布局保存为工作区，以便以后还原该布局。操作方法为：选择“视图”选项卡下的“保存工作区”命令按钮，默认文件名为：resume.xlw。

3. 保护工作簿

为了防止他人浏览、修改用户的工作簿，用户可以对整个工作簿进行保护，也可以对工作簿的结构或窗口进行保护。

（1）保护工作簿文件。

方法一：在第一次保存新建的工作簿文件时设置，如图 3-24 所示。

方法二：当对已经存盘的工作簿进行设置时，要采用“另存”工作簿的方法。

需要注意：密码是区分大小写的。

（2）保护工作簿结构与窗口。

① 执行“审阅”→“保护工作簿”命令（见图 3-25），打开图 3-26 所示的“保护结构和窗口”对话框。

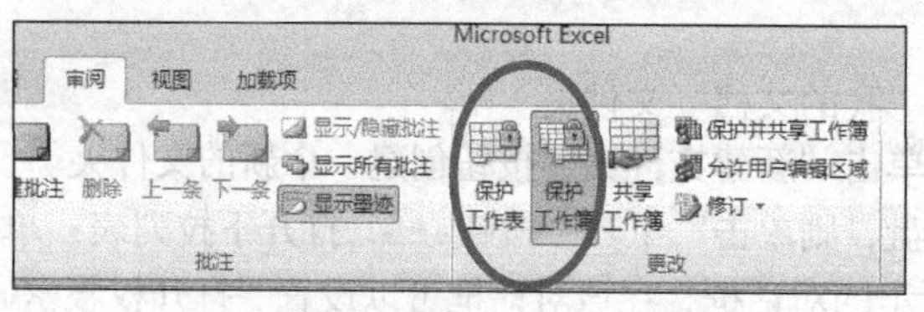

图 3-25 保护工作簿和工作表

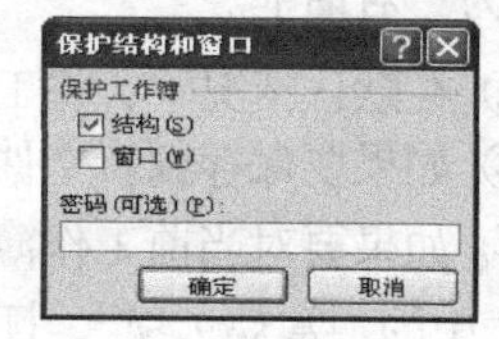

图 3-26 “保护结构和窗口”对话框

② 如果保护工作簿的结构，则选中“结构”复选项，这样将不能对工作表进行移动、复制、删除、重命名等操作，而且不能插入新的工作表。如果选中“窗口”复选项，则不能对工作簿窗口进行移动、缩放、关闭等操作，而且在进行窗口隐藏或取消窗口隐藏的操作中需要输入密码。

（3）保护工作表。

保护工作表的具体步骤同保护工作簿的设置。

3.3.2 工作表的编辑

1. 数据输入

（1）定位单元格。

定位单元格最简单的方法就是用鼠标单击相应的单元格。对于大型的工作表，可以用名称框或“定位条件”命令来快速定位单元格。

① 使用名称框定位单元格：单击编辑栏左侧的“名称框”，键入要选定的单元格地址，如需要选定 C 列 16 行的单元格，则在名称框中键入 C16，按回车键完成定位。

② 使用“定位条件”命令定位单元格的操作步骤如下。

- 执行“开始”选项卡中的“查找和选择”命令中的“定位条件”。
- 在“定位条件”对话框中选择需要的条件完成定位。

（2）单元格数据的输入方法。

数据是数值、文字、日期、时间、公式和符号等的总称。单元格数据的输入是 Excel 工作表中最基本的操作。

Excel 提供了两种向单元格中输入数据的方法：一种是直接在单元格中输入，另一种是在编辑栏的编辑区中输入。

① 在单元格中直接输入数据。

- 单击或双击某单元格，而后直接输入数据，这时输入的数据内容会同时出现在单元格和编辑栏的编辑区。
- 按 Tab 键或按 Enter 键或单击编辑栏上的“输入”按钮或单击其他单元格确认数据输入；单击编辑栏上的“取消”按钮或按 Esc 键取消刚才的数据输入。

② 在编辑栏中输入数据。方法为：定位单元格，然后在编辑栏的编辑区单击，这时输入的数据内容会同时出现在编辑栏的编辑区和相应的单元格中。确定或取消方式与在单元格中直接输入数据相同。

（3）单元格数据的输入规则。

在单元格中可以保存 3 种类型的数据，分别是文本、数值和公式。每种类型的数据都要遵守一定的输入规则。

① 文本型数据。文本型数据包含汉字、英文字母、数字、空格及其他符号，最简单的输入方法是直接利用键盘输入。

如果在输入的数字前面加一个英文半角单引号“'”，它将以左对齐方式显示并被视为文本。例：若要输入文本型学号 00210，则应键入“'00210”。

技巧　输入数据时，按 Alt+Enter 组合键，或选择“开始”选项卡中的“自动换行命令”，都可以实现单元格内数据的换行。

② 数值型数据。数值型数据可以分为普通数值型数据、日期和时间型数据。

- 普通数值型数据。Excel 的普通型数值数据只能含有以下字符：0、1、2、3、4、5、6、7、8、9、+、–、( )、/、$、%、E、e。输入正数时，可以省略数字前面的正号（+）。默认情况下，普通数值型数据沿单元格水平方向右对齐。

如果要输入分数，比如 2/3，则应先输入一个 0 及一个空格，然后再输入 2/3，以避免系统将输入的分数作为日期型数据处理。对于能够化简的分数，系统自动进行化简，如输入 2/4，则系统自动化简为 1/2。对于假分数，系统自动化为分数，如输入 4/3，则系统自动化为 1 1/3。

如果要输入一个负数，则需要在数值前加上一个减号(–)或将数值置于括号(　)中，如(100)表示–100。

当输入一个超过列宽的数值时，Excel 会自动采用科学计数法表示数值（如 2.1E–12）或者只给出数据溢出标记“######”。同时，系统记忆了该单元格的全部内容，当选中该单元格时，在编辑栏的编辑区会显示其全部内容。

- 日期和时间型数据。日期和时间是一种特殊的数值型数据。日期格式为“年-月-日或日-月-年”(“-”可以用“/”替代)，其中，在“日-月-年”格式中，月必须用英文缩写，如 2004-10-18 是大家常用的日期格式，它可以表示为 18-Oct-04。时间格式为“时：分：秒”，如 9:30:21。无论显示的日期或时间格式如何，Excel 自动将所有日期存储为序列号，将所有时间存储为小数。

在默认状态下，日期和时间数据都在单元格水平方向右对齐。在输入了 Excel 可以识别的日期或时间数据后，单元格格式会从“常规”数字格式改为某种内置的日期或时间格式。如果输入 Excel 不能识别的日期或时间格式，输入内容将被视为文本。

如果用户要输入当前日期，则按 Ctrl+;（分号）组合键；如果要输入当前时间，则按 Ctrl+:（冒号）组合键。如果要在同一单元格内输入日期和时间，则需在日期和时间之间用空格分离。

如果要按 12 小时制输入时间，则在时间后输入一个空格，并键入 AM 或 PM，分别表示上午和下午。例如：晚上 9 点用 9:00 PM 表示，如果只输入了 9:00，Excel 将按上午来处理。

（4）数据序列填充。

在工作表中输入单元格数据时，对有一定规律的数据序列或有固定顺序的名称等（如第一、第二、第三…或 2，4，6，8，…）可以利用数据序列填充功能减少重复输入。

具体操作方法有如下几种。

① 选择“开始”选项卡下的“填充”命令按钮，选择“系列”命令，如图 3-27 所示。

② 在“序列”对话框中可以选择等差序列、等比序列、日期和自动填充。

③ 拖动填充柄填充序列。

在工作表中，活动单元格或单元格区域右下角的黑色小方块，称为填充柄。当鼠标移到填充柄时，鼠标指针变为✚形状，此时拖动填充柄可以实现数据序列的填充。

如果建立日期型数据、时间型数据的等差序列，只要单击某个单元格并拖动其填充柄到单元格区域的最后一个单元格即可。日期型数据的等差序列单位默认为天数，时间型的等差序列单位默认为小时。

如果建立普通数值型数据的等差序列，则需要先在第一、第二个单元格分别输入初始值和第二个数值，然后选定这两个单元格并拖动其填充柄到单元格区域的最后一个单元格。Excel 将自动用第二个值与初始值之差作为步长值进行等差序列数据的填充。

如果用鼠标右键拖动活动单元格的填充柄到单元格区域的最后一个单元格，松开鼠标右键后弹出一个快捷菜单，例如数据类型为日期型，则选项卡如图 3-28 所示，用户可以根据需要在其中单击选择一种填充方式。

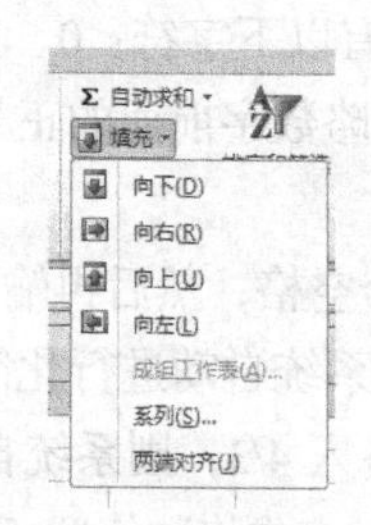

图 3-27　填充选项卡

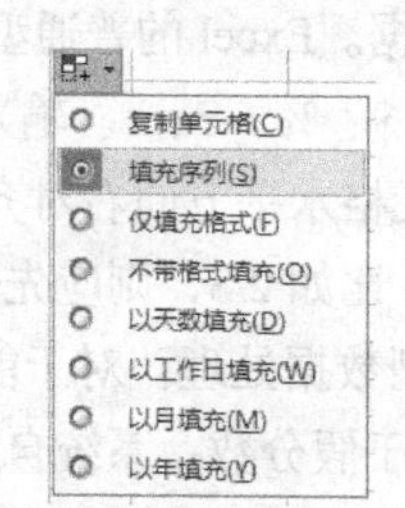

图 3-28　右键快捷菜单

对于自动填充序列，可以直接在起始单元格中输入初始值，再拖动填充柄到整个单元格区域，则区域内的各单元格依次填充相应的数据，其特点是文本内容不变，但数字递增。例如：在单元格 B1 中输入第 1 组，选定单元格 B1 并拖动填充柄到 B2、B3、B4、…这些单元格依次填充的数据为：第 2 组、第 3 组、第 4 组……。

如果相邻单元格需填入同一普通数值型数据或文本数据，可以先在第一个单元格中输入数据，然后拖动该单元格的填充柄到所有相邻的单元格即可重复填充同一数据。如果是日期数据或时间数据，则须按住 Ctrl 键，否则按上述操作方法操作只能得到步长是 1 的等差序列。对不相邻的单元格进行同一数据重复填充，可以先选定这些不相邻的单元格区域，然后在活动单元中输入数据，再按 Ctrl+Enter 组合键即可。

④ 自定义数据序列填充。用户可以将带有某种规律性或顺序相对固定的文本设定为自定义数据序列，以后只需输入数据序列的第一个数据，再利用拖动填充柄的方式实现数据序列的填充。

例：将“教学一班、教学二班……教学五班”文本序列定为自定义数据序列。

① 在工作表的连续单元格中输入“教学一班、教学二班……教学五班”，并将它们所在的单元格区域选中。

② 执行“文件”选项卡中的“选项”命令，打开“选项”对话框，单击“高级”设置中的“编辑自定义列表”，打开图 3-29 所示的对话框。

③ 单击“导入”按钮，单元格区域的文本序列自动添加到“输入序列”列表框中。

用户也可以直接在图 3-29 所示的“输入序列”列表框中输入要定义成序列的数据项，每个数据项要以 Enter（回车）键或英文标点符号中的“,”分隔。

2. 工作表的编辑

（1）选定活动单元格或单元格区域。

对工作表进行编辑之前，首先要选定工作表、单元格或单元格区域。工作表的选定比较简单，单击工作表标签即可。表 3-3 列出了一些选定单元格或单元格区域的多种方法。

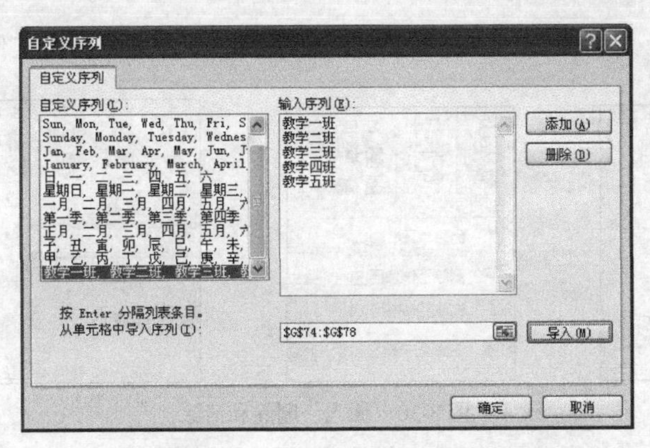

图 3-29 “自定义序列”对话框

表 3-3　　选定单元格及单元格区域的方法

选定内容	操作方法
单个单元格	单击某一单元格或按光标移动键移动到某一单元格
整行	单击行号
整列	单击列标
工作表的所有单元格	单击工作表上的全选按钮（A1 单元格左上方）
不相邻的多行或多列	选定第一行或第一列，按下 Ctrl 键再选其他行或列
相邻的多行或多列	选定第一行或第一列，在行号上拖动鼠标到最后一行或在列标上拖动鼠标到最后一列；或按下 Shift 键再选定最后一行或最后一列
连续单元格区域	单击选定单元格区域的第一个单元格，并拖动鼠标到最后一个单元格或按住 Shift 键单击最后一个单元格
不连续的单元格或单元格区域	先选定第一个单元格或单元格区域，按下 Ctrl 键再选择其他单元格或单元格区域
更改当前选定的单元格区域	按住 Shift 键，单击某一单元格，原选定区域的活动单元格与该单元格之间构成的长方形区域将成为新的选定区域

（2）修改单元格数据。

修改单元格数据有两种基本方法：其一，双击单元格使光标进入单元格中，而后进行修改；其二，在编辑栏中进行修改。

（3）插入行、列和单元格。

① 选定插入位置的行（列/单元格）或该行（列）中的某个单元格。

② 执行“开始”选项卡中的“插入”命令，就可以插入一个空行（列或单元格）。如果插入行操作之前选定的是多行（列），则插入与所选行数相同的空行（列）；或选中一行或多行，直接执行其右键快捷菜单中的“插入”命令，也可以插入一个或多个空行。

（4）删除与清除。在 Excel 中，删除与清除是两个完全不同的概念。删除是以整个单元格（或单元格区域）为对象。如果对某个单元格执行了删除操作，那么该单元格将从工作表中删除，而其周围的单元格将自动地填充到被删除单元格的位置，即删除单元格将影响工作表中其他单元格的布局。清除单元格可以清除该单元格（或单元格区域）中的内容，如格式、批注等，而该单元格本身不会被删除，所以也不会影响工作表中其他单元格的布局。

在“开始”选项卡下有单元格和编辑两个功能组，分别显示了插入、删除和清除命令，如图

3-30所示。在“删除”命令下还可以操作删除工作表行、工作表列以及工作表。

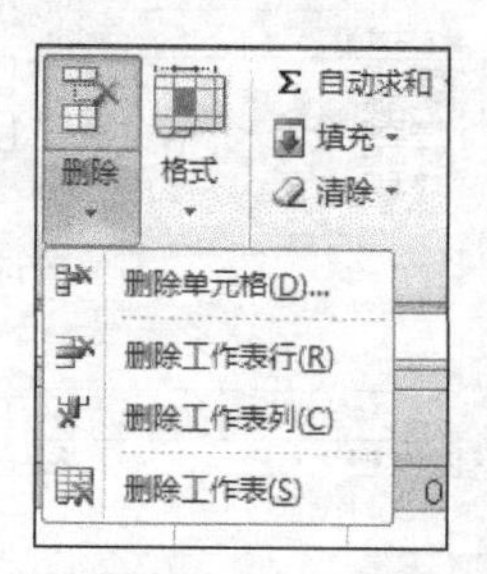

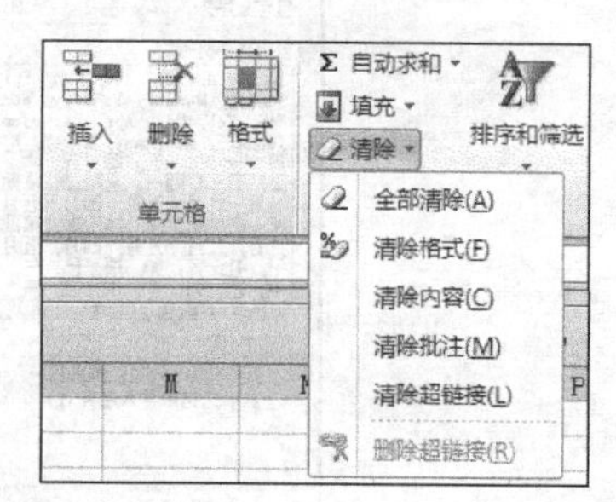

图3-30　插入、删除和清除

（5）移动和复制单元格。移动或复制操作可以像在Word中一样利用剪贴板完成。另外，在Excel中还有以下几种移动和复制操作。

在执行“剪切”或“复制”命令后，所选定单元格区域的四周被虚线框包围（用户可以随时按Esc键取消该虚线框），表示该单元格区域的内容在剪贴板中，此时单击某个单元格，再按Enter键，剪贴板中的内容将被粘贴到目标区域。

① 替换移动。所谓替换移动，就是将单元格（或单元格区域）的全部内容移动到目标单元格中，如目标单元格中有数据，则替换其中的数据，如目标单元格中无数据，则属于普通移动。具体操作步骤如下。

- 选定要移动的单元格或单元格区域，将鼠标指针指向该单元格或单元格区域的任意一个边框，鼠标指针变为形状。
- 拖动鼠标到目标位置。拖动时会显示被拖动单元格或单元格区域的虚框，松开鼠标后，若目标单元格中有内容，则系统会弹出“是否替换目标单元格内容”的提示框，单击“确定”按钮，即可完成单元格的替换移动；若目标单元格中无内容，则直接完成单元格的移动，而不会弹出提示框。

② 替换复制。所谓替换复制，就是复制单元格（或单元格区域）中全部内容到目标位置，若目标单元格中有数据，则替换其中数据；若目标单元格中无数据，则完成普通复制操作。具体操作步骤如下。

- 选定要复制的单元格或单元格区域，将鼠标指针指向该单元格或单元格区域的任意一个边框，鼠标指针变为形状。
- 按住Ctrl键，拖动鼠标到目标位置。拖动时会显示被拖动单元格或单元格区域的虚框，松开鼠标即可完成单元格的替换复制操作。

③ 选择性复制。在进行复制操作时，除了复制单元格（或单元格区域）全部内容以外，还可以有选择地复制单元格中的特定内容，如单元格中的数值、格式、公式等。具体操作步骤如下。

- 选定单元格或单元格区域，执行“复制”命令。
- 单击目标单元格区域左上角的单元格。执行“开始”选项卡下的“粘贴”命令中的“选择性粘贴”，或单击鼠标右键，在弹出的快捷菜单中单击“选择性粘贴”，打开图3-31所示的“选择性粘贴”对话框。用户在该对话框中做适当的选择完成粘贴。

④ 转置复制。所谓转置复制，就是把一列（或多列）单元格区域复制成一行（或多行），或把一行（或多行）单元格区域复制成一列（或多列），实现行列之间的转换。具体操作步骤如下。

- 选定一行（或多行）单元格区域，执行“复制”命令。
- 单击目标单元格区域左上角的单元格。使用选择性复制的方法打开“选择性粘贴”对话框，在图 3-31 所示的对话框中选择复选框“转置”，单击“确定”按钮，完成转置复制。

（6）移动和复制整行、整列。

移动和复制整行、整列的操作与上面介绍的移动和复制单元格的操作相似，只是在选择对象时要选择整行或整列。

（7）查找和替换单元格数据。

在 Excel 中，可以很方便地搜索某些文字和数字，并根据需求替换查找到的内容。查找与替换是编辑过程中常用的操作，在 Excel 中除了可以查找和替换文字外，还可以查找和替换公式及附注等。

如果知道要查找的准确内容，可以在“查找和替换”对话框的“查找内容”栏中直接输入该内容。如果不知道要查找的确切内容，可以使用通配符“*”和“？”进行查找。如果要查找含“*”或“？”的字符串，必须在它们之前加波浪线“ ~”，例如查找“A*”，则必须在“查找内容”栏中输入“A ~ *”。

查找和替换的具体方法是：选择“开始”选项卡下的“查找和选择”命令，在图 3-32 所示的菜单中选择合适的操作即可。

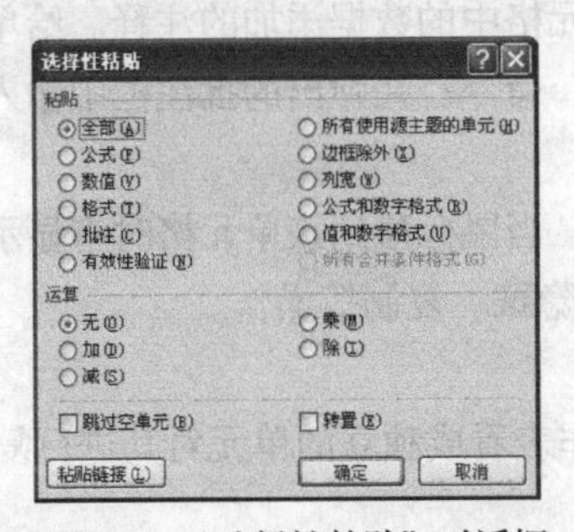

图 3-31 “选择性粘贴”对话框

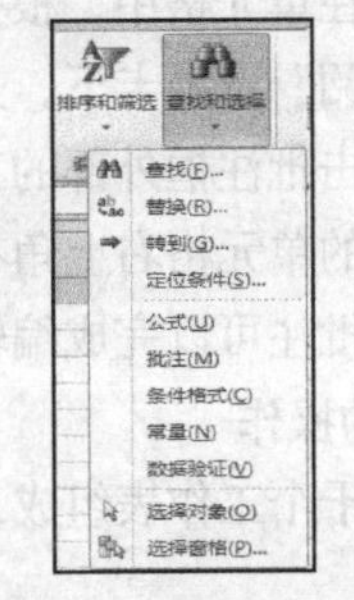

图 3-32 查找和选择

当系统正在查找时，按 Esc 键可中断查找。

（8）数据有效性的设置。

在编制报表时，有时需要对某些单元格中的数据进行限制，如输入身份证号、输入某个范围的数据（例如考试成绩）等。对单元格中的数据进行有效性的限制，可以避免一些输入错误，提高输入数据的速度和准确度。

① 创建数据有效性。以输入有效考试成绩 0～100 的整数成绩为例。

- 选择要创建数据有效性的单元格区域。
- 在“数据”选项卡下选择“数据有效性”功能按钮，打开“数据有效性”对话框，如图 3-33 所示。
- 在该对话框的“允许”下拉列表中选择“整数”，在“数据”列表框中选择“介于”，在“最小值”框中输入“0”，在“最大值”框中输入“100”。在设置数据有效性时，“输入信息”“出错警告”“输入法模式”等选项卡可以根据需要确定相关内容和设置。

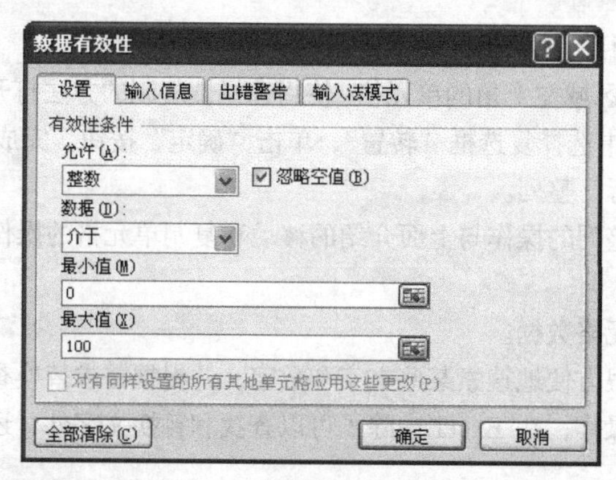

图 3-33　数据有效性对话框

② 复制数据有效性。在图 3-31 所示的“选择性粘贴”对话框中，选择“有效性验证”即可。

③ 查找所有具有数据有效性设置的单元格。在图 3-32 所示的菜单中选择“定位条件”命令，在“定位条件”对话框中选择“数据有效性”→“全部或相同”。

④ 删除数据有效性。在“数据有效性”对话框中单击“全部清除”按钮即可。

（9）批注。

批注是附加在单元格中，根据实际需要对单元格中的数据添加的注释。给单元格添加批注的方法为：在“审阅”选项卡下，选择“新建批注”命令；在弹出的批注框中输入批注文本；完成文本输入后，单击批注框外部的工作表区域即可。

添加了批注的单元格右上角有一个小红三角，当鼠标移到该单元格时将显示批注内容，批注内容不能打印。批注可以完成编辑、删除、显示/隐藏、复制等操作。

3. 工作表的操作

工作簿由若干个工作表组成，用户可以将工作表看成独立的单元对其进行复制、移动、删除、重命名等操作。

在对工作表进行各种操作之前，应该选中工作表。直接单击某工作表的标签即可选中该工作表而使其成为活动工作表，若要同时选中多个连续的工作表，则应首先单击第一个工作表标签，然后按住 Shift 键再单击最后一个工作表标签。若要选定多个不连续的工作表，则应按住 Ctrl 键逐一单击工作表标签。选择完成后多个工作表形成一个工作组。

（1）工作表、行、列、单元格的格式设置。

工作表的插入、删除、重命名、移动或复制、隐藏等操作可通过选择“开始”选项卡下的“单元格”功能组完成（见图 3-34），也可以通过工作表标签的右键菜单中的命令完成。

工作表的操作与行、列及单元格的插入、删除以及行高、列宽及单元格格式的设置相同。其中，“设置单元格格式”对话框如图 3-35 所示，通过此对话框可以设置数字分类、对齐、字体、边框、填充和保护等多项内容，是 Excel 操作的重点内容。

（2）设置条件格式。

Excel 允许设置条件格式，例如：在工资表中，设定基本工资大于等于 1900 元的数据用绿色加“双下划线”显示，小于 1900 元的数据用红色加“删除线”特殊效果显示。设置方法如下。

① 选定单元格或单元格区域，选择“开始”选项卡下的“条件格式”命令，如图 3-36 所示。

② 在此命令下有多个选择，如突出显示单元格规则，选择“大于”，输入 1900 之后，自定义格式为要求的格式；选择“小于”，输入 1900 之后，自定义格式，显示结果如图 3-37 所示。

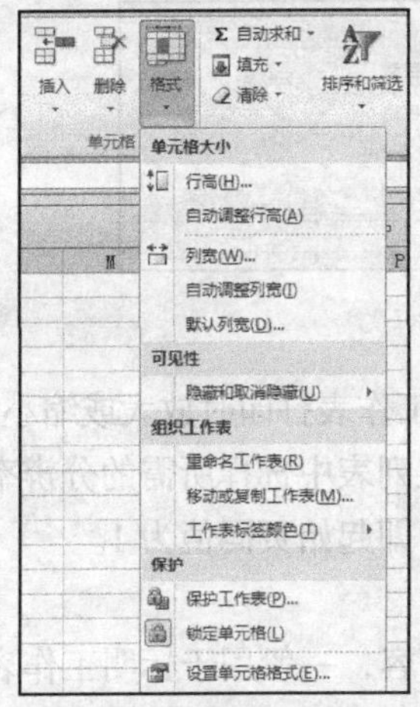

图 3-34 工作表的格式设置

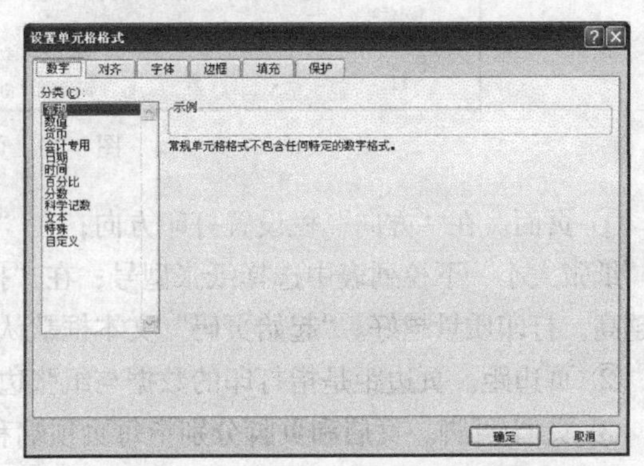

图 3-35 “设置单元格格式”对话框

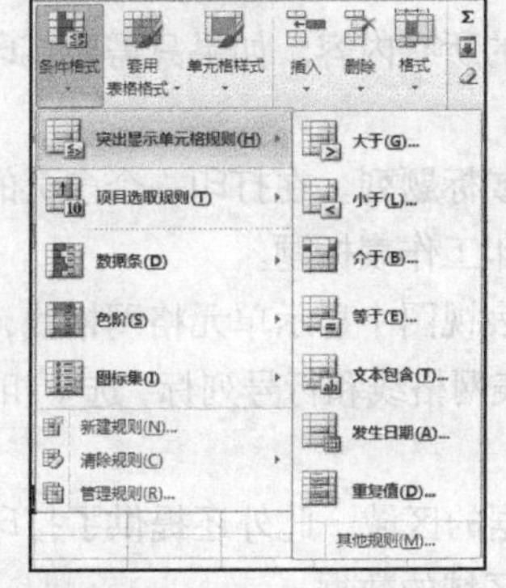

图 3-36 “条件格式”菜单

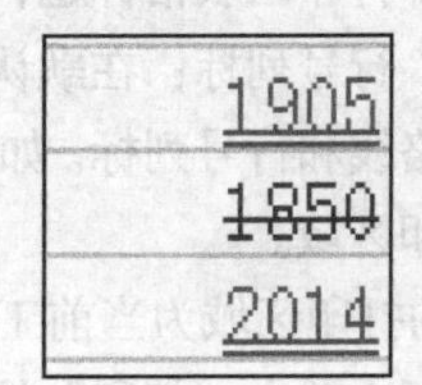

图 3-37 条件格式结果展示

4. 页面设置及打印

（1）页面设置。

选择某个工作表，然后执行“文件”选项卡中的“打印”命令，右侧显示了与打印相关的内容和打印预览效果，如图 3-38 所示；也可以使用“页面布局”→“工作表选项”命令，如图 3-39 所示。

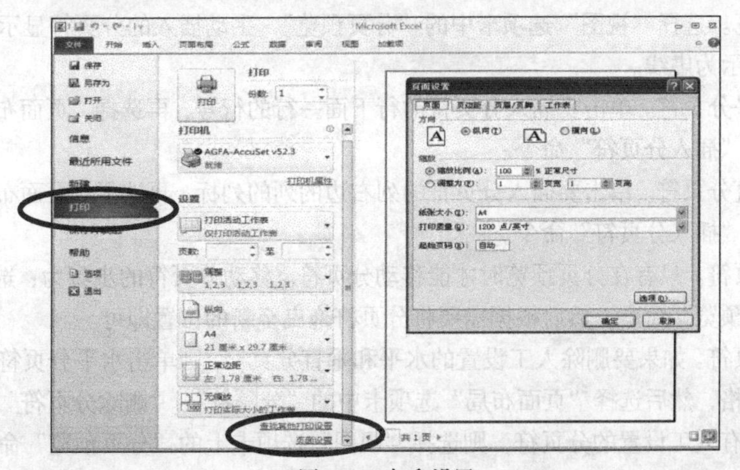

图 3-38 打印设置

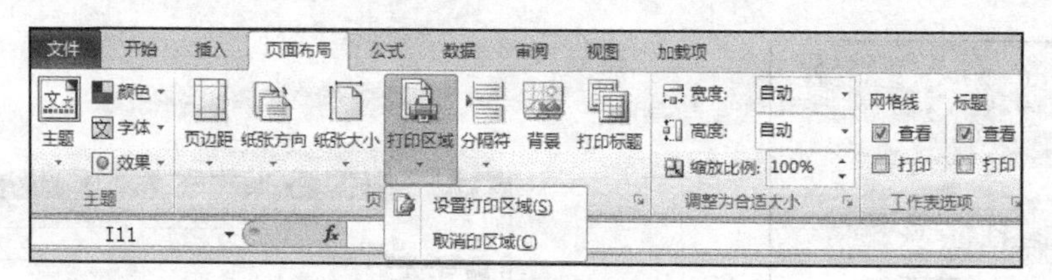

图 3-39　页面布局

① 页面。在“方向”栏设置打印方向；在“缩放”栏设置工作表打印时放大或缩小的比例；在“纸张大小”下拉列表中选择纸张型号；在“打印质量”下拉列表中选择所需的分辨率，分辨率越高，打印质量越好。“起始页码”文本框默认值为“自动”，即起始页码值为 1。

② 页边距。页边距是指打印的数据与纸张边线之间的距离。

③ 页眉/页脚。页眉和页脚分别指每页顶端和底部的特定内容，一般用于标明工作表名称、页码和打印日期等。

④ 工作表。

打印区域：在默认情况下，打印工作表数据区的所有内容。如果只需要打印某个单元格区域中的数据，则在“打印区域”文本框确认打印区域。

打印标题：在工作表表格中，一般都有标题行或标题列。在打印一个多页的工作表时，如果需要在每一页上都打印出表格标题，则必须设置打印工作表标题。

打印网格线、行号列标：在默认情况下，工作表视图中显示单元格网格线，而打印工作表时不打印单元格网格线和行号列标。如果要打印工作表网格线和行号列标，选中相应复选项框即可。

（2）设置打印区域。

Excel 默认的打印区域为当前工作表中包含数据的区域，此外还提供了打印部分单元格区域的功能。设置后每次单击“打印”按钮就只打印该区域的数据。

如图 3-39 所示，操作方法为：选中需要打印的区域，单击“设置打印区域”命令即可。如果要取消以上设置的打印区域，则执行“取消打印区域”命令即可。

（3）使用分页符。

如果需要打印的工作表的内容不止一页，Excel 2010 将自动在其中插入分页符，将其分成多页。分页符的位置取决于所选纸张的大小、页边距和设定的缩放比例。当用户有特别需要时，可以人工插入分页符。

① 分页预览。选择“视图”选项卡中的“分页预览”，手动插入的分页符显示为实线，自动插入的分页符显示为虚线。

② 插入水平分页符。单击要插入分页符的行下面一行的行号，再选择“页面布局”选项卡中的“分隔符”→“插入分页符”命令。

③ 插入垂直分页符。单击要插入分页符的列右边的列的列标，再选择“页面布局”选项卡中的“分隔符”→“插入分页符”命令。

④ 移动分页符。只有在分页预览时才能移动分页符。移动分页符的步骤为：选择“视图”选项卡中的“分页预览”命令，然后根据需要将分页符拖曳至新的位置即可。

⑤ 删除分页符。如果要删除人工设置的水平和垂直分页符，则单击水平分页符下方或垂直分页符右侧的单元格，然后选择“页面布局”选项卡中的“分隔符” - “删除分页符”命令。如果要删除工作表中所有人工设置的分页符，则选择“视图”选项卡上的“分页预览”命令，然后在工作表中任意位置的单元格上单击鼠标右键，再选择快捷菜单中的“重设所有分页符”命令。另外，

也可以在分页预览时将分页符拖曳出打印区域以外来删除分页符。

（4）打印。

执行“文件”选项卡中的“打印”命令，如图 3-38 所示。

3.3.3 工作表中的数值计算

1. 使用公式

利用公式可以对工作表中的数据进行算术和逻辑等运算。单元格中一旦使用了公式，其值会自动随公式中所引用的单元格数据的变化而变化。

（1）公式概述。

公式就是利用各种运算符把数据、单元格和函数等连接在一起的各种表达式。公式以“=”开头，它可以是简单的数学表达式，也可以是包含各种 Excel 函数的表达式。

在 Excel 中，运算符可以分为算术运算符、比较运算符、文本运算符和引用运算符四种类型。注意，不管是哪种运算符，必须在英文半角状态下从键盘输入。

① 算术运算符。利用算术运算符可以完成基本的算术运算，其计算结果为数值型数据。算术运算符主要包括：+（加）、-（减）、*（乘）、/（除）、%（百分比）、^（乘方）。

② 比较运算符。比较运算符用于比较两个数据（既可以是数值，也可以是文本）的大小，其结果为逻辑值 TRUE（真）或 FALSE（假）。由比较运算符连接构成的表达式称为逻辑表达式，函数中的“条件”参数必须用逻辑表达式。比较运算符主要包括：=（等于）、>（大于）、<（小于）、>=（大于等于）、<=（小于等于）、<>（不等于）。

③ 文本运算符。文本运算符只有“&”，它可以将一个或多个文本（字符串）连接成为一个文本值。若数值型数据被文本运算符连接，将按文本数据对待。在公式中直接连接文本时，需要用双引号将文本引起来。

④ 引用运算符。引用运算符通常在函数中表示运算区域，它可以将单元格区域合并计算。引用运算符主要包括：“:（区域运算符）”“,（联合运算符）”“空格（交叉运算符）”。

区域运算符（:）用来定义单元格区域。如 A1:B3 区域包括单元格 A1、A2、A3、B1、B2、B3。公式“=A1+A2+A3+B1+B2+B3”可以写成=SUM（A1:B3）。

联合运算符（,）是一种并集运算符，由它连接的两个或多个单元格区域都是函数的运算区域。例如，公式=SUM（A1:B3,D1:D3）表示求 A1:B3 区域与 D1:D3 区域数据之和。

交叉运算符是一种交集运算符，由它连接起来的两个或多个单元格区域中，只有重叠部分参加运算。例如，公式“=SUM（A1:B3 B1:C3）”表示求 A1:B3 区域与 B1:C3 区域重叠部分（B1、B2 和 B3 单元格）的数据之和。如果两个区域没有重叠部分，则显示“# NULL!”。

Excel 公式按运算符号的优先级从左到右计算，用户根据需要可以使用括号来改变公式中的运算次序。运算符号的优先级如表 3-4 所示。

表 3-4 运算符号的优先级

优先级	符号	说明
1	( )	括号
2		负号
3	%	百分号
4	^	乘方

续表

优先级	符号	说明
5	*和/	乘、除
6	+和 –	加、减
7	&	连接文本
8	=、<、>、<=、>=、<>	比较符号

（2）创建公式。

要使用公式，必须首先在单元格中创建公式。公式必须以等号（=）开始，并且在公式中不能包含空格。创建公式的操作步骤如下。

单击准备建立公式的单元格，用户可以在单元格中直接输入公式，也可以在编辑栏中输入公式，二者都是从输入=（等号）开始。如输入公式“=E3+F3+G3+H3”，则在 I3 单元格或编辑栏中先输入等号（=），然后单击 E3 单元格，输入加号（+），再单击 F3 单元格，输入加号（+），再单击 G3 单元格，输入加号（+），再单击 H3 单元格。

处理工作表数据时，经常会遇到在同一行或同一列使用相同计算公式的情况，利用复制功能可大大简化输入公式的过程。可以使用填充柄复制公式的方法完成公式的输入，操作步骤如下。

① 单击被复制公式所在的单元格，使之成为活动单元格。

② 拖动单元格的填充柄到目标单元格，在默认情况下，单元格中显示公式计算的结果，而不显示公式。单击单元格，在编辑栏中显示其公式，当用户在编辑栏对其进行编辑时，单元格中也显示公式。用户可以通过 Ctrl+~（位于 Tab 上面）组合键，让单元格中始终显示或始终不显示公式。

（3）单元格引用。

引用同一工作簿中的单元格数据称为内部引用，引用不同工作簿中单元格数据称为外部引用，引用其他程序中的数据称为远程引用。

Excel 提供了三种不同的引用方式：相对引用、绝对引用和混合引用。

① 绝对引用。绝对引用是指公式所引用的单元格是不变的，即无论公式复制或移动到何处，它所引用的单元格不变，因而引用的单元格数据也不变。绝对引用中，公式中引用的单元格地址的列标和行号前都必须加“$”符号。如在单元格 A8 中输入“=$A$1+$A$7”，如果将它复制到单元格 B8，则 B8 中的公式仍为“=$A$1+$A$7”。

② 相对引用。相对引用是指建立公式的单元格和被公式引用的单元格之间的相对位置关系始终保持不变，即移动或复制公式时，公式中的单元格地址会随着改变，这时被公式引用的单元格地址也做相应调整以满足相对位置关系不变的要求。在相对引用中，公式中引用的单元格地址的列标和行号前不需要加“$”符号。

③ 混合引用。混合引用是指在一个公式中，引用的单元格地址既有相对引用，又有绝对引用。混合引用有两种情况，一种是列标前有“$”符号，而行号前没有“$”符号，此时被引用的单元格其列位置是绝对的，而行的位置是相对的；另一种是列的位置是相对的，而行的位置是绝对的。如$C1 是列的位置绝对、行的位置相对，而 C$1 是列的位置相对、行的位置绝对。如在单元格 A8 中输入“=$A1+A$7”，若将其复制到 B8 单元格，则 B8 单元格中的公式为“=$A1+B$7”；复制到 B9 单元格，则 B9 单元格中的公式为“=$A2+B$7”。

④ 三维地址引用。在 Excel 中，不但可以引用同一工作表中的单元格，还能引用不同工作表中的单元格，引用格式为“[工作簿名]+工作表名!+单元格引用”。例如，在工作簿 Book1 中引用

工作簿 Book2 的 Sheet1 工作表中的第 3 行第 5 列单元格，可表示为“[Book2]Sheet1!E3”。

2. 使用函数

函数由函数名和参数组成，Excel 为用户提供的常用函数见表 3-5。

表 3-5 Excel 常用函数

函数及其格式	功 能
=IF（条件，数据 1，数据 2）	当条件为真时，取数据 1；否则，取数据 2
=SUM（范围）	求范围内所有数值型数据的和
=SUMIF（条件范围，“条件”，求和范围）	求符合指定条件的某范围内数值型数据的和
=AVERAGE（范围）	求范围内所有数值型数据的平均值
=COUNT（范围）	求范围内数据的个数
=COUNTIF（范围，“条件”）	求范围内满足条件的数据的个数
=MAX（范围）	求范围内的最大值
=MIN（范围）	求范围内的最小值
=WEEKDAY（日期）	给出指定日期对应的星期数
=NOW（ ）	给出当前系统的日期和时间
=TODAY（ ）	给出当前系统的日期
=RIGHT（“字符串”，数值型整数 n）	从字符串的最后一个字符开始截取 n 个字符
=LEFT（“字符串”，数值型整数 n）	从字符串的第一个字符开始截取 n 个字符
=INT（数值型数据）	数值型数据向下（小）取整
=ROUND（数值型数据，保留小数位数）	对数值型数据按“保留小数位数”四舍五入

函数名通常用大写字母表示，用来描述函数的功能。函数的基本形式为：函数名（参数 1，参数 2，…），参数可以是数字、文本、逻辑值、数组、单元格引用或函数所需要的其他信息，参数也可以是常量、公式或其他函数。多个参数之间要用英文半角逗号“,”分隔开。函数也是从等号（=）开始。

（1）使用“插入函数”按钮或手动输入函数。

“公式”选项卡下的“函数库”功能组提供了诸如最近使用的函数、财务、逻辑、日期和时间等多种函数命令，帮助用户完成快捷操作，如图 3-40（a）所示。

下面以图 3-40（b）中所示的“文科班成绩单”数据表为例，求出所有同学总分的过程如下：

① 对于求和单元格 I3，使用编辑栏中的“插入函数”按钮，或“公式”选项卡下的“插入函数”命令，或直接输入公式“=SUM（E3:H3）”，填充 I3 中的总分。

② 单击 I3 单元格，拖动其填充柄到 I10 单元格，完成 I3:I10 区域的数据填充。

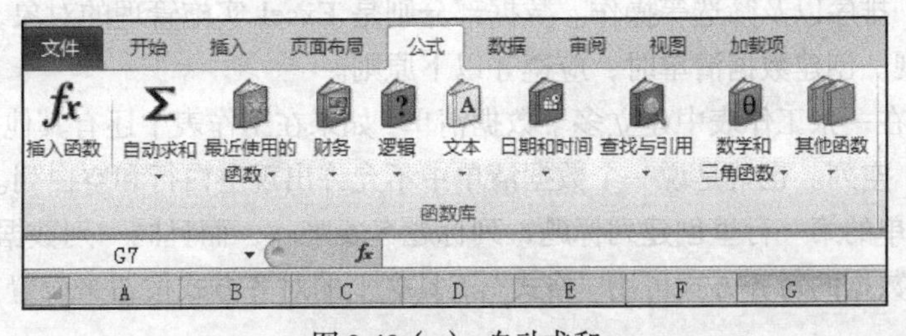

图 3-40（a） 自动求和

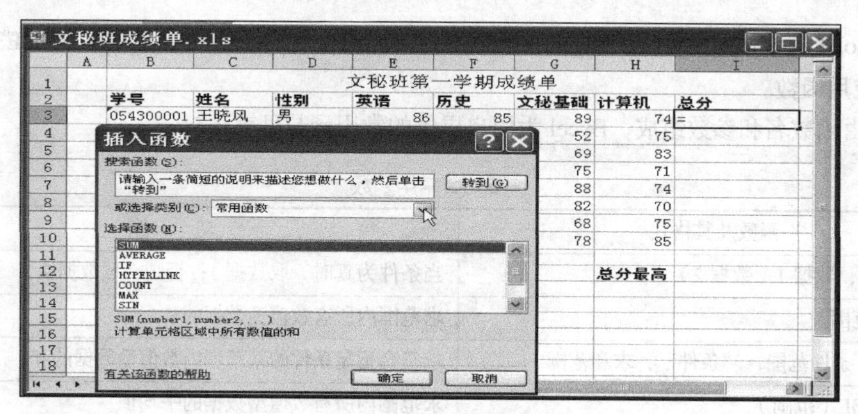

图 3-40（b） 插入函数

（2）使用“自动求和”按钮输入函数。

使用“自动求和”按钮也可以实现函数的输入。单击“公式”选项卡下的“Σ”，如 3-40（a）所示，默认输入求和函数 SUM()；单击“自动求和”下拉列表，在其中列出了几个常用的函数可供用户选择，另外单击“其他函数”也可以打开图 3-40（b）所示的“插入函数”对话框。也可以在“最近使用的函数”列表中选择求和函数完成计算。

（3）编辑函数。

当函数所在单元格为活动单元格时，函数表达式出现在编辑栏的编辑区中，此时可以像编辑文本一样对函数进行编辑修改。另外，还可以使用插入函数的方法进行修改，但是，在使用此方法之前，最好先删除要修改的函数，然后再执行“插入函数”命令重新插入函数。

3.3.4 数据管理

Excel 具有强大的数据管理能力。它可以对大量数据快速地进行排序、筛选、分类汇总等管理操作。数据管理以数据清单为基础。

1. 数据清单的概念

在工作表中，表中的数据往往按某种关系组织起来构成二维表。除二维表第一行之外的每一行都是一条记录，记录用记录号 1，2，3，…标志；二维表的每一列都是一个字段，字段用字段名标志，字段名在第一行的单元格中。以记录和字段为基本结构组成的数据区域称为数据清单，也称为关系表。数据清单由若干条记录和若干个字段组成，例如图 3-41 所示的 B3:I14 单元格区域。一张数据清单可以看作一个数据库，Excel 可以对它进行查询、排序、筛选以及分类汇总等数据库基本操作。

如果要使用 Excel 的数据管理功能，则首先必须将表格创建为数据清单。数据清单至少由两个必备部分构成，即结构和数据。结构为数据清单中的第一行列标题，Excel 将利用这些标题名对数据进行查询、排序以及筛选等操作。数据部分则是 Excel 实施管理的对象，该部分不允许有非法数据内容出现。创建数据清单时，应遵守以下原则。

① 尽量避免在一张工作表中建立多个数据清单，如果在工作表中还有其他数据，要在数据清单之间留出空行、空列。也就是说一个数据清单中不允许出现空白行和空白列。

② 在数据清单的第一行里创建列标题，列标题名要唯一，而且同一列数据具有相同的性质。

③ 单元格中数据的对齐方式可用“格式”工具栏上的对齐方式按钮来设置，不要用输入空格的方法进行调整。

学生成绩统计表

学号	姓名	性别	专业	英语	数学	物理	化学
2003001	陈小峰	男	艺术设计	92	85	98	78
2003002	沈时辰	男	艺术设计	89	84	90	89
2003005	李兵	男	英语	78	45	76	55
2003006	王朝猛	男	艺术设计	99	96	82	58
2003007	王小芳	女	计算机	96	86	88	89
2003008	张慧	女	计算机	99	93	92	77
2003009	郭峰	男	计算机	88	94	93	84
2003010	任春花	女	艺术设计	96	64	77	81
2003013	张艳红	女	汽车制造	94	90	93	78
2003014	李娟	女	汽车制造	91	73	82	99
2003015	宋大远	男	汽车制造	84	98	93	85

图 3-41　“学生成绩统计表”数据清单

2. 数据排序

数据排序就是将数据清单中的记录以关键字段（某一指定字段）的数据值由小到大（升序）或由大到小（降序）进行重新排列。对数据排序时，Excel 会遵循以下基本原则。

① 被隐藏的记录不参加排序。

② 关键字段值相同的行将保持它们的原始次序。

③ 对数值型字段，按数值大小进行升序或降序排序。公式按其计算结果排序。

④ 对字符型字段，数字文本最小，其次是符号文本，再次是英文字符，中文字符最大。排序时，从左到右逐个字符地进行比较排序，若第一个字符相同，再按第二个字符，依次类推。英文字符从 A 到 Z 排序称为升序，反之，从 Z 到 A 排序称为降序。系统默认排序不区分全角/半角字符和大小写字符。

⑤ 关键字段中有空白单元格的行始终放在最后。

⑥ 当按多个关键字段排序时，若主要关键字段值相同，再按次要关键字段排序；若次要关键字段值也相同，再按第三关键字段排序。

（1）简单排序。简单排序又叫单字段排序。首先，定位要排序的字段，然后单击“数据”→“排序和筛选”→“升序排序”按钮和“降序排序”按钮，利用它们可以迅速地对数据清单中的记录以某一关键字段进行简单排序。

（2）复杂排序。如果需要按多个关键字段进行复杂排序，或者只对数据清单的部分数据区域进行复杂排序，则需要执行“数据”→“排序和筛选”→“排序”命令，打开图 3-42 所示的“排序”对话框。

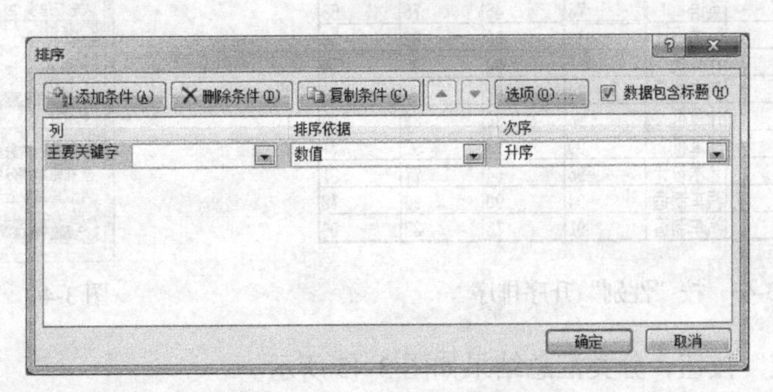

图 3-42　“排序”对话框

3. 数据筛选

若要在一个较大的数据清单中一次查找多条符合条件的记录并把结果显示出来，则必须使用数据筛选功能。数据筛选是指在工作表中只显示数据清单中符合条件的记录，其他记录则被隐藏。

（1）自动筛选。单击数据清单中的任意单元格，执行“数据”→“排序和筛选”→“筛选”按钮，这时数据清单的每一个字段名右边都会出现一个“自动筛选”下拉按钮▾。

单击某一个字段的“自动筛选”下拉按钮▾，会弹出一个相应的“自动筛选”下拉列表，它列出了该字段的筛选方式和筛选条件。

（2）高级筛选。高级筛选也是对数据清单进行的一种筛选，它的筛选条件设定在工作表的条件区域。高级筛选可以设定比较复杂的筛选条件，并且可以直接将符合条件的记录复制到当前工作表的其他空白位置。

执行高级筛选操作前，首先要设定条件区域，该区域应该与数据清单保持一定的距离。条件区域至少为两行，第一行为字段名，第二行及以下各行为筛选条件。用户可以定义一个或多个条件；如果在两个字段下面的同一行输入条件，系统将按“与”条件处理；如果在不同行中输入条件，则按“或”条件处理。下面举例说明操作方法和步骤：如果要取消高级筛选的结果，而显示原数据清单的所有记录，则单击“数据”→“排序和筛选”组中的“清除”按钮即可。

4．数据分类汇总

分类汇总就是将经过排序后已具有一定规律的数据进行汇总，生成各种类型的汇总报表。进行分类汇总前，首先要对数据清单按照要汇总的关键字段进行排序，以使同类型的记录集中在一起（分类），然后执行“数据”→“分级显示”→“分类汇总”命令进行汇总。

（1）分类汇总。

例：将图 3-41 所示的“学生成绩统计表”数据清单，以“性别”为关键字段进行升序分类汇总，汇总方式为“平均值”，汇总项包含“英语”“数学”“物理”“化学”，汇总结果显示在数据下方。操作步骤如下。

① 单击数据清单中“性别”所在列的任意单元格，如 D6，再单击“排序和筛选”组中的“升序排序”按钮进行升序排序，排序的结果如图 3-43 所示。

② 执行“数据”→“分级显示”→“分类汇总”命令，打开图 3-44 所示的“分类汇总”对话框，完成相应设置。

学生成绩统计表

学号	姓名	性别	专业	英语	数学	物理	化学
2003001	陈小峰	男	艺术设计	92	85	98	78
2003002	沈时辰	男	艺术设计	89	84	90	89
2003005	李兵	男	英语	78	45	76	55
2003006	王朝猛	男	艺术设计	99	96	82	58
2003009	郭峰	男	计算机	88	94	93	84
2003015	宋大远	男	汽车制造	84	98	93	85
2003007	王小芳	女	计算机	96	86	88	89
2003008	张慧	女	计算机	99	93	92	77
2003010	任春花	女	艺术设计	96	64	77	81
2003013	张艳红	女	汽车制造	94	90	93	78
2003014	李娟	女	汽车制造	91	73	82	99

图 3-43　按“性别”升序排序

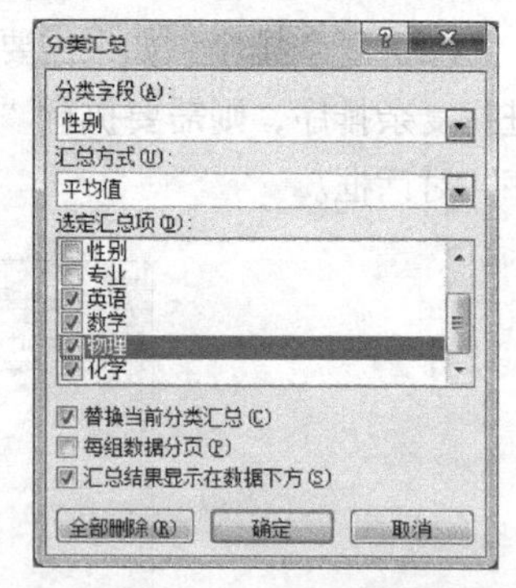

图 3-44　“分类汇总”对话框

③ 单击“确定”按钮，分类汇总结果如图 3-45 所示。

如果希望回到数据清单分类汇总之前的初始状态，只需在图 3-44 所示的“分类汇总”对话框中单击“全部删除”按钮，再单击“确定”按钮即可。

学生成绩统计表

学号	姓名	性别	专业	英语	数学	物理	化学
2003001	陈小峰	男	艺术设计	92	85	98	78
2003002	沈时辰	男	艺术设计	89	84	90	89
2003005	李兵	男	英语	78	45	76	55
2003006	王朝猛	男	艺术设计	99	96	82	58
2003009	郭峰	男	计算机	88	94	93	84
2003015	宋大远	男	汽车制造	84	98	93	85
		男 平均值		88.33333	83.66667	88.66667	74.83333
2003007	王小芳	女	计算机	96	86	88	89
2003008	张慧	女	计算机	99	93	92	77
2003010	任春花	女	艺术设计	96	64	77	81
2003013	张艳红	女	汽车制造	94	90	93	78
2003014	李娟	女	汽车制造	91	73	82	99
		女 平均值		95.2	81.2	86.4	84.8
		总计平均值		91.45455	82.54545	87.63636	79.36364

图 3-45　分类汇总的结果

（2）分级显示。

从图 3-45 所示的数据清单的左侧可以看出分类汇总后的数据分为三个层级 1 2 3，1 级最高，3 级最低。单击相应的层级号，如 2，则显示该层级及其以上层级的数据。单击“隐藏明细数据”标记 - 可以隐藏该行层级所指定的明细数据，同时 - 变为 +。单击“显示明细数据”标记 + 可以显示出该行层级所指定的明细数据，同时 + 变为 -。刚刚分类汇总的数据清单，默认显示所有三个层级的数据。

5. 合并计算

合并计算（见图 3-46）是对一个或多个单元格区域的源数据进行同类合并汇总。合并计算可以对有相同位置的数据或相同分类的数据进行汇总。

要想合并计算数据，首先必须为汇总信息定义一个目的区，用来显示摘录的信息。此目标区域可位于与源数据相同的工作表中，也可在另一个工作表或工作簿内。其次，需要选择要合并计算的数据源，此数据源可以来自单个工作表、多个工作表或多重工作簿中。

“合并计算”功能是将多个区域中的值合并到一个新区域中，利用此功能可以为数据计算提供很大的便利，包括合并求和计算、合并求平均值计算等多种计算功能。

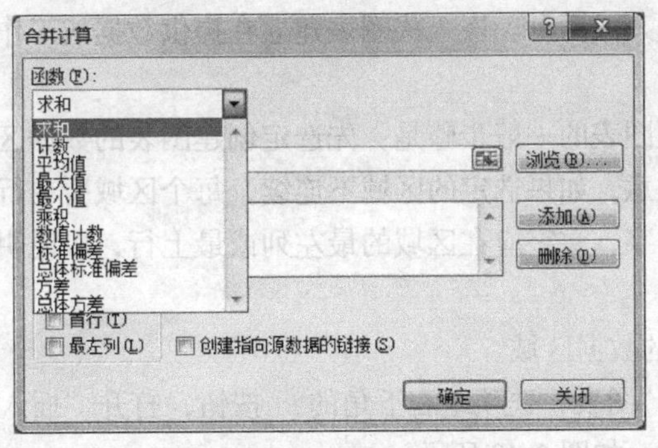

图 3-46　“合并计算”对话框

3.3.5　数据图表化

1. 图表的基础知识

（1）图表的基本概念。在 Excel 中，图表是用图示方式表示工作表数据的方法，它是由数据清单生成的用于形象表示数据的图形。用图表表示工作表数据易于阅读和评价，可以帮助用户更方便地进行数据分析和数据比较。

如果图表依据数据清单生成，则数据清单就称为图表的源数据。数据清单中一个单元格的数据称为数据点，一行或一列单元格的数据称为数据系列。如果数据系列产生在行，则构成数据行数据系列；如果数据系列产生在列，则构成数据列数据系列。

建立图表时，数据点的值在图表中用柱形、条形、线条、点等图形来表示，这些形状的图形称作数据标志。图表中的每一种数据系列都以相同形状和颜色的数据标志表示。当数据源中的数据变化时，图表中的数据标志也会随之相应变化。

（2）图表的组成。尽管各种类型图表的组成并不完全相同，但它们的基本组成元素是相似的。从图 3-47 所示的三维柱形图中可以看到图表的几种基本组成元素。

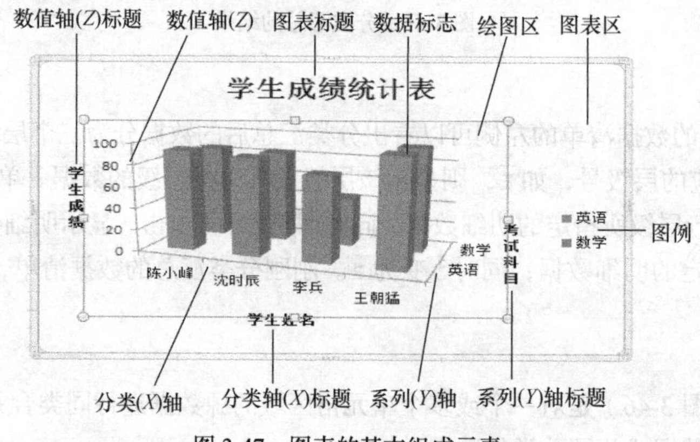

图 3-47　图表的基本组成元素

（3）图表的类型。图表有两大类型，即标准类型和自定义类型。标准类型中有柱形图、条形图、折线图、棱锥形等 11 种，并且每种标准类型中又有若干个子类型。对于初学者而言，如何根据当前数据源选择一个合适的图表类型是一个难点。不同的图表类型其表达重点有所不同，因此，首先要了解各类型图表的应用范围，学会根据当前数据源以及分析目的选用最合适的图表类型。

2. 创建图表

图表有嵌入式和非嵌入式两种。嵌入式图表建立在提供数据的工作表中，而非嵌入式图表要单独建立在一个工作表中。

（1）创建图表。创建图表的一般步骤是：先选定创建图表的数据区域，选定的数据区域可以连续，也可以不连续。注意，如果选定的区域不连续，每个区域所在行或所在列有相同的矩形区域；如果选定的区域有文字，文字应在区域的最左列或最上行，以说明图表中数据的含义。建立图表的具体操作如下。

① 选定要创建图表的数据区域。

② 单击“插入”→“图表”选项组右下角的按钮，打开“插入图表”对话框，在对话框中选择要创建图表的类型，如图 3-48 所示。

选择一种柱形图样式，如“簇状柱形图”，设置完成后，单击“确定”按钮，效果如图 3-49 所示。

（2）编辑图表。图表建立后，如果所用的图表类型、源数据、图表选项、图表位置等不能满足要求，用户可以随时对其进行编辑更改，编辑图表的过程与创建图表的过程相似。

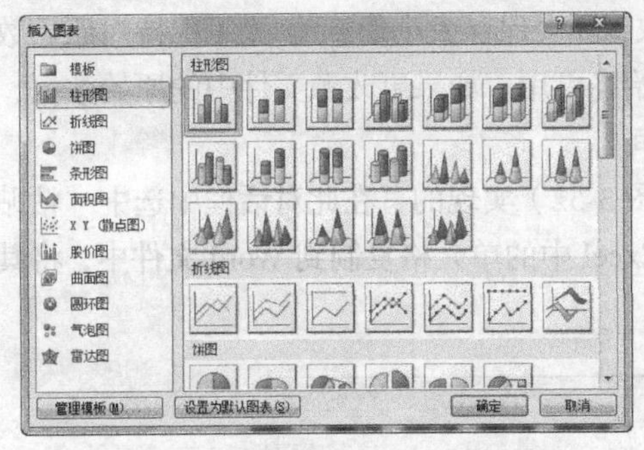

图 3-48　“插入图表”对话框

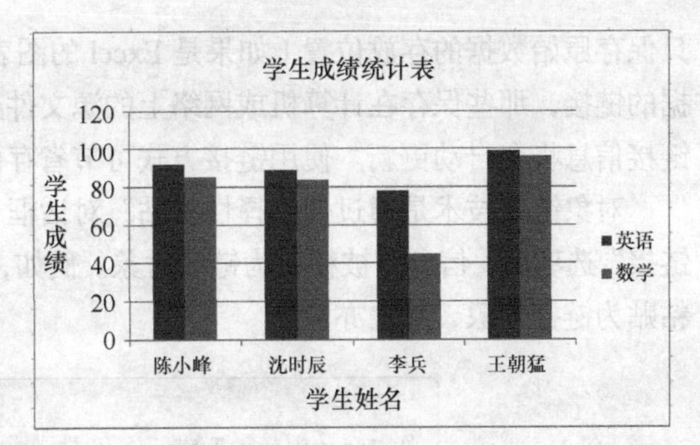

图 3-49　创建后的效果

编辑图表是指对图表及图表中各个对象的编辑，包括数据的增加、删除，图表类型的更改，图表的缩放、移动、复制、删除等。

一般情况下，先选中图表，再对图表进行具体的编辑。当选中图表时，在“选项卡”栏会多出“图表工具”选项卡，分别选择“设计”、“布局”和“格式”选项卡中的按钮进行相应的操作。

图表格式化是指对图表中的各个组成对象进行文字、颜色、外观等格式的设置。方法如下：

双击欲进行格式设置的图表对象，如双击图表区，打开“设置图表区格式”对话框，如图 3-50 所示。

指向图表对象，右键单击图表坐标轴，从快捷菜单中选择该图表对象的格式设置命令，打开“设置坐标轴格式”对话框，如图 3-51 所示。

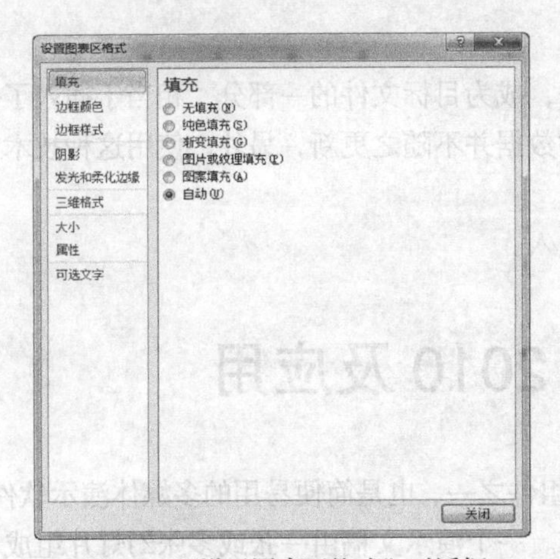

图 3-50　“设置图表区格式”对话框

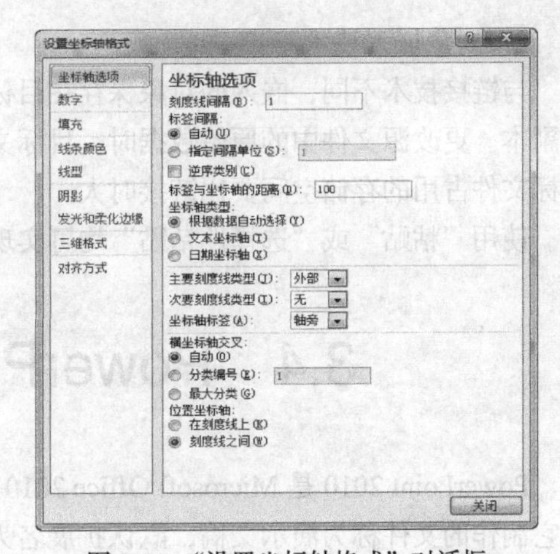

图 3-51　“设置坐标轴格式”对话框

3.3.6　Word 与 Excel 的协同操作

在 Office 办公组件中，Word 在文字处理方面具有非常强大的功能，Excel 在表格处理方面具有非常强大的功能。虽然它们都有明确的分工，但并非完全割裂开来，它们之间可以协同工作，共同完成一项任务。

Word 和 Excel 的协同操作是通过信息共享实现的，信息共享的方式有两种类型：对象链接和嵌入（OLE）。

1．对象链接技术

对象被链接后，被链接的信息保存在源文件中，目标文件中只显示链接信息的一个映像，它只保存原始数据的存放位置（如果是Excel的图表对象，还会保存大小信息）。为了保持对原始数据的链接，那些保存在计算机或网络上的源文件必须始终可用。如果更改源文件中的原始数据，链接信息将会自动更新。使用链接方式可节省存储空间。

对象链接技术是通过“选择性粘贴”对话框（见图3-52）实现的，在此对话框中选中“粘贴链接”选项后，信息将被粘贴为链接对象。例如，把Excel中的单元格复制到Word文件中，将其粘贴为链接对象，反之亦可。

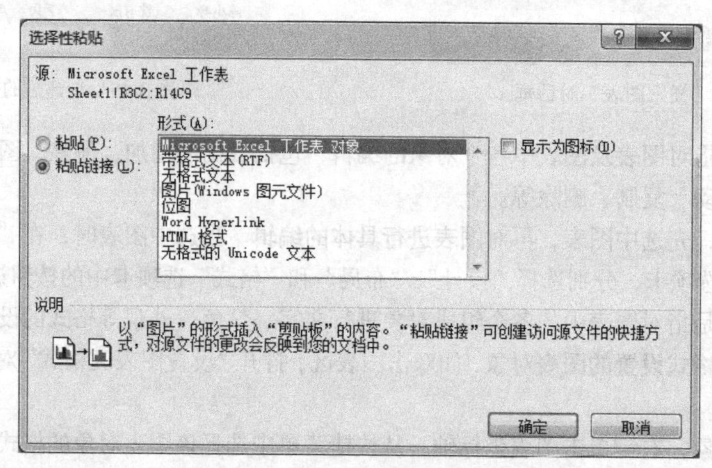

图3-52 “选择性粘贴”对话框

2. 对象嵌入技术

与链接技术不同，嵌入的对象保存在目标文件中，成为目标文件的一部分，相当于插入了一个副本。更改源文件中的原始数据时，目标文件中的数据并不随之更新，另外，使用这种技术，目标文件占用的存储空间要比链接时大。

使用“粘贴”或“选择性粘贴”均可实现对象嵌入。

3.4 PowerPoint 2010及应用

PowerPoint 2010是Microsoft Office 2010中文版组件之一，也是简便易用的多媒体演示软件，由它制作的文件称为演示文稿，默认扩展名为 PPTX。一个演示文稿由一张或多张幻灯片组成，幻灯片中可包含诸如文字、图表、图形、图像、声音以及动画、视频等多种数据。广泛应用于多媒体教学、会议及CAI等多项领域，是信息发布、产品展示、学术交流、工作汇报等的有效工具。

3.4.1 PowerPoint 2010基础

1. PowerPoint 2010的启动

PowerPoint 2010的启动、保存、关闭、退出以及打开演示文稿等的方法与Office 2010的其他组件类似，在此不再赘述。

2. PowerPoint 2010的窗口

启动PowerPoint 2010后打开图3-53所示的窗口，标题默认名为“演示文稿1”。此窗口除了标题栏、快速访问工具栏、功能区等基本组成外，还有选项卡、视图切换工具栏、幻灯片窗格和备注窗格等部分。

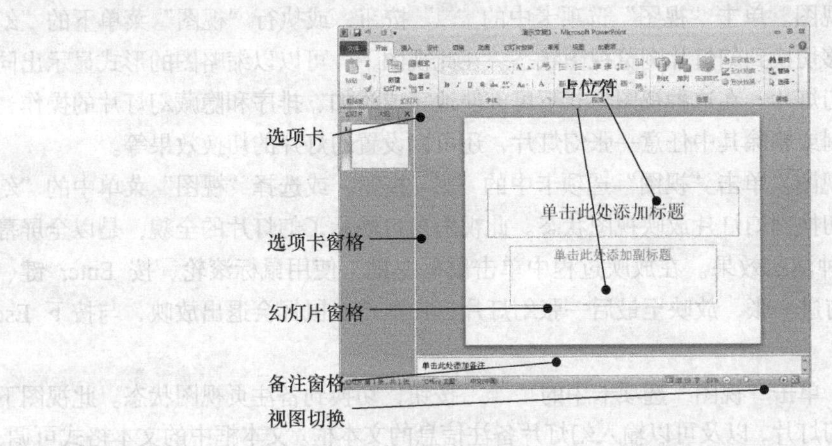

图 3-53　PowerPoint 2010 的窗口

（1）选项卡。在普通视图下，选项卡窗格中包含“大纲”和“幻灯片”两项。“幻灯片”选项卡下显示所有幻灯片的缩略图，可以方便地浏览幻灯片的整体效果；“大纲”选项卡下显示幻灯片标题和正文的文本。当调整选项卡窗格宽度到较小的程度时，“幻灯片”和“大纲”两个选项卡变为“ ”的图标样式。

（2）幻灯片窗格。在幻灯片窗格中，可以查看和编辑每张幻灯片的内容，如：添加文本，插入图形、图像、表格、图表、文本框、影片、声音、超级链接，添加动画，等等。

（3）占位符。在图 3-53 中看到的周边是虚线或阴影线的方框，就是所谓的占位符，是系统给用户建立的预留框。图中出现了两个占位符，即“添加标题”和“添加副标题”，单击占位符即可完成添加内容的操作。占位符具有 Word 文本框的特性，可以对占位符进行颜色、位置、大小等方面的设置及删除的操作，也可以选中占位符内的文本或其他对象进行单独的设置。

（4）备注窗格。用户只可在备注窗格中为幻灯片添加注释性的备注，备注在幻灯片放映时不出现，但可以打印成书面资料，或者通过网页显示出来。

不能直接在备注窗格中插入图形等对象。

（5）视图切换工具栏。利用“视图切换”工具栏“ ”中的按钮或“视图”菜单，可以实现不同视图窗口的切换。

3. 视图方式

PowerPoint 2010 提供了多种不同的视图方式，即普通视图、幻灯片浏览、备注页和阅读视图等演示文稿视图方式，以及幻灯片母版、讲义母版和备注母版等母版视图方式，它们有着各自不同的作用和功能。

（1）普通视图。PowerPoint 2010 默认的视图方式是普通视图，它是主要的编辑视图。单击“视图”选项卡中的“ ”按钮，或执行“视图”菜单中的“普通视图”命令也可切换到普通视图。此时，幻灯片编辑区被分成三个窗格：选项卡窗格、幻灯片窗格（大视图显示当前的幻灯片）和备注窗格。选项卡窗格有幻灯片文本大纲（“大纲”）和幻灯片缩略图（“幻灯片”）之分。备注窗格主要用于添加备注，在放映演示文稿时将备注作为打印形式的参考资料，或者创建希望观众看到的以打印形式或在网页上出现的备注。三个窗格大小可调。

（2）幻灯片浏览视图。单击“视图”选项卡中的“”按钮，或执行“视图”菜单下的“幻灯片浏览”命令都能够切换到幻灯片浏览视图状态。在此视图下，可以以缩略图的形式显示出同一演示文稿中的所有幻灯片。在这种视图方式下可方便地完成添加、排序和隐藏幻灯片的操作，也可移动、剪切、复制或删除其中任意一张幻灯片，还可以设置幻灯片的切换效果等。

（3）幻灯片放映视图。单击“视图”选项卡中的“”按钮，或选择“视图”菜单中的“幻灯片放映”命令都能切换到幻灯片放映视图状态。此视图窗口展示了幻灯片的全貌，是以全屏幕方式播放幻灯片的一种演示效果。在放映过程中单击鼠标左键、使用鼠标滚轮、按 Enter 键、PageDown 等都可以前进一张，放映至最后一张幻灯片，再次单击鼠标会退出放映，与按下 Esc 键的效果相同。

（4）备注页视图。单击“视图”选项卡中的“”按钮，切换到备注页视图状态。此视图下会出现一个缩小版的幻灯片，以及可以输入幻灯片备注信息的文本框。文本框中的文本格式可调，也可以插入表格、图表、图片等对象，能在打印的备注页中显示出来，却不会在其他三种视图中显示。

4. 创建演示文稿

用户可以在空白演示文稿的基础上按照自己的设计思路制作演示文稿的样式、外形、内容等。启动 PowerPoint 2010 时，会自动创建一个空白的演示文稿，其中默认一张“标题幻灯片”。另外，单击“文件”选项卡中的“新建”命令，打开图 3-54 所示的窗口，其中列举了多种创建演示文稿的方式。

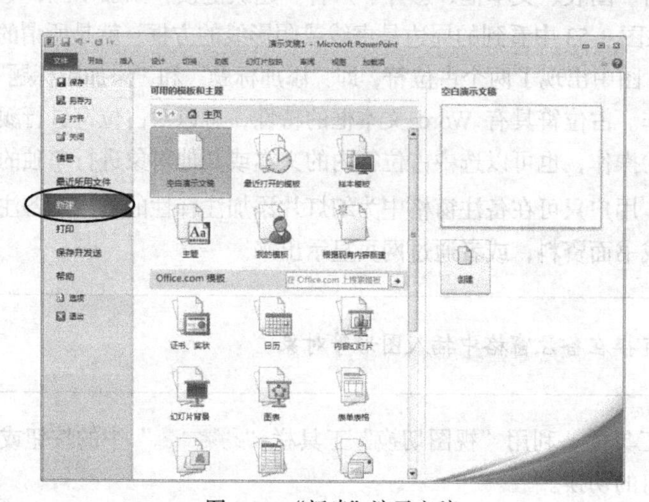

图 3-54 “新建”演示文稿

3.4.2 幻灯片的制作和编辑

演示文稿是幻灯片的有序集合，它包含了幻灯片、幻灯片备注页、听众讲义和演示文稿大纲等部分。其中，幻灯片是演示文稿的核心内容，制作和编辑演示文稿的过程就是制作一张张幻灯片的过程；幻灯片备注页是演讲者对幻灯片附加的说明；听众讲义是一套缩小的幻灯片打印件，供听众参考；大纲帮助掌握演示文稿的全貌，可做演示时的参考。

1. 幻灯片的制作

（1）插入幻灯片。在当前演示文稿中添加新的幻灯片时，通常会使用以下多种方法。

方法一：选择“开始”选项卡下“新建幻灯片”命令按钮，可以选择直接插入“默认版式幻灯片”或者选择“Office 主题”幻灯片，如图 3-55 所示。

方法二：在“幻灯片/大纲”选项卡下单击鼠标右键，在快捷选项卡中选择“新建幻灯片”。

方法三：使用图 3-55 中所示的“重用幻灯片”，在出现的“重用幻灯片”任务窗格中选择“浏览”，通过“浏览幻灯片库”和“浏览文件”两种方式插入幻灯片。

（2）插入幻灯片副本。

方法一：选中某张幻灯片，单击“开始”选项卡下的“复制”按钮中的第二个“复制”命令，在当前幻灯片后插入一张当前幻灯片的副本，如图 3-56 所示。

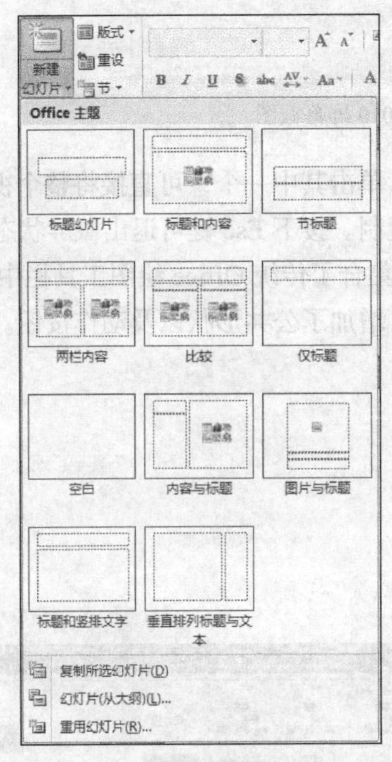

图 3-55　新建幻灯片

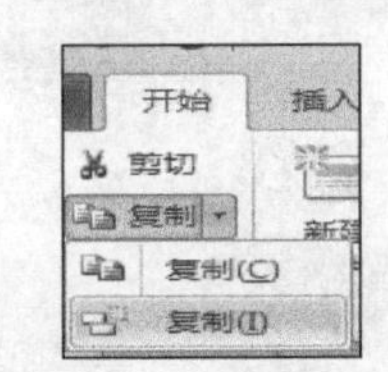

图 3-56　复制幻灯片

方法二：使用图 3-55 所示的“复制所选幻灯片”命令。

2. 幻灯片的对象制作

在“插入”选项卡下列举了诸多可以在幻灯片中出现的对象，如图 3-57 所示：

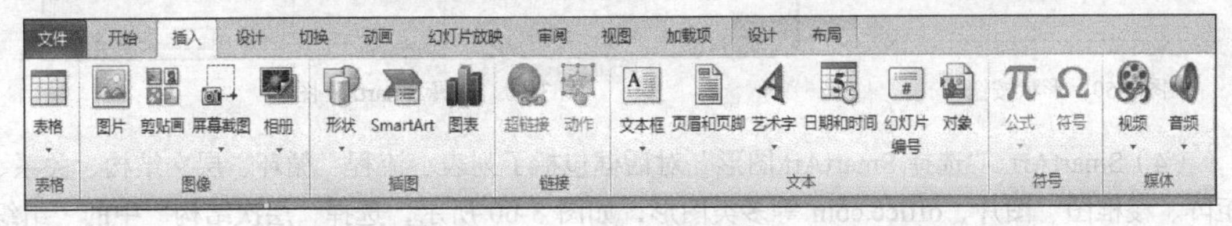

图 3-57　“插入”选项卡

（1）表格。表格按钮中可以通过鼠标滑动选择行列数，单击完成插入表格；也可以选择“插入表格”命令，设置行列数之后完成表格插入；也可以选择绘制表格的方式插入表格，或者直接插入 Excel 电子表格。

（2）屏幕截图。Office 2010 提供了屏幕截图功能，如图 3-58 所示。

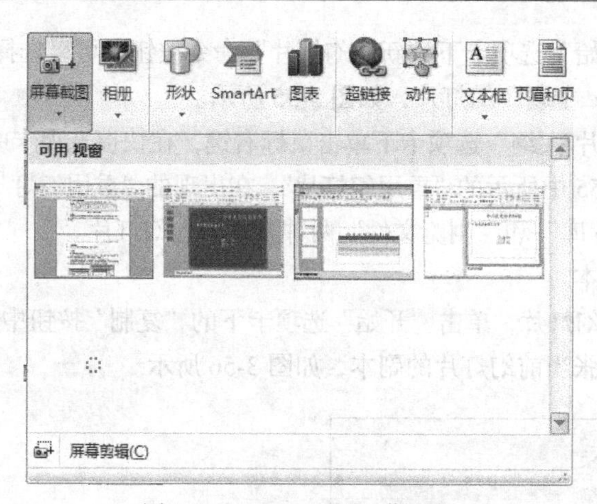

图 3-58　Office 2010 屏幕截图

如果有可用视窗，即有非最小化的窗口存在，单击其中一个，可直接将整个视窗插入到当前位置；选择“屏幕剪辑”可到第一个视窗中截屏复制。按下 Esc 键可退出截屏状态。

（3）形状。形状按钮的内容如图 3-59 所示，它集合了传统 Office 绘图工具栏中的线条、矩形、基本形状、箭头总汇、流程图、星与旗帜、标注，增加了公共形状以及动作按钮。

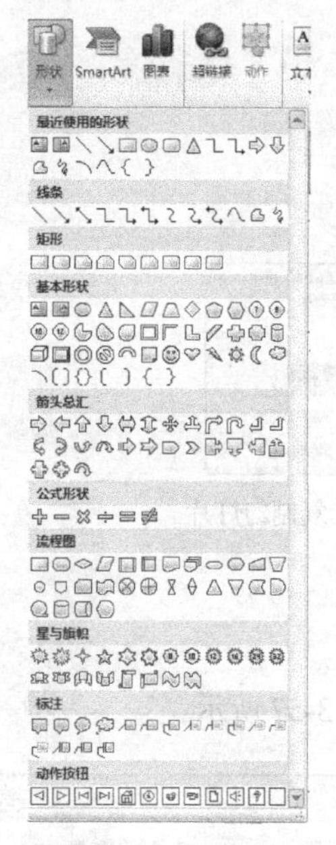

图 3-59　形状按钮

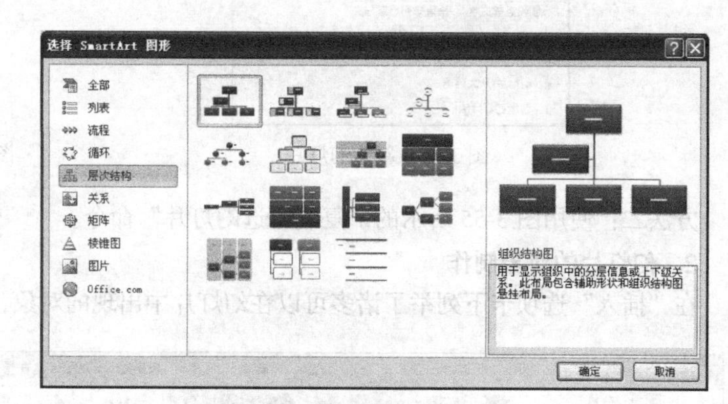

图 3-60　选择 SmartArt 图形

（4）SmartArt。“选择 SmartArt 图形”对话框包括了列表、流程、循环、层次结构、关系、矩阵、棱椎图、图片、office.com 等多类图形，如图 3-60 所示，选择“层次结构”中的“组织结构图”。

（5）图表。选择“图表”按钮，打开图 3-61 所示的对话框，用户可以根据自己的需要选择其中不同类别下特定类型的图表。

（6）艺术字。选择艺术字按钮中的某一样式后，幻灯片中会出现如下文字：请在此放置您的文字，用户将这些字改成自己的文字即可。

（7）视频和音频。视频与音频文件的插入类似，这里以音频为例。音频按钮的选项卡如图 3-62 所示，选择不同的命令插入不同来源的音频，同时可以对插入的音频文件图标做剪裁以及格式设置。

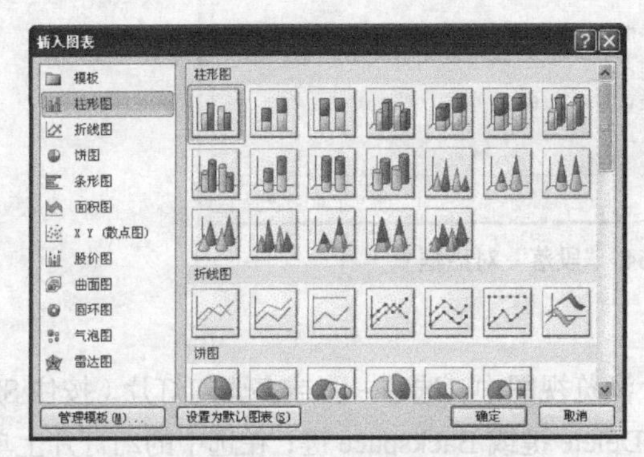

图 3-61　插入图表

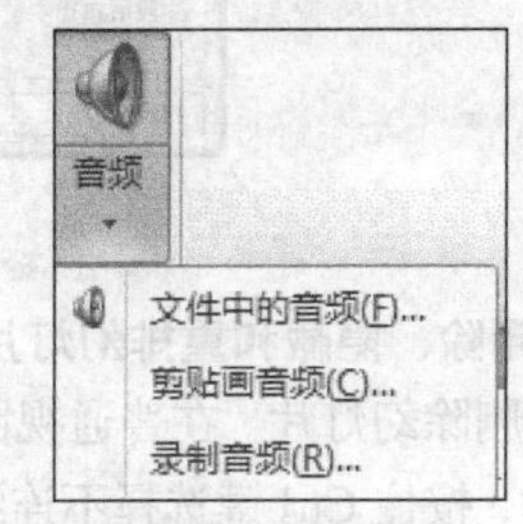

图 3-62　插入音频

3.4.3　幻灯片的编辑和基本格式设置

1. 文本的编辑和格式设置

（1）文本编辑。文本编辑是指对文本进行录入、插入、移动、删除以及复制等基本的操作。

（2）字体格式设置。

① 利用“字体”对话框。选择“开始”选项卡，选择其中的字体设置，打开图 3-63 所示的对话框。

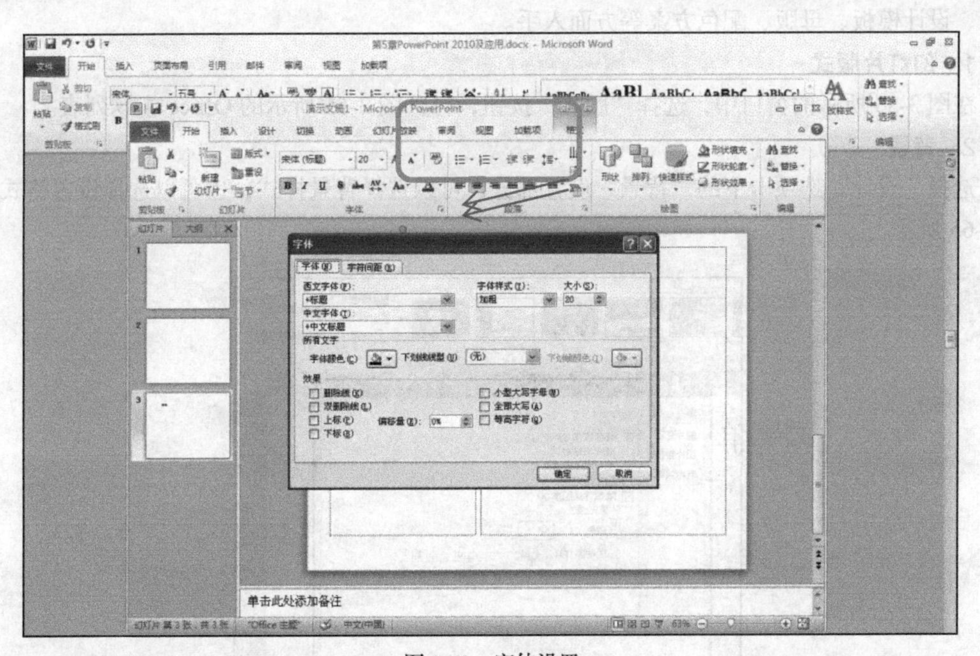

图 3-63　字体设置

②利用“字体”工具栏。使用图中所标志的工具栏按钮，完成字体格式设置。

（3）段落格式设置。图 3-63 中的段落工具部分包括了项目符号和编号、行距以及多种对齐方式，单击其右下角的“显示段落对话框”，结果如图 3-64 所示。

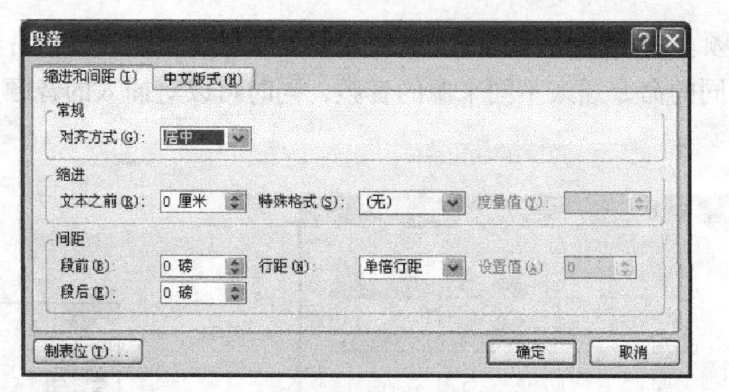

图 3-64 “段落”对话框

2. 删除、隐藏和重排幻灯片

（1）删除幻灯片。在普通视图或幻灯片浏览视图中，选中一张或多张幻灯片（按住 Shift 键选择连续的，按住 Ctrl 键选择不连续的），按 Delete 键或 Backspace 键；在选中的幻灯片上单击鼠标右键，在快捷菜单中选择“删除幻灯片”。

（2）隐藏幻灯片。在普通视图或幻灯片浏览视图中，选中一张或多张幻灯片（按住 Shift 键选择连续的，按住 Ctrl 键选择不连续的），在选中的幻灯片上单击鼠标右键，在快捷菜单中选择“隐藏幻灯片”。

（3）移动幻灯片、复制幻灯片。操作方法与删除、隐藏的方法类似。

3.4.4 幻灯片的修饰

要使演示文稿美观大方，具有吸引力，必须对幻灯片进行外观修饰。修饰操作主要从版式、背景、设计模板、母版、配色方案等方面入手。

1. 幻灯片版式

在图 3-53 所示的窗口中，选择“版式”按钮，打开图 3-55 所示的 Office 主题列表。

2. 背景

选择“设计”选项卡下的“背景”设置部分，可以选择背景样式，也可以选择设置格式，如图 3-65 所示。

图 3-65 背景设置

3. 主题设置

用户可以在“设计”选项卡下选择多种主题，同时设置颜色、字体和效果等，如图 3-66 所示。

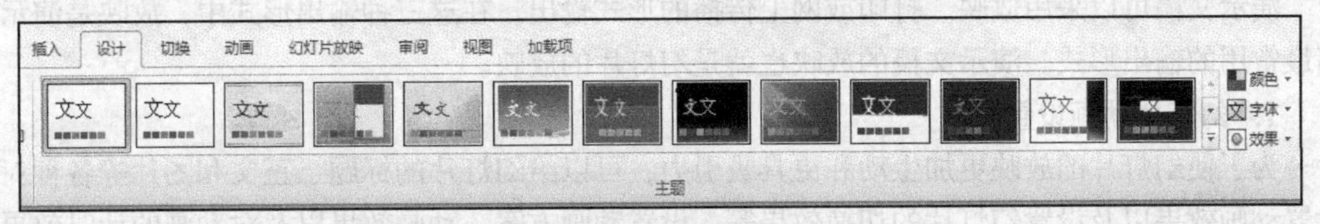

图 3-66 主题设置

4. 应用母版

母版是一张具有特殊用途的幻灯片，它独立于其他幻灯片之外。如果幻灯片不使用设计模板，则母版服务于所有幻灯片，所以应用母版可以批量设置幻灯片的外观。每种幻灯片视图都有与其相对应的母版——幻灯片母版、讲义母版和备注母版。幻灯片母版控制幻灯片上键入的标题和文本的格式与类型。

（1）打开需要应用幻灯片母版的演示文稿。

（2）选择“视图”选项卡中的“母版视图”→“幻灯片母版”，进入图 3-67 所示的幻灯片母版编辑状态。

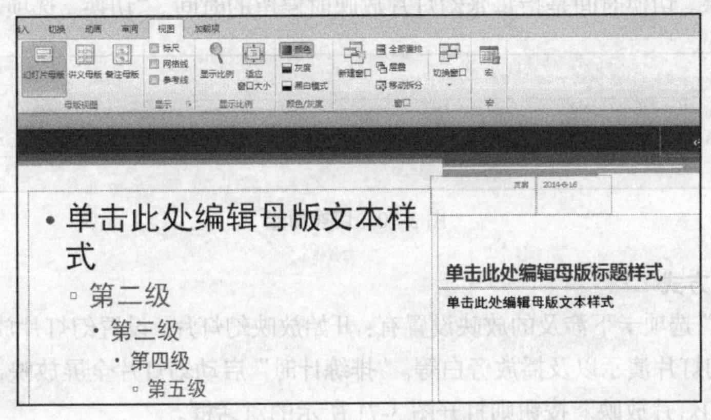

图 3-67 幻灯片母版编辑状态

5. 页眉和页脚

选择“插入”选项卡下的“页眉和页脚”，打开图 3-68 所示的对话框。用户可以在幻灯片中添加页脚，也可以在备注页和讲义中添加页脚，而页眉只能在备注页和讲义中添加。

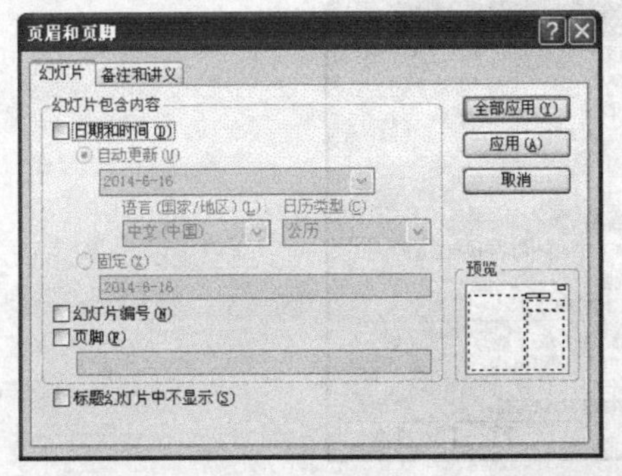

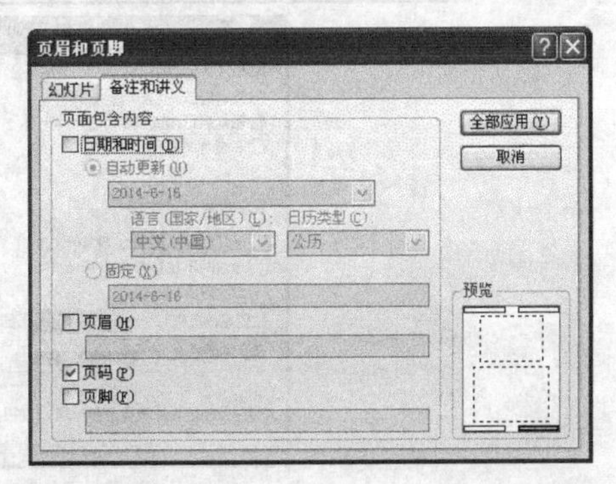

图 3-68 “页眉和页脚”对话框

3.4.5 演示文稿的放映与打包

演示文稿可以采用放映、打印或网上传播的形式输出。在这三种输出形式中，放映是演示文稿最常用的输出形式。演示文稿的放映也就是幻灯片的放映。

1. 幻灯片动画设置

为了使幻灯片的放映更加生动和更具吸引力，可以给幻灯片的标题、正文和图片等各种对象设置动画效果以及设置幻灯片的切换效果等。设置动画方案、动画效果以及对动画的计时效果设置等都可以通过“动画”选项卡下的命令按钮完成，如图 3-69 所示。

图 3-69　动画设置

2. 设置切换效果和切换时间

切换效果是指在幻灯片放映过程中，上一张幻灯片放映结束而下一张幻灯片开始放映时所显示的一种视觉效果。切换时间是指每张幻灯片放映时停留的时间。“切换”选项卡如图 3-70 所示。

图 3-70　切换功能

3. 设置放映方式

“幻灯片放映”选项卡下涉及的放映设置有：开始放映幻灯片、设置幻灯片放映、隐藏幻灯片、排练计时、录制幻灯片演示以及播放旁白等。“排练计时”启动幻灯片全屏放映，供排练演示文稿用；单击“设置幻灯片放映”按钮则打开图 3-71 所示的对话框。

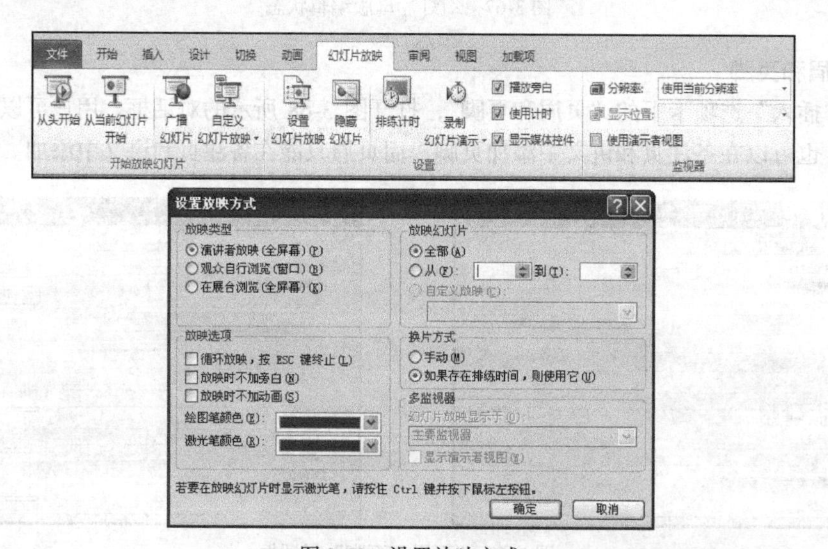

图 3-71　设置放映方式

3.4.6 幻灯片的放映

1. 幻灯片放映方法

（1）常规放映。选择“幻灯片放映”选项卡下有“从头开始（按 F5 键）”“从当前幻灯片开始（Shift+F5）”“广播幻灯片（向可以在 Web 浏览器中观看的远程查看者广播幻灯片）”“自定义幻灯片放映”等；或单击“视图”菜单中的“幻灯片放映”命令。

（2）执行 PPSX 类型文件放映。首先将演示文稿存为放映方式类型（PPSX 类型）文件：打开演示文稿，选择“文件”选项卡中的“另存为”命令，在“另存为”对话框的“保存类型”下拉列表中选择“PowerPoint 放映（*.ppsx）”。放映时，找到 PPSX 类型文件，双击即可。

（3）利用右键快捷选项卡放映。找到要放映的文件（*.pptx 或*.ppsx 文件），右键单击文件，单击“显示”命令。

2. 演讲者放映方式下的放映控制

（1）放映幻灯片的基本控制方法。

① 选择幻灯片放映方式进入幻灯片放映视图。

② 进入幻灯片放映视图以后，可以采用如下几种控制方法放映幻灯片。

方法一：单击鼠标左键一次，播放下一张幻灯片。

方法二：按键盘上的“↓”键，播放下一张幻灯片；按“↑”键，播放上一张幻灯片。

方法三：按键盘上的“→”键或空格键；按“←”键或退格键。

方法四：单击屏幕左下角的⬅按钮或➡按钮，播放上一张或下一张幻灯片。

（2）使用选项卡控制幻灯片的放映。在幻灯片的放映过程中，单击屏幕左下角的▤按钮，或在窗口内单击鼠标右键，均可弹出图 3-72 所示的快捷菜单。利用快捷菜单中的命令可以控制幻灯片的放映。

（3）在放映过程中添加手画线。在给观众展示演示文稿的过程中，有时需要对幻灯片中的内容加以强调说明。此时可以对需要强调的对象添加手画线，操作方法如下。

① 在幻灯片放映过程中，打开图 3-72 所示的快捷菜单。

② 鼠标移到“指针选项”命令，选择“笔”或“荧光笔”时，鼠标形状会发生相应的改变。拖动鼠标就可以画出任意手画线。

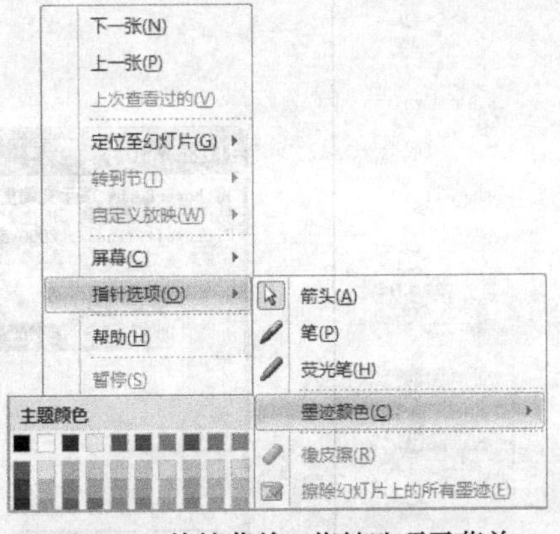

图 3-72 快捷菜单、指针选项子菜单

③ 选择“橡皮擦”命令，此时单击任意手画线可以将其擦除。如果希望立即擦除当前幻灯片

中的所有手画线，则选择“擦除幻灯片上的所有墨迹”。要停止添加手画线操作，可直接按 Esc 键；或打开“指针选项”的子菜单，单击其中的“箭头”即可。

3.4.7 演示文稿的打印和打包

1. 演示文稿的打印

（1）页面设置。选择“设计”选项卡下的“页面设置”功能组，可以打开“页面设置”对话框，如图 3-73 所示。

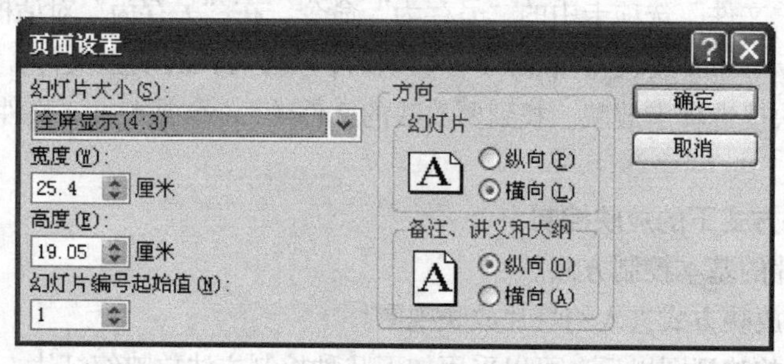

图 3-73 “页面设置”对话框

（2）打印演示文稿。打印的内容可以是讲义，也可以是演讲者备注。要打印的演示文稿需选择“文件”选项卡中的“打印”命令，根据需要选择参数即可。

2. 演示文稿的打包

如果需要在没有安装 PowerPoint 的计算机或 CD 机上放映演示文稿，就要对演示文稿进行打包。要将演示文稿打包并刻录成 CD，可以将演示文稿、播放器以及相关的配置文件复制到文件夹或记录到光盘中，制作成光盘，并设置光盘的自动播放功能。演示文稿打包的方法如下：打开需要打包的演示文稿，选择“文件”→“保存并发送”→“将演示文稿打包成 CD”命令，打开“打包成 CD”对话框，用户根据需要在对话框中做演示文稿的设置，完成打包，如图 3-74 所示。演示文稿的发布等只需选择“保存并发送”中的其他命令。

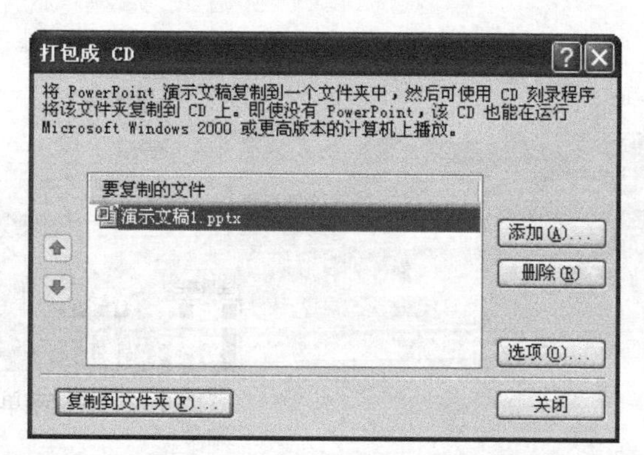

图 3-74 “打包成 CD”的设置

实验一 Word 综合练习

一、实验目的

（1）了解 Word 2010 的启动方法。

（2）熟悉 Word 2010 的工作界面。

（3）了解 Word 2010 编辑窗口的常用视图方式及切换方法。

（4）熟练掌握文档的选取、移动、复制、删除和恢复。

（5）掌握文档内容的查找与替换。

（6）掌握文档字符格式化、段落格式化、页面格式化的方法。

（7）掌握各种图形对象的插入、编辑以及格式化设置方法。

（8）掌握表格的创建、编辑、格式化、计算、排序等操作方法。

（9）了解 Word 的高级操作。

二、实验内容

（1）启动 Word 2010 后按个人需要调整工作界面。

（2）创建新文档，内容自选，在“自己的名字”文件夹中建立“Word 2010 实验”文件夹，将创建的文档保存在该文件夹中，文件命名为“我的大学生活构想.docx”。

（3）常用视图方式切换：依次单击各视图按钮，观察 Word 不同视图方式的变化。

（4）通过多种操作方法实现的文本内容的选定、移动、复制、粘贴、删除、恢复等基本操作。

（5）在上述文件中实现查找和替换操作。

（6）利用相应对话框详细设置字符格式、段落格式、页面格式等基本操作，并观察设置效果。

（7）在文档中插入自己的图片、文本框、自选图形、数学公式、艺术字、SmartArt 图形；对所加入的图形对象进行编辑（缩放、改变大小、移动、复制、删除等）；然后美化相应的图形对象，进行详细的格式设置。

（8）设计一张职工工资表（列标题分别为：工号、姓名、部门、岗位工资、薪级工资、岗位津贴、职务补贴、个人所得税、公积金、实发工资）。

（9）计算“实发工资”：实发工资=岗位工资+薪级工资+岗位津贴+职务补贴-个人所得税-公积金。

（10）按部门升序排列，同部门职工按实发工资降序排列。

（11）利用邮件合并功能，仿照自己的大学入学通知书，制作至少包含三个学生的“入学录取通知书”。

实验二 Excel 综合练习

一、实验目的

（1）掌握 Excel 2010 的启动和退出，熟悉其窗口的组成。

（2）熟悉掌握 Excel 2010 制表的基本方法。

（3）熟悉 Excel 2010 工作表中单元格的基本编辑操作。

（4）掌握工作表的添加、删除、移动、复制等操作。

（5）掌握公式的输入方法及公式的复制。

（6）熟悉相对引用、绝对引用和混合引用的应用。

（7）掌握函数的输入方法，熟练使用常用函数。

（8）熟练掌握工作表的字体、边框、底纹、对齐方式等基本格式设置方法，美化工作表。

（9）熟练掌握排序、筛选、分类汇总等数据管理操作方法。

（10）熟练掌握创建各种图表的方法。

（11）熟练掌握对图表的编辑和格式化方法。

二、实验内容

（1）在以自己“学号+名字”命名的文件夹中创建本学期开设课程的学生成绩表，前三个字段名为“学号”“姓名”“专业”，至少包含 10 条学生记录。

（2）使用填充柄实现“学号”列的填充。

（3）在上述表中练习工作表的基本编辑操作：行和列的插入、删除、复制、移动等。

（4）练习单个和多个工作表的选定、重命名、复制、移动、插入、删除等操作。

（5）在上述表格中插入两列“总分”和“平均分”，分别用基本公式和函数计算总分列、平均分列。

（6）插入一列“奖学金等级”，用“IF”函数填充本列。例如：“总分≥500”的为“一等”，“500>总分≥400”的为“二等”，“400>总分≥300”的为“三等”。

（7）格式化标题文字：仿宋，18 磅，紫色，底纹自定。

（8）格式化列标题文字：隶书，字形为倾斜、加粗，底纹为淡蓝色，字体颜色为绿色。

（9）格式化其余内容：楷体，16 磅，蓝色，底纹自定。

（10）利用条件格式，将各门课程中不及格的成绩用红色底纹标识出来。

（11）设置表格边框线：外框线为双线红色，内框线为单线蓝色。

（12）按照总分进行排序，总分相同的按照学号排序。

（13）筛选出“总分<500”的学生信息，并练习高级筛选的使用方法，例如：筛选出“课程 1<60”或者“课程 2<60”的学生信息。练习撤销筛选的方法。

（14）练习分类汇总：首先在上述表中增加一列“性别”，并填充，利用“分类汇总”命令计算各门课程的平均分；并练习分级显示区的使用方法。

（15）利用上述表格中的数据建立图表：图表类型为“簇状柱形图”，其他选项自己根据需要设定。

（16）练习图表的编辑操作。

（17）格式化图表：将上述图表的各组成部分分别格式化，并查看效果。

实验三 PowerPoint 综合练习

一、实验目的

（1）熟悉 PowerPoint 2010 中幻灯片对象的各种操作。

（2）掌握 PowerPoint 2010 演示文稿中超链接、动画效果、放映方式等的设置。

（3）熟悉 PowerPoint 2010 演示文稿的打印设置、打包等操作。

二、实验内容

（1）建立空白演示文稿，命名为“我的大学生活”。

（2）第一张幻灯片使用标题版式，其余幻灯片的版式分别为：标题和内容、两栏内容、内容与标题。

（3）第二张幻灯片中插入“圣诞老人”剪贴画（任选一幅），主题设为“跋涉”，切换效果设为“蜂巢”。

（4）“两栏内容”占位符之一的动画效果设为进入→弹跳、强调—波浪形、退出—旋转，另一占位符设置动作路径“转弯”。

（5）将所有幻灯片的页脚设置为“所在专业班级+个人姓名”的形式。

（6）观看幻灯片放映。

第4章 Access 2010及应用

4.1 数据库系统简介

4.1.1 数据管理技术的发展

随着社会信息化的加速，数据的数量和种类不断地快速增长，用户对数据的处理也贯穿了社会生产和生活的众多领域。数据处理技术的发展及其应用在很大程度上影响着人类社会发展的进程，人们也越来越关注数据处理的效率、广度和深度。数据管理技术经历了一个不断从低级向高级发展的过程，即人工管理、文件系统和数据库系统三个阶段。

1. 人工管理阶段

在20世纪50年代中期之前，计算机主要用于科学计算。该阶段硬件水平很低，没有磁盘这样能直接存取的存储设备，只有纸带、磁带等外存；软件状况是没有操作系统，没有专门的数据管理软件；数据处理方式是批处理。人工管理数据具有以下特点。

（1）数据不保存。出于科学计算的目的，一般不需要将数据长期保存，只在计算时输入相关数据，计算完毕就清除。

（2）没有专门的软件管理数据。由于没有系统负责数据的管理，因此程序员不仅需要编写应用程序，还必须要设计应用程序所涉及的数据的逻辑结构和物理结构，包括存储结构、存取方法和输入方式等。

（3）数据不共享。当多个应用程序涉及相同的数据时，必须各自定义，无法共享同一个数据集，因此就造成了数据冗余的现象。

（4）数据不独立。数据结构发生变化时，必须对应用程序做出相应的修改，这无疑加重了程序员的负担。

2. 文件系统阶段

自20世纪50年代后期到60年代中期，科学技术不断进步，计算机的应用范围也不断地扩展，此时的硬件已经研制成功磁盘、磁鼓等直接存取的存储设备；软件方面，操作系统中有专门的数据管理软件，称为文件系统；数据处理方式除批处理外，还能够联机实时处理。

用文件系统管理数据的特点如下。

（1）数据可长期保存。计算机开始向商业等领域发展，更多的面向数据处理，这就要求数据长期保存。

（2）由文件系统管理数据。文件系统把数据组织成相互独立的数据文件。程序和数据之间由文件系统提供存取方法进行转换，使程序和数据之间有了一定的独立性。

但是文件系统仍存在共享性差、数据冗余度高、数据独立性较差等缺点。

3. 数据库系统阶段

20 世纪 60 年代后期以来，计算机管理的对象规模越来越大，应用越来越广泛，数据量急剧增长，同时对多种应用、语言互相覆盖的共享数据集合的要求越来越强烈。大容量硬盘的出现为海量数据的存储提供了基础；软件方面则出现了统一管理数据的数据库管理系统；数据处理方式上开始提出和考虑分步处理。

与文件系统相比，数据库系统有着无可比拟的优越性：

（1）数据结构化；

（2）数据共享性高，冗余度低，易扩充；

（3）数据独立性高；

（4）数据由数据库管理系统统一管理和控制。

数据库系统的出现使得信息系统从以处理数据的程序为中心转向围绕共享的数据库为中心的新阶段。目前，数据库系统已成为现代信息系统中不可替代的重要组成部分，数据库技术是随着数据模型发展而发展的。

4.1.2 数据库的概念

数据库是数据管理的最新技术，主要研究如何存储、使用和管理数据，是计算机科学的重要分支。近年来，数据库技术和网络技术相互渗透、相互促进，已成为当今信息领域发展迅速、应用广泛的两大领域。数据库技术不仅应用于事务处理，并且进一步应用到信息检索、人工智能、专家系统、计算机辅助设计等领域。

1. 数据库

数据库（DataBase，DB）是指能长久存储在计算机内、有组织的、可共享的大量数据的集合。数据库可以直观地理解为存放数据的仓库，在计算机的大容量存储器上，数据必须按照一定的数据模型组织、描述和存储，冗余度较小，数据独立性较高，并且可为各种用户共享。如学校的教师和学生的信息、公司员工的信息、图书馆里的文献资料等。

数据库技术就是研究如何科学组织、存储和高效处理数据，并获取有益的数据，以及如何保障数据安全，实现数据的共享。目前数据库技术的根本目标是要解决数据的共享问题。

2. 数据库管理系统

数据库管理系统（DataBase ManagementSystem，DBMS）是位于用户与操作系统之间的一层数据管理软件。与操作系统一样，数据库管理系统属于系统软件，主要用于科学地组织和存储数据、高效地获取和维护数据。

3. 数据库系统

数据库系统（DataBase System，DBS）是指拥有数据库技术支持的计算机系统，它可以实现有组织地、动态地存储大量相关数据，提供数据处理和信息资源共享服务，一般由数据库、数据库管理系统、应用系统、用户和数据库管理员（DBA）组成。在不引起混淆的情况下通常把数据库系统称为数据库。

4.1.3 数据模型

模型是对现实世界中某个对象特征的模拟和抽象。例如航模飞机是对飞机的模拟和抽象，它抽象了飞机的基本特征，如机身、机翼等，模拟了飞机的起飞、飞行和降落。

数据模型则是对现实世界数据特征的抽象。计算机不可能直接处理现实世界中的具体事物，所以人们必须首先把具体事物转换成计算机能够处理的数据。现有的数据库系统都是基于某种数据模型来抽象、表示和处理现实世界的。因此，数据模型是数据库系统的核心和基础。

数据模型所描述的内容有三个部分，分别是数据结构、数据操作和数据约束。

（1）数据结构。数据结构用于描述系统的静态特性，是所研究对象的集合，它包括数据的类型、内容、性质及数据之间的关系等。它是数据模型的基础，也是对一个数据模型性质描述的重要方面。在数据库系统中，我们通常会按照数据结构的类型来命名数据模型。例如，层次模型和关系模型的数据结构分别被称为层次结构和关系结构。

（2）数据操作。数据操作用于描述系统的动态特性，包括对数据库中的数据对象进行插入、修改、删除和查询等操作。数据模型必须定义这些操作的确切含义、操作符号、操作规则及实现操作的语言。

（3）数据约束。数据的约束条件实际上是一组完整性规则的集合。完整性规则是指给定数据模型中的数据及其联系所具有的制约和存储规则，用以限定符合数据模型的数据库状态及其状态的变化，以保证数据的正确性、有效性和相容性。例如，限制一个表中学生的学号不能重复，或者考试的分数不能为负，都属于完整性规则。

数据模型应满足三方面要求：一是能比较真实地模拟现实世界；二是容易为人所理解；三是便于在计算机上实现。一种数据模型要满足这三方面的要求在目前尚为困难，因此在数据库系统中将针对不同的使用对象和应用目的，采用不同的数据模型。

数据模型按不同的应用阶段分成三种类型：概念数据模型、逻辑数据模型和物理数据模型。

1. 概念数据模型

从用户的角度强调对数据对象的基本表示和概括性描述，不依赖于某个计算机系统，与具体的DBMS无关，是对现实世界的第一层抽象。而“实体联系模型”则是这一类模型中最为著名的。实体联系模型（ER）或实体联系模式图（ERD）由美籍华裔计算机科学家陈品山发明。E-R图的设计方法称为E-R法。

（1）实体（Entity）：客观存在并且可以相互区别的事物，既可以是具体的事物，如一位学生、一间教室；也可以是抽象的事物，如一场演讲。

（2）实体的属性（Attribute）：实体所具有的特性，如某位学生可以用学号、姓名、年龄、性别等属性描述。

（3）一个实体是若干个属性值的集合。

（4）实体集：具有相同属性的实体的集合，如学生实体集可由若干个学生实体的集合构成。

（5）联系（Relationship）：数据对象彼此之间相互连接的方式称为联系，也称为关系。联系可分为以下三种类型。

① 一对一联系（1:1）。如：一个班只有一个班长，而一个班长只在一个班中任职，则班级与班长之间具有一对一联系。

② 一对多联系（1:n）。如：一个班有若干学生，而每个学生只在一个班中学习，则班级与学生之间具有一对多联系。

③ 多对多联系（*m:n*）。如一个学生可以选修多门课程，而一门课程可被若干学生选修，则学生与课程之间具有多对多联系。

在 E-R 模型中，用方框表示实体，在方框中注明实体的名称；用菱形框表示联系类型（实体间的联系）；用椭圆表示实体集或联系的属性，框内标明属性的名称；用连线连接实体和属性、实体和联系等。例如，图 4-1 所示为学生选课 E-R 图。

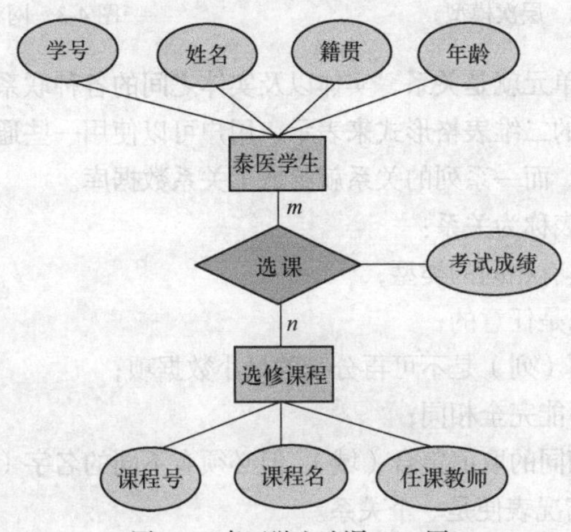

图 4-1　泰医学生选课 E-R 图

2. 逻辑数据模型

DBMS 所支持的数据模型称为逻辑数据模型，用概念数据模型表示的数据必须转化为逻辑数据模型表示的数据，才能在 DBMS 中实现。

目前，数据库领域中最常见的数据模型有三种：层次模型、网状模型、关系模型。

（1）层次模型。用树状结构表示实体及实体之间的联系。

在数据库中，满足以下条件的数据模型称为层次模型：

① 有且仅有一个节点无父节点，这个结点称为根节点；

② 其他节点有且仅有一个父节点。

③ 上下层节点之间表示一对多的关系。图 4-2 所示为抽象的层次模型。

（2）网状模型。用网状结构表示实体及实体之间的联系。网中的每一个节点可以代表一个记录类型，联系用链接指针来实现。网状模型可以表示多个从属关系的联系，也可以表示数据间的交叉关系，即数据间的横向关系与纵向关系，它是对层次模型的扩展。网状模型可以方便地表示各种类型的联系，但结构复杂，实现的算法难以规范化。

在数据库中，满足以下条件的数据模型称为网状模型：

① 允许一个以上的节点无父节点；

② 一个节点可以有多于一个的父节点；

③ 可表示节点之间多对多的关系。图 4-3 所示为抽象的网状模型。

（3）关系模型。关系模型是目前最重要的一种数据模型，其特点是：

① 用二维表来表示实体及实体之间的联系；

② 每一个二维表代表了一个关系；

③ 结构简单，容易实现。

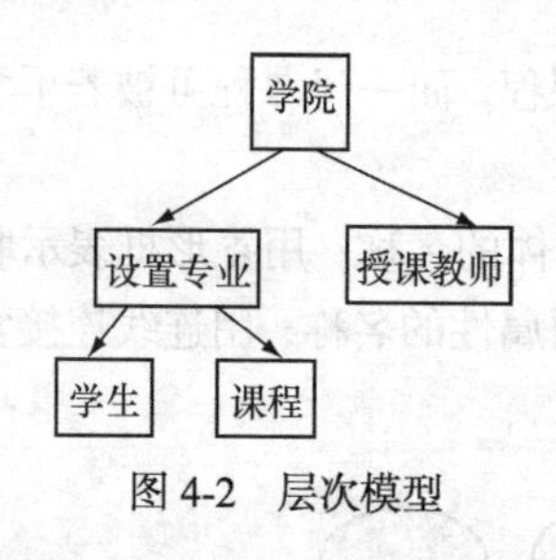

图4-2 层次模型

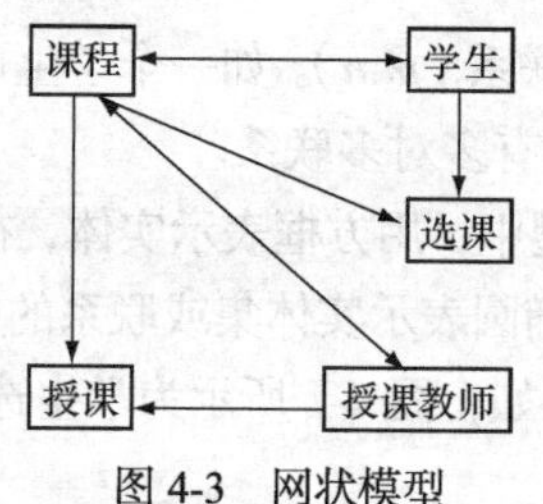

图4-3 网状模型

关系模型的基本组成单元就是关系，实体以及实体之间的各种联系都是用关系来表示的，通俗地说就是用人们最熟悉的二维表格形式来表示，用户可以使用一些通俗易懂的语言对表格的数据进行访问、查询等操作。而一系列的关系就组成了关系数据库。

满足下列条件的二维表称为关系：

① 每一列中的数据具有相同的类型；

② 行和列的顺序可以是任意的；

③ 表中的每个数据项（列）是不可再分割的最小数据项；

④ 表中的任意两行不能完全相同；

⑤ 不同的列可以有相同的取值集合（域），但必须有不同的名字（属性名）。

表4-1中的学生基本情况表便是一个关系。

表4-1 学生基本情况表

学　号	姓　名	性　别	籍　贯	总成绩
201401001	张　强	男	山　东	620
201401002	李　莉	女	山　东	607
201401003	王泽天	男	山　西	577
201401004	赵　雨	女	陕　西	596
201401005	刘　琪	男	湖　南	612

为了进一步了解关系数据库，下面给出关系模型中的一些基本概念。

- 元组：关系表中水平方向的行称为元组。如表4-1中给出了除首行外的5个元组。在Access 2010中，这些元组被称为记录。
- 属性：二维表中垂直方向的列称为属性（Attribute）。在Access 2010中，属性被称为字段。
- 分量：元组中的一个属性值叫作元组的一个分量。在表4-1中的每个元组都由5个分量构成。
- 域：一个属性的取值范围叫作一个域。如表4-1中性别属性的域为{男，女}。
- 码（又称为关键字、主键）：二维表中的一个或一组属性，若它的值唯一地标识了一个元组，则称该属性或属性组为候选码（Candidate Key）。若一个关系有多个候选码，则选定其中一个为主码（Primary Key），简称码。码所包含的属性称为主属性。如表4-1中的“学号”即可作为主码。
- 外部关键字：表中的一个字段不是本表的主关键字或候选关键字，而是另外一个表的主关键字或候选关键字，该字段称为外部关键字，简称外键。如：在某关系R中“学号”不是主键，但却是另一关系S的主键，那么“学号”称为外键。
- 主表和从表：主表是以外键作为主键的表，从表是外键所在的表。用户把主表和从表通过外键建立联系，图 4-4 所示的“04 信工学生信息表”与“04 信工学生选修课程”两个表通过“学号”建立联系，“学号”在“04 信工学生信息表”中是主键，能唯一标识一个记录；而“学号”在“04 信工学生选修课程”中不能唯一标识一个记录，被称为外键。那么“04 信工学生信息表”为主表，“04 信工学生选修课程”为从表。

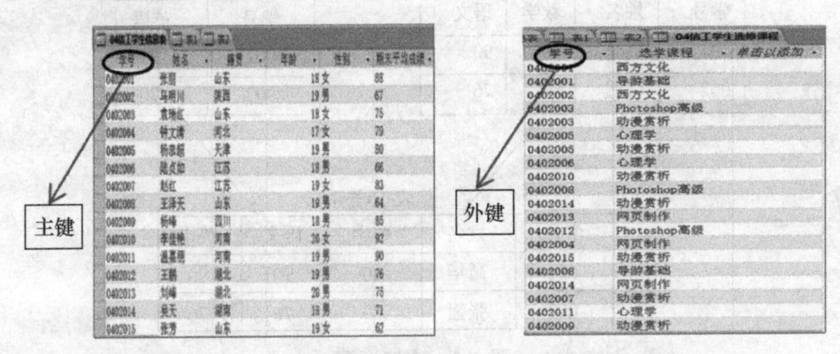

图 4-4 Access 主表与从表

- 关系模式：是对关系的描述，它包括关系名、组成该关系的属性名、属性到域的映像。通常简记为：关系名（属性名 1，属性名 2，…，属性名 n），采用关系模式作为数据的组织方式的数据库叫作关系数据库。表 4-1 所示的学生基本情况表的关系模式可记为：学生基本情况表（学号，姓名，性别，籍贯，总成绩）。

对关系数据库进行查询时，若要找到用户关心的数据，就需要对关系进行一定的关系运算。关系运算有两种：一种是传统的集合运算；另一种是专门的关系运算。关系运算的操作对象是关系，运算的结果仍为关系。这里仅介绍专门的关系运算。

① 选择。选择运算是在关系中选择满足某些条件的元组，组成新的关系。

例如：在学生基本情况表关系中，若要找出所有女学生的元组，就可以使用选择运算来实现，条件是：性别=“女”，选择后得到表 4-2 的结果。

表 4-2 选择运算结果表

学 号	姓 名	性 别	籍 贯	总 成 绩
201101002	李 莉	女	山 东	607
201101004	赵 雨	女	陕 西	596

② 投影。投影运算是在关系中选择某些属性，组成新的关系。

例如：在学生基本情况表关系中，若要选取所有记录的学号、姓名，可以使用投影运算来实现，得到表 4-3 的结果。

表 4-3 投影运算结果表

学 号	姓 名
201101001	张 强
201101002	李 莉
201101003	王泽天
201101004	赵 雨
201101005	刘 琪

③ 连接。连接运算是从两个关系的笛卡尔积中选取属性间满足一定条件的元组，也就是对两个关系中的元组按指定条件组合成新的关系。

例：将关系 R 和关系 S 按学号进行连接，即 R.学号=S.学号，如图 4-5 所示。

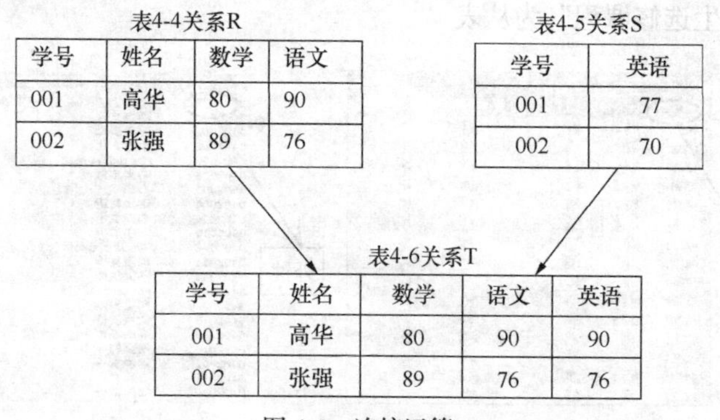

表4-4关系R

学号	姓名	数学	语文
001	高华	80	90
002	张强	89	76

表4-5关系S

学号	英语
001	77
002	70

表4-6关系T

学号	姓名	数学	语文	英语
001	高华	80	90	90
002	张强	89	76	76

图 4-5　连接运算

3. 物理数据模型

物理数据模型是面向计算机系统的物理表示模型，描述了数据在存储介质上的存储结构，不仅与具体的 DBMS 有关，而且与操作系统和硬件有关。

在一个数据库的设计中，需要先将现实世界抽象得到概念数据模型，然后将概念数据模型转换为逻辑数据模型，最后将逻辑数据模型转换为物理数据模型，再由选定的 DBMS 自动实现。

4.2　Access 2010 概述

4.2.1　Access 简介

Access 2010 是微软公司于 2010 年推出的 Microsoft Office 系列办公软件之一，是一款优秀的桌面数据库管理、开发软件。Access 数据库相对于其他数据库系统更加简单易学，不用去编写复杂的代码，就可以开发出一款功能强大的数据库应用程序。作为一种新型的关系数据库，Access 不仅能够存储信息，还能方便地对数据进行处理、统计分析、打印和发布，也可以实现与 Office 其他组件的数据交互共享。通过 ODBC（开放式数据库互联）能够与其他类型的数据库相连，如 Oracle、SQL 等，实现数据的交换与共享。

Access 2010 除了继承和发扬了以前版本的功能强大、界面友好、易学易用的优点之外，在易用性和支持网络数据库方面也进行了很大改进，它将数据库延伸到网络上，即使是没有安装 Access 客户端的用户，也能通过浏览器打开网络窗体与报表。

Access 数据库的基本思想是用表来存储数据，而表是由数据的行和列组成，这与 Excel 的工作表类似。在使用 Access 时，会投入大量的时间来设计定义不同的表。

4.2.2　Access 的数据库对象

Access 通过各种数据库对象来管理数据。在 Access 2010 中，一个数据库可以通过六个对象对数据进行管理。这六个对象分别是：表、查询、窗体、报表、宏和模块。不同的数据库对象在数据库中起着不同的作用，如利用表来存储信息、利用窗体来查看信息、使用查询来搜索信息、使用宏来完成自动化工作、嵌入模块来实现高级操作。

1. 表（Table）

表是数据库中用来存储基本数据的对象，是有结构的数据的集合，是整个数据库系统的核心和基础。

Access 允许一个数据库中包含多个表，每个表应该围绕着一个主题来建立。用户可以在不同的表中存储不同类型的数据。通过在表之间建立关系，就可以将存储在不同表中的数据联系起来供用户使用。在 Access 2010 中，有关表的操作都是通过表对象来实现的，表对象用以管理表的结构（包括字段名称、数据类型、字段属性等）以及表中存储的记录。表对象在六种对象中处于核心地位，它是一切数据库操作的目标和前提，用户的数据输出、数据查询从根本上来说都是以表对象作为数据源，用户数据输入的最终目的地也是表对象。

2. 查询（Query）

查询是数据库设计目的的体现，数据库建完以后，只有被使用者查询，才能真正体现它的价值。查询是用来操作数据库中的记录对象的，利用它可以按照一定的条件或准则从一个或多个表中筛选出需要操作的字段，并可以将它们集中起来，形成所谓的动态数据集，这个动态数据集显示出用户希望同时看到的来自一个或多个表中的字段，并显示在一个虚拟的数据表窗口中。用户可以浏览、查询、打印甚至修改这个动态数据集中的数据，Access 会自动将所做的任何修改反映到对应的表中。执行某个查询后，用户可以对查询的结果进行编辑或分析，并可将查询结果作为其他数据库对象的数据源。

查询只是一个结构，可以根据这个结构从相应的表中提取数据，它与数据表的一个最大差别就是在查询中的数据都不是单独存在的，而是将数据表中的数据筛选出来，并以数据的形式返回筛选结果。

3. 窗体（Form）

窗体是 Access 数据库对象中最具灵活性的一个对象，其数据源可以是表或查询。窗体以图形化的界面管理数据库中的数据。在窗体中可以显示数据表中的数据，可以将数据库中的表链接到窗体中，利用窗体作为输入记录的界面。通过在窗体中插入按钮，可以控制数据库程序的执行过程，可以说窗体是数据库与用户进行交互操作的最好界面。利用窗体，能够从表中查询和提取所需要的数据，并将其显示出来。通过在窗体中插入宏，用户可以把 Access 的各个对象很方便地联系起来。

4. 报表（Report）

报表以打印的格式显示数据。它可以将数据库中需要的数据提取出来，进行分析、整理和计算，并将数据以格式化的方式发送到打印机。用户可以在报表中增加多级汇总、统计比较以及添加图片等对象。利用报表不仅可以创建计算字段，而且可以对记录进行分组以便计算出各组数据的汇总结果等。在报表中，可以控制显示的字段以及每个对象的大小和显示方式，并可以按照所需的方式来显示相应的内容。

报表的数据源可以来自表、查询或 SQL 语句。

5. 宏（Macro）

在 Access 2010 中，宏对象是一个或多个宏操作的集合，其中的每一个宏操作都能实现特定的功能。例如，打开某一个窗体对象、执行特定的查询、在表对象中进行记录定位等。在日常工作中，用户经常需要重复大量的操作，把这些重复性的操作创建成宏，利用宏即可使大量的重复性操作自动完成，从而使管理和维护 Access 数据库更加简单。我们可以在宏中加入条件，控制其是否执行。

6. 模块（Module）

模块是将Visual Basic for Applications声明和过程作为一个单元进行保存的集合，是应用程序开发人员的工作环境。模块中的每一个过程都是一个函数过程或子程序。

模块对象有两个基本类型：类模块和标准模块。类模块包括窗体模块和报表模块，它们分别与某窗体或报表对象相关联。标准模块包括通用过程和常用过程。通用过程不与任何对象相关联，常用过程可以在数据库中的任何位置执行。通过将模块与窗体、报表等Access对象相联系，可以建立完整的数据库应用程序。

4.2.3 数据库的基本操作

1. 数据库设计

在Access中，数据库的设计是很重要的，一个成功的数据库设计方案应该将用户的需求充分融入其中，研制出能够有效完成所需功能的数据库结构的过程。数据库的设计大致分五个步骤。

（1）需求分析：其目的是获取用户的各种需求，分析系统将要提供的功能。这是整个设计过程的第一步，也是设计的基石。需求分析的好坏直接影响后续步骤的工作以及最终数据库的合理性和可用性。

（2）概念设计：根据需求分析得到的信息，选择适当的数据模型将这些需求转化为数据库的概念模型。

（3）逻辑设计：本步骤将数据库的概念模型转化为所选择的数据库管理系统支持的逻辑数据模型，即数据库模式。如上节提到的关系模式。

（4）物理设计：考虑数据库要支持的负载和应用需求，为逻辑数据库选取一个最适合现实应用的物理结构，包括数据库文件组织格式、内容存储结构等。

（5）验证设计：在上述设计的基础上收集数据并建立一个数据库，运行应用任务来验证数据库设计的正确性和合理性。

下面列出了目前在一些设计中，针对Access数据库常用的设计步骤。

（1）根据用户的需求进行整体设计分析，考虑如何满足客户的最终需求。

（2）设计报表。由于客户更多关心的是最终的打印效果，可以提前对报表进行设计。

（3）设计数据。也即报表中需要的信息。

（4）设计表。分析表中所需要的字段。

（5）设计窗体。设计出方便用户使用的用户界面。

2. Access的启动与退出

Access 2010是Office 2010的组件之一，所以Access 2010启动和退出的步骤与其他Office软件的步骤相同，在此不再重述。Access启动后得到图4-6所示界面。我们可以按照图中箭头所指的步骤建立一个数据库。

在任何时刻，Access只能打开并运行一个数据库文件；Access 2010文件保存时的默认扩展名是.accdb。默认的数据库文件名是Database1，用户可以根据需要修改。

在Access 2010用户界面上有三个重要的功能组件。

（1）功能区。功能区是一个在程序窗口顶部并包含多组命令的带状选项卡区域，如图4-7所示。

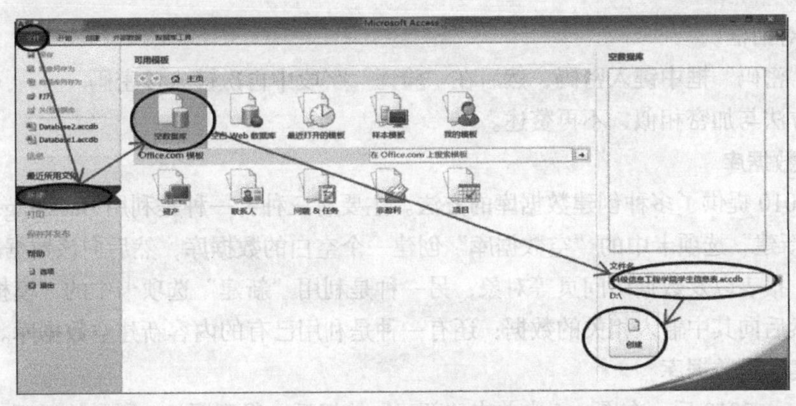

图 4-6 Access 启动界面

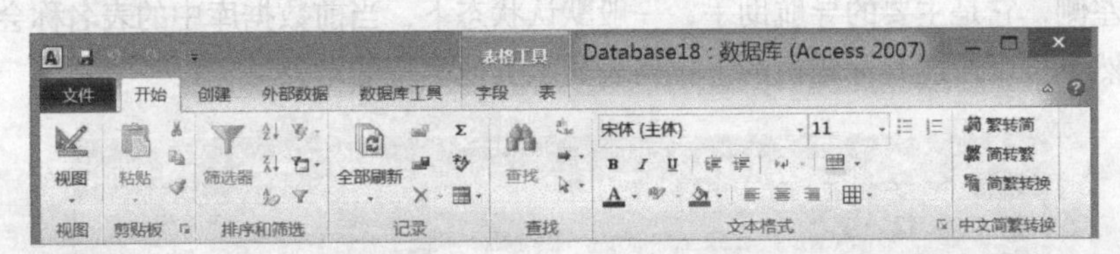

图 4-7 Access 2010 功能区

（2）Backstage 视图。Backstage 视图是功能区的“文件”选项卡上显示的命令集合。单击“文件”按钮就可以打开图 4-6 所示的 Backstage 视图。

（3）导航窗格。打开数据库或创建新数据库时，在导航窗格中将显示数据库对象的名称，如图 4-8 所示。

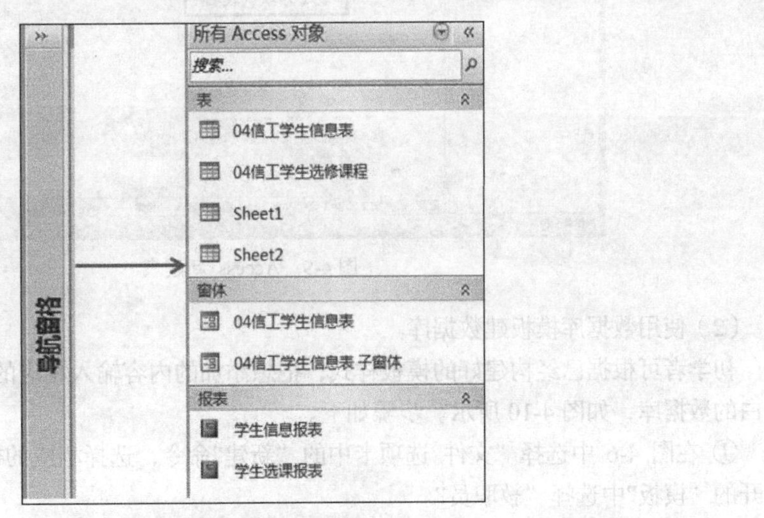

图 4-8 导航窗格的压缩展开

3. 数据库的加解密

要想给数据库加密，需要在独占模式下打开要加密的数据库。

操作步骤如下。

（1）在“文件”选项卡上，单击“打开”命令。在“打开”对话框中，通过浏览找到需要设置密码的文件，然后选择文件。单击“打开”按钮旁边的下拉箭头，单击“以独占方式打开”。

（2）在“文件”选项卡上，单击“信息”命令，再单击“用密码进行加密”。随即出现“设置数据库密码”对话框。

（3）在“密码”框中键入密码，然后在“验证”字段中再次键入该密码。

解密的方法与加密相似，不再赘述。

4. 创建数据库

Access 2010 提供了多种创建数据库的方法。主要有三种：一种是利用 Backstage 视图（见图 4-6）选择“新建”选项卡中的“空数据库”创建一个空白的数据库，然后向该数据库中添加表、查询、窗体、报表以及数据访问页等对象；另一种是利用“新建”选项卡中的“模板”打开一个新数据库，然后向其中输入相关的数据；还有一种是利用已有的内容新建空数据库。

（1）创建空白数据库

启动 Access 2010 后，在图 4-6 中单击“新建”按钮后，得到图 4-9 所示的界面，导航窗格就位于屏幕的左侧，它是主要的导航助手，一般默认状态下，当前数据库中的表名称会显示在导航窗格中，当然也可以通过其标题栏的下拉列表显示其他类型的对象。

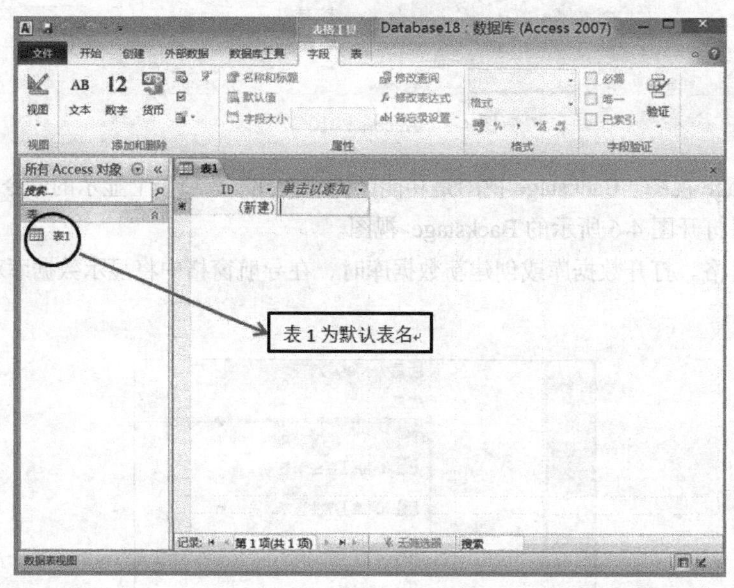

图 4-9　Access 新建表

（2）使用数据库模板建数据库

初学者可根据已经构建好的模板样式，把想添加的内容输入相应的位置，不必从头创建一个空白的数据库，如图 4-10 所示。步骤如下。

① 在图 4-6 中选择“文件”选项卡中的“新建”命令，选择相应的模板，如“样本模板”，在打开的“模板”中选择“教职员”。

② 选择“文件名”和“存储的位置”，单击“创建”按钮，在打开的“教职员”数据库中选择“教职员列表”输入相应的内容。

③ 在“导航窗格”中可以选择相应列表输入所需信息。

5. 打开及关闭数据库

当用户要使用已经建立好的数据库时，必须首先确认它是否已经被打开。如果还没有打开要使用的数据库，应首先打开它。当用户完成了对数据库的全部操作并且不再需要使用它时，应将其关闭。其方法与 Office 2010 其他组件类似，在此不再赘述。

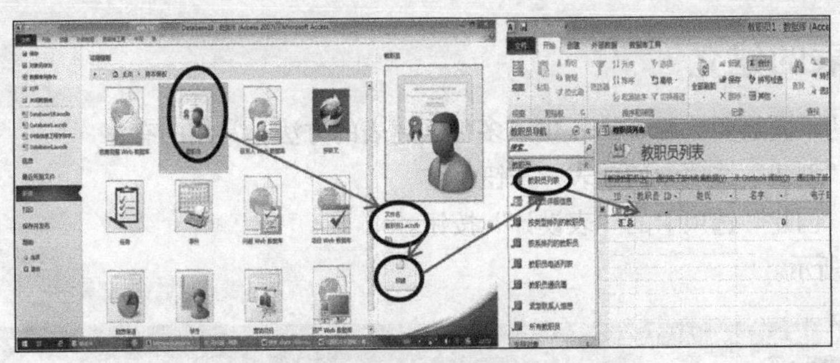

图 4-10　根据模板创建“教职员”数据库

4.3　表及应用

4.3.1　表简介

表是 Access 数据库的对象之一，是用来存储数据的地方。当用户创建数据库后首先要做的就是建立表，Access 中的各种数据对象都建立在数据表的基础之上。

1. 表的设计

表的设计包含以下几个步骤：

（1）创建一个新表；

（2）输入字段名、数据的类型、属性和需要的说明；

（3）设置表的主键；

（4）在有大量数据时可以为相应的字段创建索引；

（5）保存所做的表设计。

2. 表的组成

一个表是由两部分组成的，一部分反映了表的结构，另一部分反映了表中存储的记录。Access 为表安排了两种显示窗口，用户不能同时打开同一个表对象的两种显示窗口，但可以在这两种显示窗口之间来回切换。

用于显示、编辑和输入记录的窗口称为数据表视图，如图 4-11 所示。用于显示和编辑表的字段名称、数据类型和字段属性的窗口称为设计视图，如图 4-12 所示。显然，有关表结构的设计工作应在设计视图中完成，而数据录入工作应在数据表视图中完成。

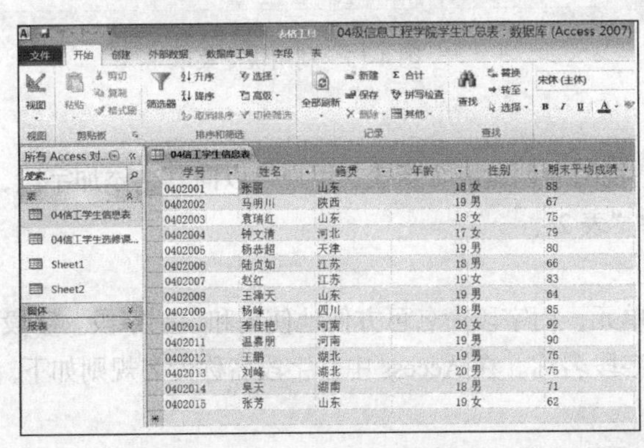

图 4-11　数据表视图

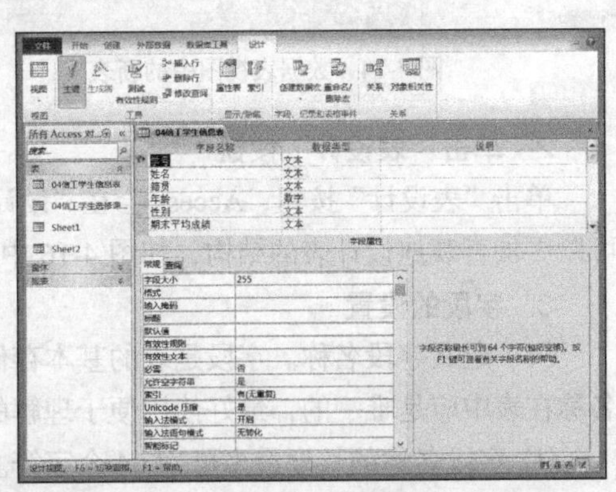

图 4-12　设计视图

4.3.2 表的建立

根据用户的不同需要，Access 提供了多种创建表的方法，常用的有：

（1）使用“创建”选项卡的“表”按钮；

（2）使用“创建”选项卡的“表设计”按钮。

如图 4-13 所示。

图 4-13　利用“创建”选项卡创建表

1. 单击“表”按钮

单击“表”按钮为数据表添加一个新表格，新表在导航窗格的右侧，如图 4-14 中的“表 1”，其中 ID 列已经插入，在其字段的右侧显示的是一个“单击以添加”列，当添加字段后，会默认字段的名称为“字段 1”，接着在“字段 1”后继续添加一个“单击以添加”列，在其中添加相应数据即可。

在字段名上单击右键，会弹出快捷菜单，如图 4-15 所示，可以根据用户的需求对字段进行重新命名或删除等操作，并使用图 4-14 所示的“字段”选项卡中的工具为字段设置数据的类型、格式等属性。

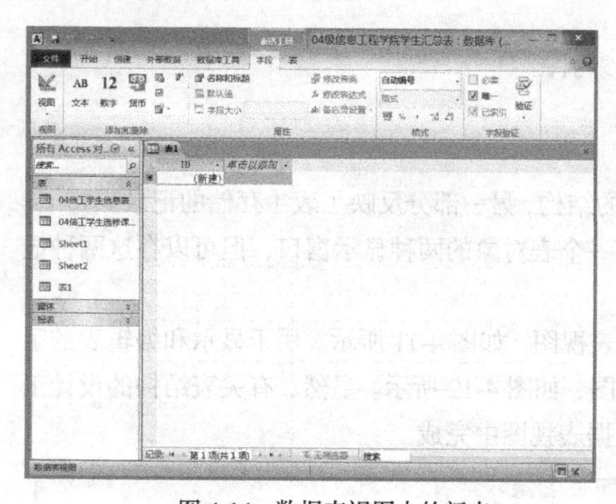

图 4-14　数据表视图中的新表

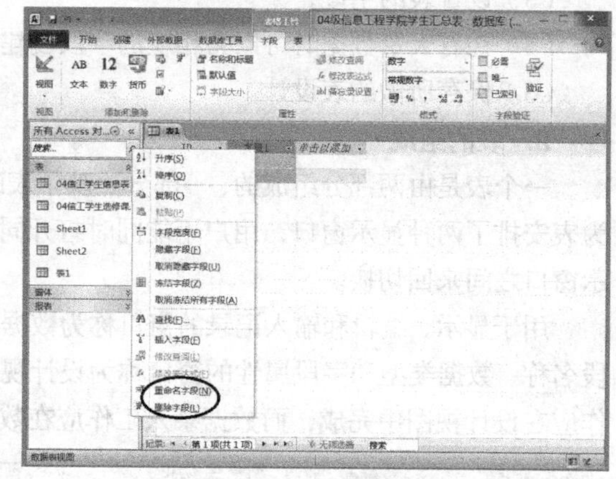

图 4-15　利用快捷菜单

2. 单击“表设计”按钮

单击“表设计”按钮，Access 会在“设计”视图中创建一个新表，用户可以向其中添加字段，可以更加直观地设计表的结构，如图 4-16 中的“表 2”。

3. 字段的设置

（1）定义字段名称。字段是表的基本存储单元，而字段命名可方便地使用和识别字段。字段名称在表中应是唯一的，最好使用便于理解的字段名称。在 Access 中，字段名称命名规则如下。

① 字段名称的长度最多可达 64 个字符。

② 字段名称可以包含字母、汉字、数字、空格和其他字符。

③ 不能将空格作为字段名称的第一个字符。

④ 字段名称不能包含句号（.）、惊叹号（!）、方括号（[]）和重音符号（′）。

⑤ 不能使用控制字符（ASCII 值从 0 至 31 的控制字符）。

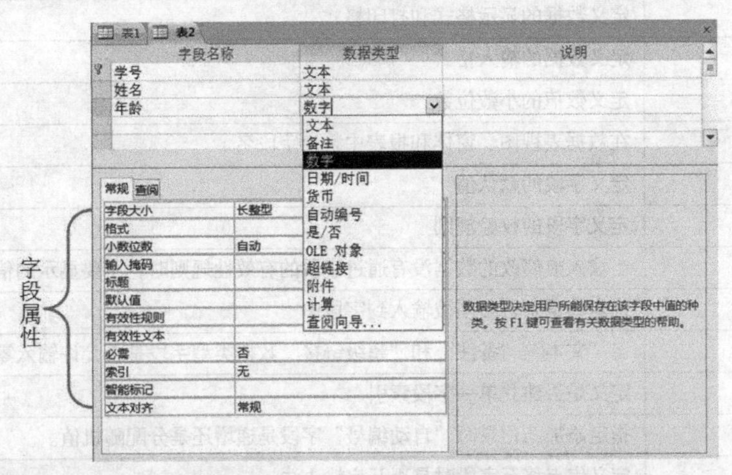

图 4-16　在“设计”视图中设计表的结构

（2）字段的数据类型。命名了字段名称以后，还必须赋予字段数据类型。数据类型决定该字段能存储什么样的数据。Access 2010 支持 12 种基本数据类型，同时又增加了多种数据类型，如表 4-4 所示。

表 4-4　字段的数据类型

数据类型	存储数据的类型	存储空间大小
文本	文字、数字型字符	最多可存储 255 个字符
备注	文字、数字型字符	最多可存储 65535 个字符
数字	数值	1、2、4 或 8 字节
日期/时间	日期时间值	8 字节
货币	货币值	8 字节
自动编号	顺序号或随机数	4 字节
是/否	逻辑值	1 位
OLE 对象	图像、图表、声音等	最大为 1GB
超链接	作为超链接地址的文本	最大为 2048 × 3 字节
附件	特殊字段，允许将外部文件附加到 Access 数据库中	取决于附件的压缩程度
计算	用于计算的结果，计算时必须引用同一张表中的其他字段。	1、2、4 或 8 字节
查阅向导	从列表框或组合框中选择的文本或数值	4 字节

（3）字段说明。在表的设计视图中，字段输入区域的“说明”列用于帮助用户了解字段的用途、数据的输入方式以及该字段对输入数据格式的要求。

（4）设置字段属性。每一个字段或多或少都拥有字段属性，而不同的数据类型其所拥有的字段属性是各不相同的。Access 在字段属性区域中设置了“常规”和“查阅”两个选项卡。表 4-5 列出了“常规”选项卡中的所有属性，这些属性并不全部适用于每一种数据类型的字段。

表4-5　　字段属性

字段属性	说　明
字段大小	定义“文本”、“数字”或“自动编号”数据类型字段的长度
格式	定义数据的显示格式和打印格式
输入掩码	定义数据的输入格式
小数位数	定义数值的小数位数
标题	在数据表视图、窗体和报表中替换字段名
默认值	定义字段的默认值
有效性规则	定义字段的校验规则
有效性文本	当输入或修改的数据没有通过字段的有效性规则时，所要显示的信息
必须	确定数据是否必须被输入到字段中
允许空字符串	定“文本”“备注”和“超级链接”数据类型字段是否允许输入零长度字符串
索引（Indexed）	定义是否建立单一字段索引
新值	指定添加新记录时“自动编号”字段是递增还是分配随机值。
输入法模式	定义焦点移至字段时是否开启输入法
输入法语句模式	在东亚版本的 Windows 中控制语句转换
智能标记	对此字段附加智能标记
Unicode 压缩	定义是否允许“文本”“备注”和“超级链接”数据字型字段进行 Unicode 压缩

（5）设置主键字段。主键（也可称为关键字）是用于唯一标识表中每条记录的一个或一组字段。通过为每个表设置主键，这样在执行查询时用主键作为主索引可以加快查找速度；还可以利用主键定义多个表之间的关系，以便检索存储不同表中的数据。为了确保唯一性，应该避免任何重复值或 Null（空）值进入主键。在 Access 2010 中可以定义 3 种主键：自动编号、单字段和多字段。

① 自动编号主键。如果在保存表之前没有设置表的主键，Access 会询问是否需要设置一个自动编号的主键。它的作用是在表中每添加一条记录时，自动编号字段可设置为自动输入连续整数的编号。将自动编号字段指定为表的主键是创建主键的最简单方法。

② 单字段主键。在表中，如果某个字段中包含了唯一的值，能够将不同的记录区别开来，就可以将该字段指定为主键。

③ 多字段主键。如果表中的单个字段不包含唯一值，可以将两个或更多的字段指定为主键。

为表设置主键的操作步骤如下。

① 在数据库窗口中，打开要设置主键的表的设计视图。

② 选中主键字段所在的行，如果设置多字段主键，先按下 Ctrl 键，然后选择所需的字段。

③ 单击“表设计”工具栏中的“主键”按钮，或单击鼠标右键，在弹出的快捷菜单上选择“主键”命令，主键指示符出现在该行的字段左侧，表明已经将该字段设置为主键。

（6）设置索引。索引如同一本书前面的目录一样，可以帮助用户快速查找所需的数据，并能够提高查找和排序记录的速度。Access 允许用户基于单个字段或多个字段创建记录的索引。

4. 导入外部数据

在 Access 中，可以通过导入外部数据快速地建立数据表。Access 提供了对 Excel 表、SharePoint 列表等多种类型数据源的支持，我们可以直接将这些数据导入到 Access 数据库中，下面以 Excel

表为例介绍导入数据的过程。

（1）在 Access 数据库中，在“外部数据”选项卡中单击 Excel 按钮，如图 4-17 所示。

（2）在打开的获取外部数据-Excel 电子表格”对话框中单击“浏览”按钮，选择要导入的 Excel 文件。在随后打开的“导入数据表向导”中选择相应的工作表，如图 4-18 所示。如果要把 Excel 表中的列标题作为 Access 表的字段名，需选择“第一行包含列标题”，如图 4-19 所示。

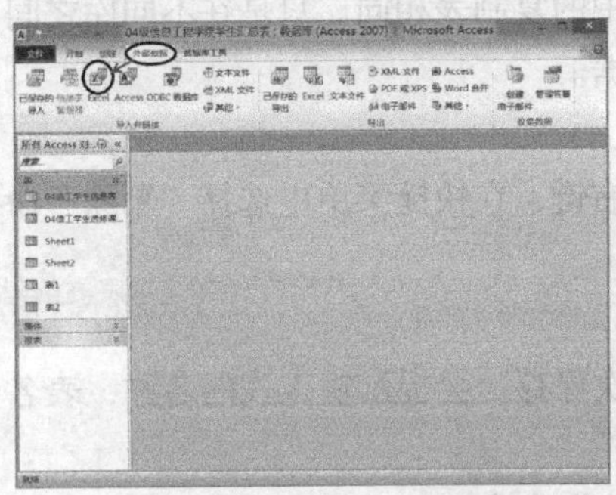

图 4-17　单击“Excel”按钮

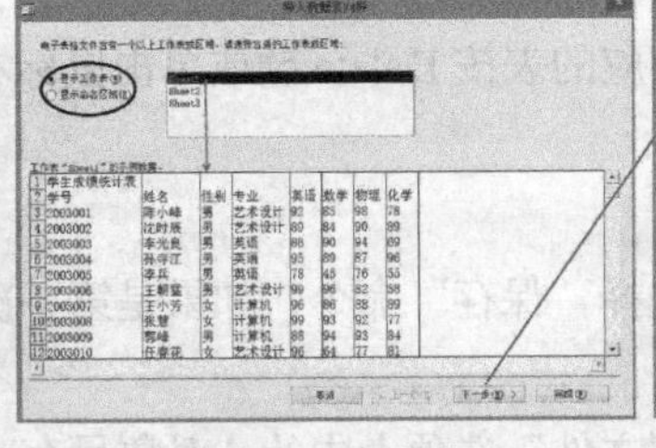

图 4-18　选中工作表

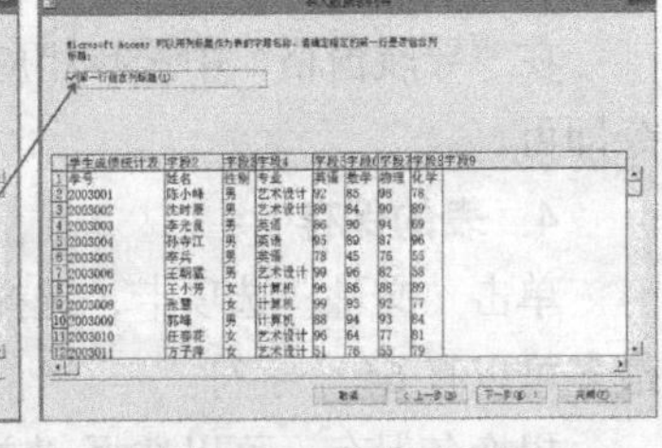

图 4-19　选中列标题

（3）按向导提示，并根据需要设置主键，如图 4-20 所示，并导入到表中，单击“下一步”设置表名，本例中仍用原来的名字为“Sheet1”的所有设置后，所选择的 Excel 表即被导入到 Access 数据中，如图 4-21 所示。

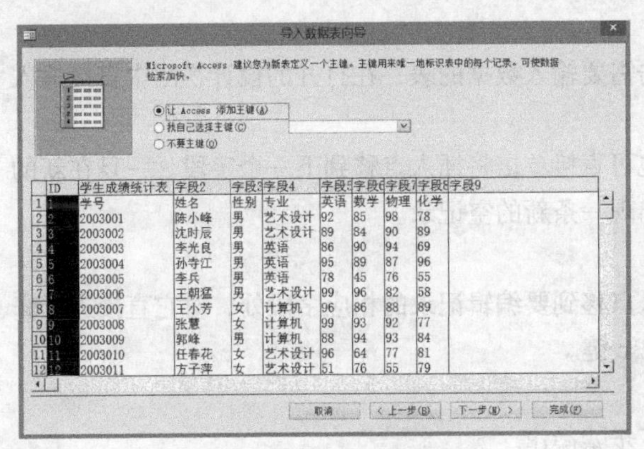

图 4-20　为 Access 表设置主键

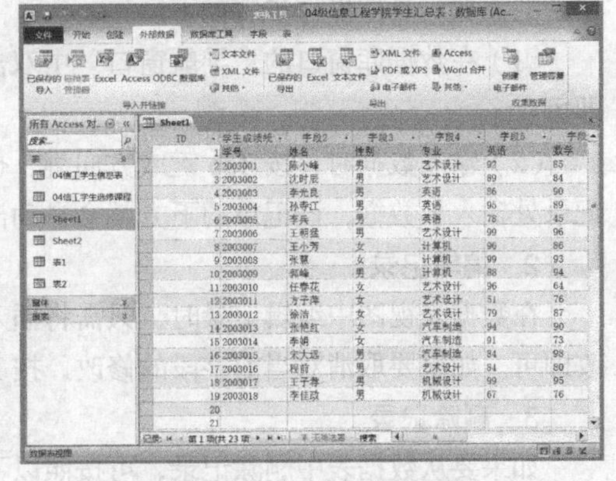

图 4-21　打开表“Sheet1”

4.3.3　表的相关操作

一个 Access 数据表中可以包含许多数据表，用户可以根据自己的需求对这些表进行重命名、复制、删除等操作。

1．表的重命名

（1）在“导航窗格”中选择相应的表名称，单击鼠标右键，在快捷菜单中选择“重命名”命令。

（2）在“导航窗格”中选择相应的表名称，单击并按 F2 键即可重命名。

注意

①Access 表必须关闭后，才可重命名；②重命名表时，需要在以前引用了该表的包括查询、窗体和报表等的所有对象中更改其名称。

2. 复制表

（1）在同一数据库中复制表。当用户复制表时，“粘贴”选项可以有三种结构选择。

- 仅结构。选择此选项，可以建立一个与被复制的表有着相同设计的空表。
- 结构和数据。选择此选项，相当于建立一个表的副本。
- 将数据追加到已有的表。选择此选项，会把所选表的数据追加到另一个表的底部。

（2）将表复制到其他数据库。其操作方法与同一数据库中的复制表相同。只是在不同库之间复制表时，不会复制表间的关系，只是复制了表的设计和数据。

3. 表的删除

在“导航窗格”中选择相应的表按 Delete 键或单击鼠标右键，在快捷菜单中选择“删除”命令即可。

4. 表的保存

单击“文件”选项卡，选择“保存”命令，如果是第一次保存，会提示输入表的名称，表名最多可以有 64 个字符。

想换名保存，可以选择“文件”选项卡中的“对象另存为”命令，输入相应的名称即可。

4.3.4 数据的编辑

1. 添加记录

向数据库中添加信息，多数情况下是直接面对表的。在表的“数据表”视图中就可以完成新记录的添加。具体操作步骤如下。

（1）在数据库窗口的“导航窗口”中双击需要输入数据的表，在打开的设计视图中直接输入即可。

（2）输入数据时，按 Tab 键或方向键，也可直接单击将插入点移到下一个字段。一旦在新的记录处输入了数据，该记录的下方就会自动出现一条新的空记录。

2. 编辑记录

在数据表视图中编辑记录时，只需将插入点移到要编辑记录的相应字段处，对它直接进行修改即可。如果要取消对当前字段的修改，按 Esc 键。

3. 删除记录

如果要从数据表中删除记录，可按照以下步骤操作。

（1）在数据表视图中单击该记录的行选定器，可以选定该行。

（2）执行下列操作之一：

① 单击工具栏中的“删除记录”按钮；

② 右键单击选定的记录，从弹出的快捷菜单中选择“删除记录”命令。

（3）执行上述任一种操作后，将弹出提示对话框，警告用户将删除信息，且这个操作一旦执行，则不可恢复。

（4）单击“是”按钮，即可删除选定的记录。

4. 保存记录

在 Access 数据表中，将插入点从编辑或修改的记录移到另一条记录，关闭数据表时，系统自动保存编辑或修改的内容。也可单击“开始”选项卡中的“记录组”的“保存”命令。

5. 记录定位

如果要对数据表中某一记录进行相应的操作，首先要找到该记录，即要定位到该记录，可以使用数据表视图底端的“导航按钮”，如图 4-22 所示。

用户可以在“导航按钮”的记录编号框中输入所需定位的记录号，然后按 Enter 键直接定位到指定的记录；或者单击“导航按钮”中的“首记录”“上一记录”“下一记录”“尾记录”或者“新记录”按钮定位到相应的记录中。当然还可用搜索功能在搜索框中输入相应的内容。

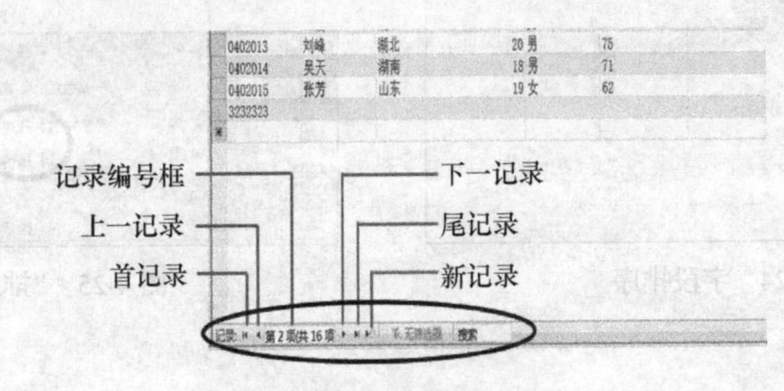

图 4-22　数据表的导航按钮

6. 查找和替换记录

在数据表视图中，如果记录很多，那么查找到指定的记录就不是一件容易的事情。为了快速查找到指定的记录，用户可以使用“查找”命令。具体操作步骤如下。

（1）在“开始”选项卡中的“查找”组选择“查找”或“替换”命令；或按 Ctrl+F1 组合键，弹出图 4-23 所示的窗口。

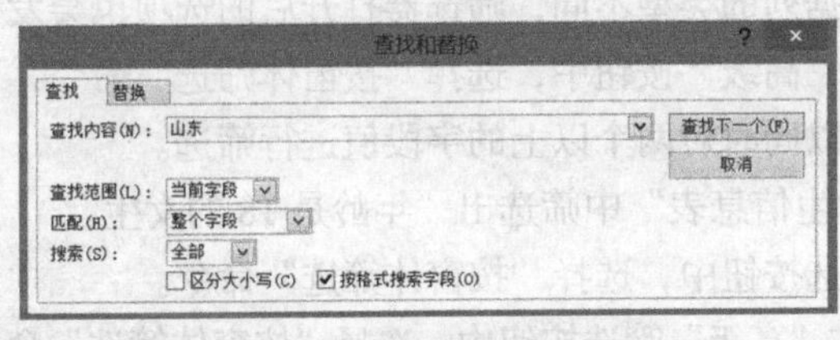

图 4-23　“查找和替换”窗口

（2）在“查找”选项卡中设置适当的选项。

（3）单击“查找下一个”按钮，开始查找记录，要找的数据找到后将反白显示。

（4）在查找记录时可以使用以下三种通配符。

- *——任意数量的字符。
- ？——任意单个字符。
- #——任意一个数字。

替换操作方式与查找相同。

7. 排序记录

在 Access 中，数据表中的数据一般是以表中定义的主键值的大小按升序的方式排序显示记录的。如果在表中没有定义主键，则该表中记录排列的顺序根据输入的顺序来显示。若要根据某一字段对记录进行简单排序，可用以下两种方法。

（1）在数据表视图中选择要排序的字段名右侧的下拉箭头，如图 4-24 所示。

（2）在“开始”选项卡中选择“排序和筛选”组中的升降序按钮，如图 4-25 所示。

若要根据多个字段对记录进行复杂排序，可在表中选择多个字段列，然后在“开始”选项卡的“排序和筛选”组中的升降序按钮，Access 将首先根据第一个字段按照指定的顺序排序，当第一字段值相同时，按第二字段排序，依次类推。

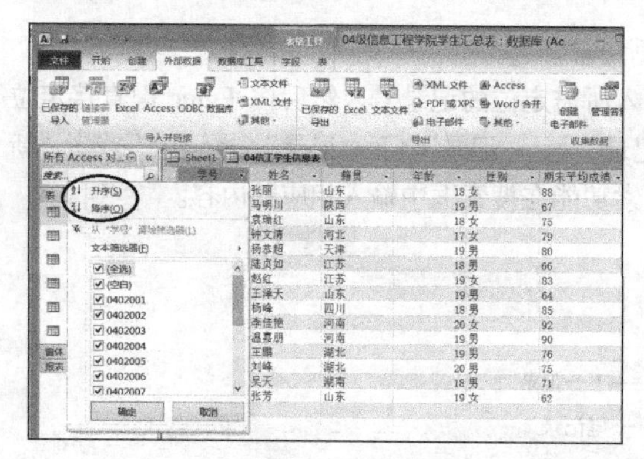

图 4-24　字段排序

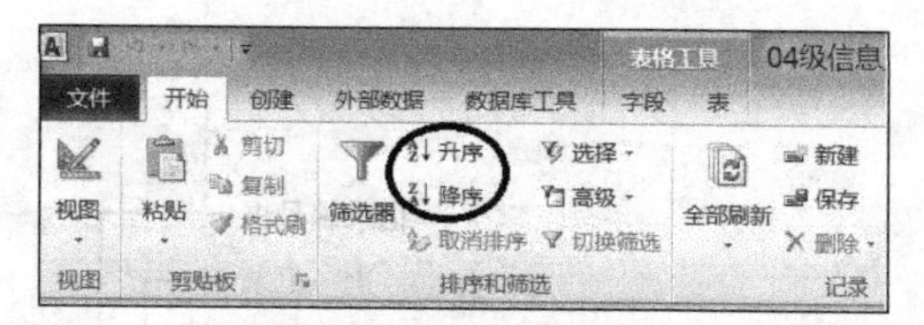

图 4-25　“排序和筛选”组

8. 筛选记录

在数据表视图中，可以对记录进行筛选，仅将满足条件的记录显示在数据表视图中。不符合条件的记录将被隐藏。

在图 4-25 所示的“排序和筛选”组中有“筛选器”、“选择”和“高级”三个筛选按钮，通过这些按钮有 4 种筛选方式。

（1）选择筛选。用户可以根据字段值进行筛选，字段值是由光标所在位置决定的。条件分别是“等于”和“不等于”，“包含”和“不包含”。

（2）筛选器。所选数据列的类型不同，筛选器打开后的选项也会发生变化。

（3）按窗体筛选。在“高级”按钮中，选择“按窗体筛选”命令，可以快速地筛选，不用浏览整个数据表的记录，可以同时对两个以上的字段值进行筛选。

例如：在“04 信工学生信息表”中筛选出“年龄是 18 的女生”。

步骤：在“高级”筛选按钮中，选择“按窗体筛选”命令。

① 打开数据表，在在“高级”筛选按钮中，选择“按窗体筛选”命令后，在打开的筛选界面上选择“年龄=18”“性别=女”，如图 4-26 所示。

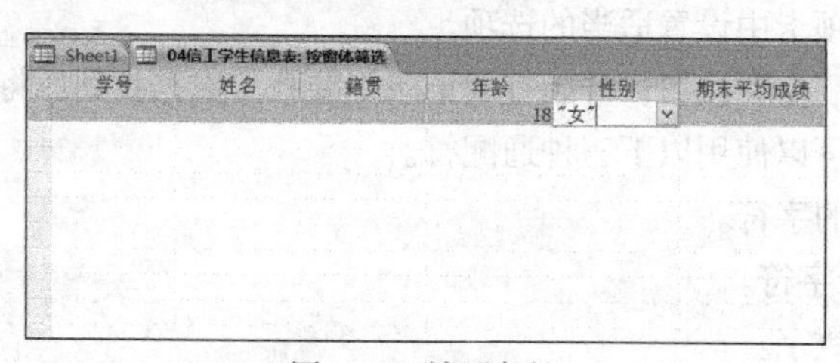

图 4-26　填写条件

② 单击“高级”按钮下的“切换筛选”命令，得到所需结果，如图 4-27 所示。

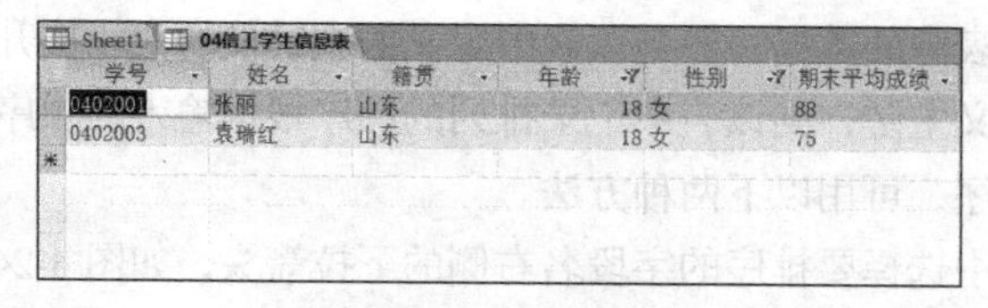

图 4-27　筛选结果

（4）高级筛选。条件比较复杂的筛选，用户可以自己定义条件。

建立筛选后及时清除，否则将影响下一次筛选。单击“排序和筛选”组中的“高级”按钮，从中选择“清除所有筛选器”命令即可清除筛选。

4.3.5　建立表间关系

在 Access 数据库中为每个主题都设置不同的表后，有时还要将这些表中的信息合并在一起。为了实现这个目的，首先需要定义表间的关系，然后创建查询、窗体及报表来从多个表中显示信息。

1. 定义表间的关系

在定义表间的关系之前，应该关闭所有要定义关系的表，因为不能在已打开的表之间创建关系或者对关系进行修改。定义表间关系的操作方法如下。

（1）打开要进行操作的数据库。

（2）在“数据库工具”选项卡中，选择“关系”组中的“关系”按钮，打开图 4-28 所示的界面。如希望继续添加表，则单击“关系”组中的“显示表”，如图 4-29 所示，选择需要添加的表，单击“添加”按钮。例如选中 Sheet1，添加后得到图 4-30 所示的界面。

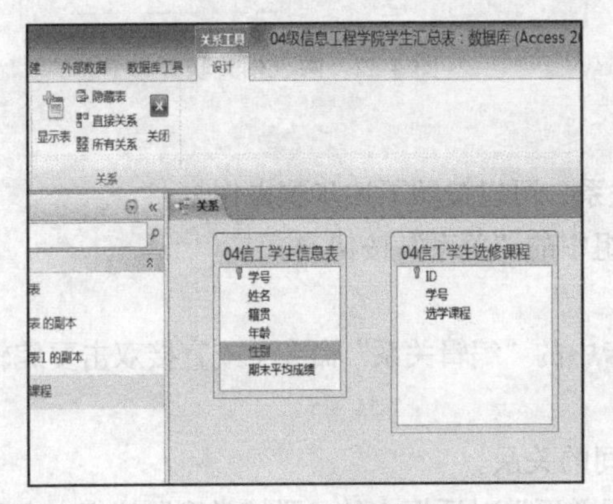

图 4-28　建立关系界面

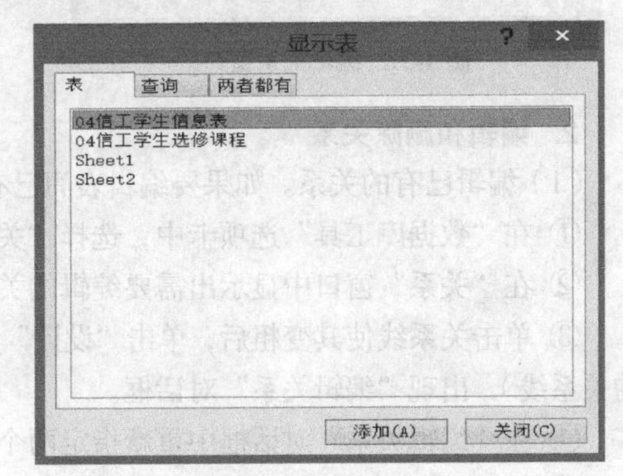

图 4-29　“显示表”窗口

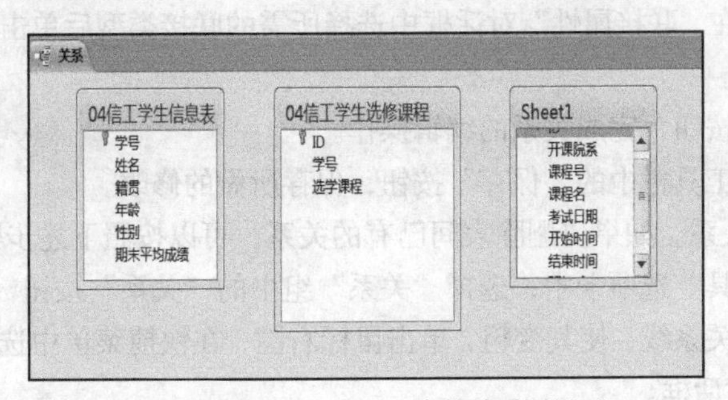

图 4-30　添加了 Sheet1 表的关系图界面

（3）拖曳“04 信工学生选修课程”表中的“学号”到“04 信工学生信息表”上，松开鼠标左键后，会出现“编辑关系”对话框，如图 4-31 所示。

（4）在“编辑关系”对话框中的“表 / 查询”及“相关表 / 查询”列表框下，列出了关系的主表或查询名称以及此关系的相关字段（通常为表的主关键字）。如果要更改相关字段，先单击字段单元格，然后单击向下箭头，从弹出的下拉列表中选择所需的字段名。

（5）如果想强化两个表之间的引用完整性，则选中“实施参照完整性”复选框，然后定义完整性。

（6）如果选中“级联更新相关字段”复选框，可以在更改主表的主关键字值时，自动更新相关表中的对应数值。

（7）如果选中“级联删除相关记录”复选框，可以在删除主表中的某项记录时，自动删除相关表中的有关信息。

（8）单击“创建”按钮，完成指定关系的创建，如图4-32所示。

（9）对每一对要关联的表，重复步骤（4）~（8）。

（10）定义表间的关系后，必须在关闭该窗口之前保存“关系”窗口的布局。

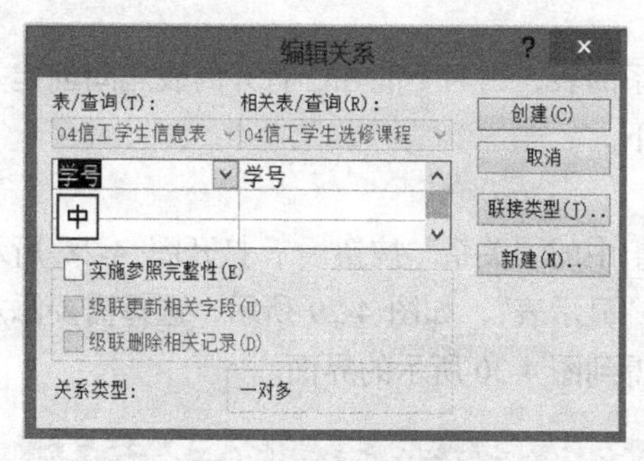

图4-31　编辑关系窗口

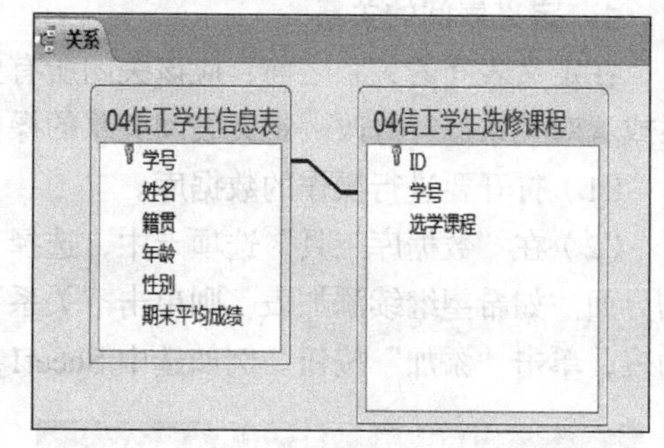

图4-32　两表相关联

2. 编辑和删除关系

（1）编辑已有的关系。如果要编辑表间已有的关系，可以按照下述步骤操作。

① 在“数据库工具”选项卡中，选择“关系”组中的“关系”按钮。

② 在“关系”窗口中显示出需要编辑的关系线。

③ 单击关系线使其变粗后，单击“设计”选项卡中的“编辑关系”命令（或直接双击要编辑的关系线），出现“编辑关系”对话框。

④ 在“编辑关系”对话框中重新指定两个表之间的关系。

⑤ 如果要设置当前关系的联接类型，单击“编辑关系”对话框中的“联接类型”按钮，出现“联接属性”对话框，在“联接属性”对话框中选择所需的联接类型后单击“确定”按钮，返回到“编辑关系”对话框中。

⑥ 单击“创建”按钮，完成关系的编辑操作。

⑦ 单击“关系”工具栏中的“保存”按钮，保存所做的修改。

（2）删除已有的关系。如果要删除表间已有的关系，可以按照下述步骤操作。

① 在“数据库工具”选项卡中，选择“关系”组中的“关系”按钮。

② 单击要删除的关系线，使其变粗，单击鼠标右键，在快捷菜单中选择“删除”命令，或按Delete键，出现提示对话框。

③ 单击提示对话框中的“是”按钮，确认删除操作。

4.4　查询及应用

4.4.1　查询的基本知识

1. 查询的概念

查询是从Access的一个或几个表中获取满足给定条件的数据的最主要方法。用户不需要编写程序，只需要通过直观的操作提出查询要求，Access就会自动生成对应的结构化查询语句。一旦生成了一个查询，就可以把它作为生成窗体、报表，甚至是生成另一个查询的基础。查询结果将以工作表的形式显示出来。显示查询结果的工作表又称为结果集，它虽然与基本表有着十分相似的外观，但它并不是一个基本表，而是符合查询条件的记录集合，其内容是动态的。

2. 查询的作用和功能

查询是数据库提供的一种功能强大的管理工具，可以按照使用者所指定的各种方式来查询。查询基本上可满足用户以下需求：

- 指定所要查询的基本表；
- 指定要在结果集中出现的字段；
- 指定准则来限制结果集中所要显示的记录；
- 指定结果集中记录的排序次序；
- 对结果集中的记录进行数学统计；
- 将结果集制成一个新的基本表；
- 在结果集的基础上建立窗体和报表；
- 根据结果集建立图表；
- 在结果集中进行新的查询；
- 查找不符合指定条件的记录；
- 建立交叉表形式的结果集；
- 在其他数据库软件包生成的基本表中进行查询。

3. 查询的分类

在 Access 中，查询可以分为选择查询、参数查询、交叉表查询、操作查询和 SQL 查询五类。

（1）选择查询。选择查询是最常用的一种查询类型，它从一个或多个表中查询数据，查询的结果是一组数据记录，称为“动态集”。用户可以对动态集中的数据进行删除、修改等操作，而且这种修改会被写入与此动态集相关的数据表中。

（2）参数查询。参数查询是在执行某个查询时能够显示对话框来提示用户输入查询准则，系统以该准则作为查询条件，将查询结果以指定的形式显示出来。

（3）交叉表查询。交叉表查询显示来源于表中某个字段的总计值，如合计、求平均值等，并将它们分组，一组列在数据表的左侧，另一组列在数据表的上部。

（4）操作查询。操作查询的主要功能是对大量的数据进行更新。操作查询执行一个操作，可以进一步分为以下四种类型。

- 追加查询：向已有表中添加数据。
- 删除查询：删除满足查询条件的记录。
- 更新查询：改变已有表中满足查询条件的记录。
- 生成表查询：使用从已有表中提取的数据创建一个新表。

（5）SQL 查询。当在查询设计视图中创建查询时，Access 将自动在后台生成等效的 SQL 语句，可通过 SQL 视图查看具体的 SQL 语句。

查询对象通常有五种视图方式：数据表视图、设计视图、SQL 视图、数据透视表视图和数据透视图视图。数据表视图主要用于在行和列格式下显示表、查询以及窗体中的数据。设计视图是设计查询的窗口，包含了创建查询所需要的各个组件，用户只需在各个组件中设置一定的内容，就可以创建一个查询；SQL 视图是用于显示当前查询的 SQL 语句的窗口，在 SQL 视图中，可以查看和改变 SQL 语句，从而改变查询。在最后两种视图中，分别以表格和图形的方式显示查询结果。

4.4.2 查询的建立

创建查询的方法很多，用户可以利用系统的查询向导逐步创建，也可以手工创建。

1. 利用简单查询向导创建选择查询

在 Access 中可以利用简单查询向导创建选择查询，能够在一个或多个表或查询中按指定的字段检索数据。另外，通过向导还可以对记录组或全部记录进行总计、求平均值等运算，并且可以计算字段中的最大值和最小值。利用简单查询向导创建选择查询的操作步骤如下。

（1）在数据库窗口中单击“创建”工具栏。

（2）单击“查询”栏目中的“查询向导”按钮，弹出“新建查询”对话框。如图 4-33 所示。

（3）在“新建查询”对话框中选择“简单查询向导”选项，然后单击“确定”按钮，弹出第一个“简单查询向导”对话框。

（4）在第一个“简单查询向导”对话框中，首先在“表 / 查询”组合框中选择查询所涉及的表，然后在“可用字段”列表框中选择查询所涉及的字段并单击“>”按钮，将选择的字段添加到“选定字段”列表框中。

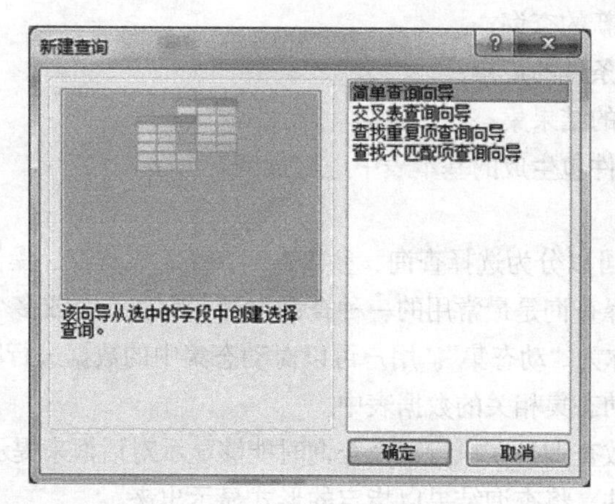

图 4-33 “新建查询”对话框

（5）重复第（4）步操作以选择查询所涉及的全部字段。

（6）单击“下一步”按钮，弹出第二个“简单查询向导”对话框。

（7）在第二个“简单查询向导”对话框中，如果要创建选择查询，应选择“明细”单选项；如果要创建汇总查询，应选择“汇总”单选项，然后单击“汇总选项”按钮，会弹出“汇总选项”对话框。在“汇总选项”对话框中为汇总字段指定汇总方式，然后单击“确定”按钮，返回到第二个“简单查询向导”对话框。

（8）单击“下一步”按钮，弹出第三个“简单查询向导”对话框。

（9）在第三个“简单查询向导”对话框中，可以在“请为查询指定标题”文本框中为查询命名。如果要运行查询，应选择“打开查询查看信息”单选项；如果要进一步修改查询，应选择“修改查询设计”单选项。

（10）最后单击“完成”按钮，生成查询。

2. 利用设计视图创建查询

利用向导只能创建比较简单的查询，而利用设计视图则可以建立功能强大的查询。利用设计视图创建选择查询的具体操作步骤如下。

（1）确定数据来源。

① 在数据库窗口中单击“创建”工具栏。

② 单击“查询设计”按钮，Access 在打开“查询 1：选择查询”设计视图的同时，会打开“显示表”对话框，在该对话框中列出了当前数据库中已有的表和查询。用户可以在相应的选项卡中选择所需的表或查询，然后单击“添加”按钮将选择的表或查询添加到查询设计窗口中。

③ 确定所需的数据源后，单击“显示表”对话框中的“关闭”按钮，出现选择查询设计窗口。该窗口包含两部分：上面部分列出了查询的字段来源和各表之间的关系；下面部分为设计网格，包含字段的一些属性。在设计网格的行中包含如下内容。

- 字段：包含字段名，可以通过单击该行，从显示的下拉列表框中选择字段名。
- 表：包含表名或已有的查询，用于指明字段所归属的表。
- 排序：指定是否以该字段为基准对查询结果进行排序。
- 显示：确定是否显示该字段。
- 条件：指定应选择满足条件的记录在结果中显示。
- 或：设置查询的筛选条件。

（2）为查询选择字段。

① 打开“查询设计”窗口时，在第一列的字段行会出现一个插入点。单击字段右边的向下箭头，会出现下拉列表。如果所需的字段包含在其他的表或查询中，单击该列下方的“表”行，然后下拉列表中选择相应的表或查询。

② 选择所需的字段名，然后按 Enter 键。

③ 按 Tab 键将插入点移到第二列，然后从下拉列表中选择所需的字段名。

（3）指定排序。

① 在“查询设计”窗口中，选择要对记录进行排序的字段。

② 单击该行右边的向下箭头，从下拉列表中选择所需的排序顺序。

③ 要对多个列进行排序，可重复以上步骤。

（4）选择条件。

① 在“查询设计”窗口中，单击相应字段的“条件”行。

② 在该列中输入条件。

③ 对需要指定选择条件的其他字段重复步骤②。

如图 4-34 所示。

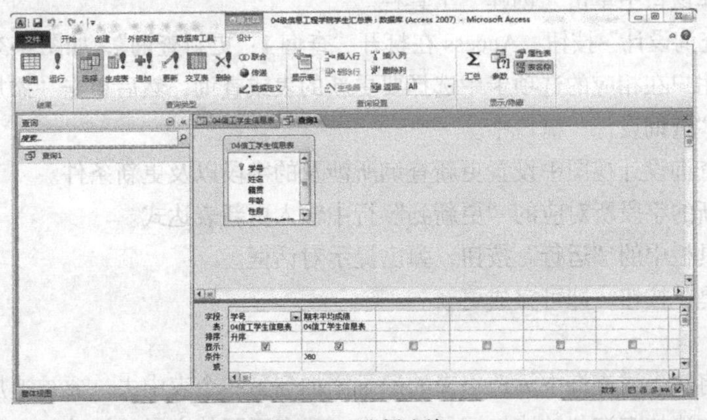

图 4-34　选择查询

（5）运行。单击“查询”菜单中的“运行”项，可以看到最后生成的查询结果。

（6）保存查询。在完成了查询后应将它保存下来，使它成为数据库文件的一部分。

4.4.3 查询的基本操作

前面介绍了如何使用查询从表中选择所需要的数据。现在我们要使用操作查询在数据库中改变、插入、创建或删除数据集，操作查询有四种：生成表查询、更新查询、追加查询和删除查询。

1. 生成表查询

生成表查询可以利用一个或多个表中的全部或部分数据来新建表，是将查询的结果以表的形式存储，生成一个新表。创建一个生成表查询的操作步骤如下。

（1）打开要创建生成表查询的数据库。

（2）创建新的查询或者打开已有查询。

（3）单击窗口右下角的“设计视图”按钮。

（4）单击“查询类型”栏目中的“生成表”按钮，出现“生成表”对话框，如图4-35所示。在“表名称”文本框中输入所要创建的表名称。如果新生成的表放入当前数据库中，则选中“当前数据库”单选按钮，否则选中“另一数据库”单选按钮。

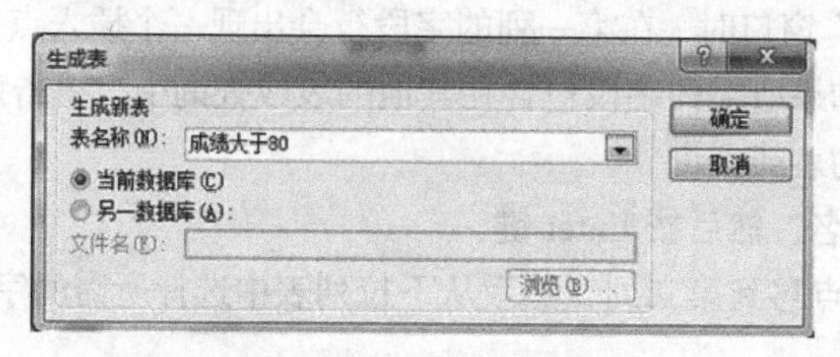

图4-35 “生成表”对话框

（5）单击“确定”按钮关闭“生成表”对话框。

（6）单击工具栏中的“运行”按钮，弹出提示对话框。

（7）单击“是”按钮，即可生成一张新表。

2. 更新查询

利用更新查询可以一次性地更改某些特定的记录，而不必逐一去修改表。创建更新查询的操作方法如下。

（1）打开要做更新查询的数据库。

（2）在数据库窗口中单击“创建”工具栏。

（3）单击“查询设计”按钮，Access在打开“查询1：更新查询”，如图4-36所示。打开“显示表”对话框，用户在相应的选项卡中选择要更新的表或查询，然后单击“添加”按钮将选择的表或查询添加到“查询设计”窗口中。

（4）在选择查询设计视图中设置更新查询所涉及的字段以及更新条件。

（5）在要更新的字段所对应的“更新到”行中输入更新表达式。

（6）单击工具栏中的“运行”按钮，弹出提示对话框。

（7）单击“是”按钮，即可完成更新。

3. 追加查询

追加查询是将从表或查询中筛选出来的记录添加到另一个表中去。要被追加记录的表必须是已经存在的表，在追加查询与被追加记录的表中，只有匹配的字段才被追加。要建立追加查询，首先要在设计视图中打开或建立要追加到其他表中的查询，然后选择“查询”栏目中的“追加查询”按钮，出现“追加”对话框，选择要追加记录的表名即可。

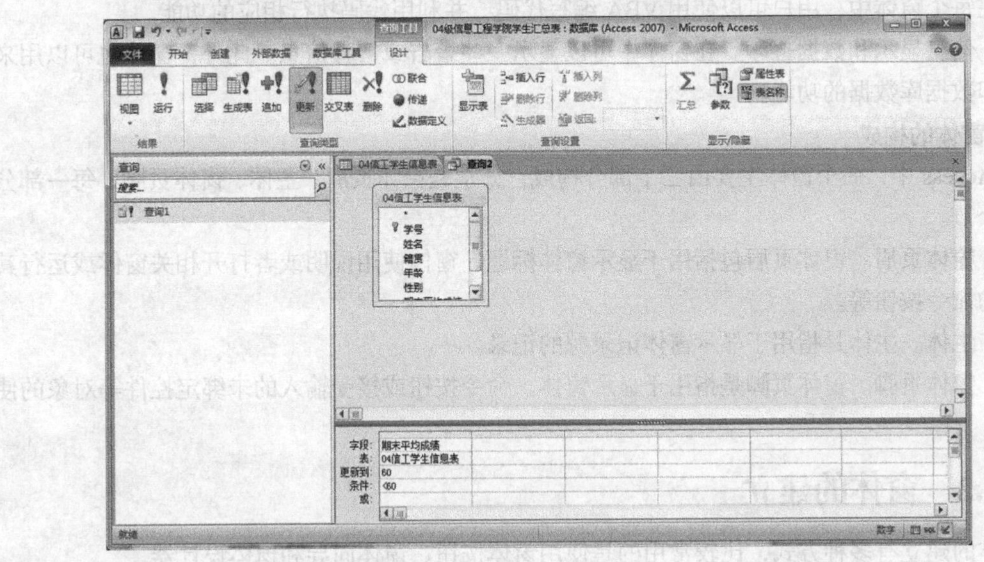

图 4-36　更新查询

4. 删除查询

删除查询用来从指定的表中删除一组记录。它将删除整个记录，而不只是记录中所选择的字段。创建删除查询的方法如下。

（1）首先创建一个要删除记录的查询。

（2）在设计视图中设定删除的条件。

（3）单击工具栏中的“运行”按钮，弹出提示对话框。

（4）单击“是”按钮，即可完成删除。

4.5　窗体及应用

4.5.1　窗体的概念

Access 窗体是一种灵活性很强的数据库对象，其数据来源可以是表或查询，用户可以根据多个表创建显示数据的窗体，也可以为同样的数据创建不同的窗体，可以在窗体中放置各种各样的控件，以构成用户与 Access 数据库交互的界面，从而完成显示、输入和编辑数据等处理任务。

1. 窗体的功能

具体来说，窗体具有以下几种功能。

（1）数据的显示与编辑。窗体的最基本功能是显示与编辑数据。窗体可以显示来自多个数据表中的数据。此外，用户可以利用窗体对数据库中的相关数据进行添加、删除和修改，并可以设置数据的属性。用窗体来显示并浏览数据比用表和查询的数据表格式显示数据更加灵活，不过窗体每次只能浏览一条记录。

（2）数据输入。用户可以根据需要设计窗体，作为数据库中数据输入的接口，这种方式可以节省数据录入的时间并提高数据输入的准确度。窗体的数据输入功能是它与报表的主要区别。

（3）应用程序流控制。与 Visual Basic 窗体类似，Access 中的窗体也可以与函数、子程序相结合。在每个窗体中，用户可以使用 VBA 编写代码，并利用代码执行相应的功能。

（4）信息显示和数据打印。在窗体中可以显示一些警告或解释信息。此外，窗体也可以用来执行打印数据库数据的功能。

2. 窗体的构成

在 Access 中，一个窗体主要由三个部分构成，分别是窗体页眉、主体、窗体页脚，每一部分称为一个节。

（1）窗体页眉。窗体页眉包括用于显示窗体标题、窗体使用说明或者打开相关窗体或运行其他任务的命令按钮等。

（2）主体。主体是指用于显示窗体记录源的记录。

（3）窗体页脚。窗体页脚是指用于显示窗体、命令按钮或接受输入的未绑定控件等对象的使用说明。

4.5.2 窗体的建立

窗体的建立有多种方式，比较常用的是使用窗体按钮、窗体向导和窗体设计器。

1. 使用窗体按钮

打开要建立窗体的数据库，选择相应的数据表，直接在“创建”工具栏的“窗体”选项组中选择“窗体”按钮，Access 会建立当前表的默认窗体，如图 4-37 所示。

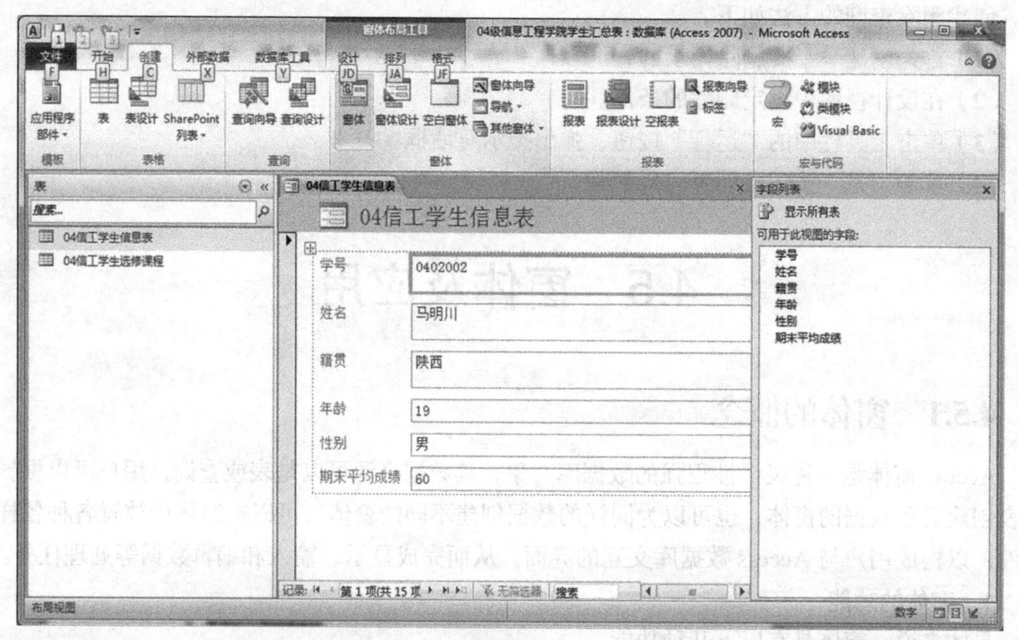

图 4-37 使用窗体按钮创建窗体

2. 使用窗体向导创建窗体

使用窗体向导创建窗体时，向导会提示有关的记录源、字段、布局，然后根据收集到的信息来创建窗体。用户可以在“创建”工具栏的“窗体”选项组中选择“窗体向导”按钮，然后单击“确定”按钮，出现“窗体向导”对话框，根据提示一步一步地完成窗体的创建，如图 4-38 所示。

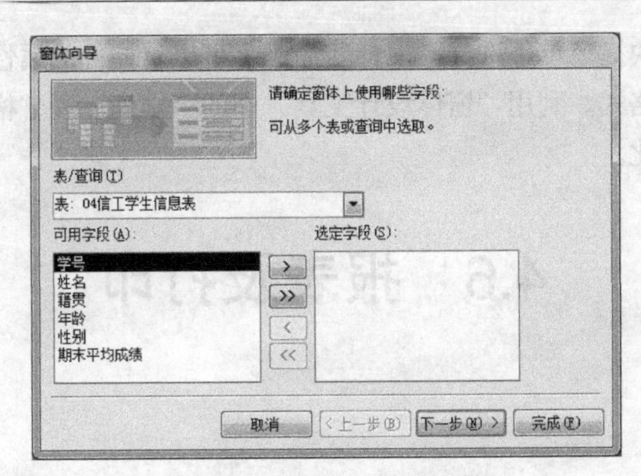

图 4-38 “窗体向导”对话框

3. 使用设计器创建窗体

使用设计器创建窗体时，将从一个空白的窗体开始，然后将来源表或查询中的字段添加到窗体上。在设计窗体的过程中，可以利用系统提供的设计工具箱在窗体中添加各种控件，如文本框、命令按钮、组合框等。

（1）进入设计视图。单击“窗口设计”按钮进入窗口设计视图，如图 4-39 所示。

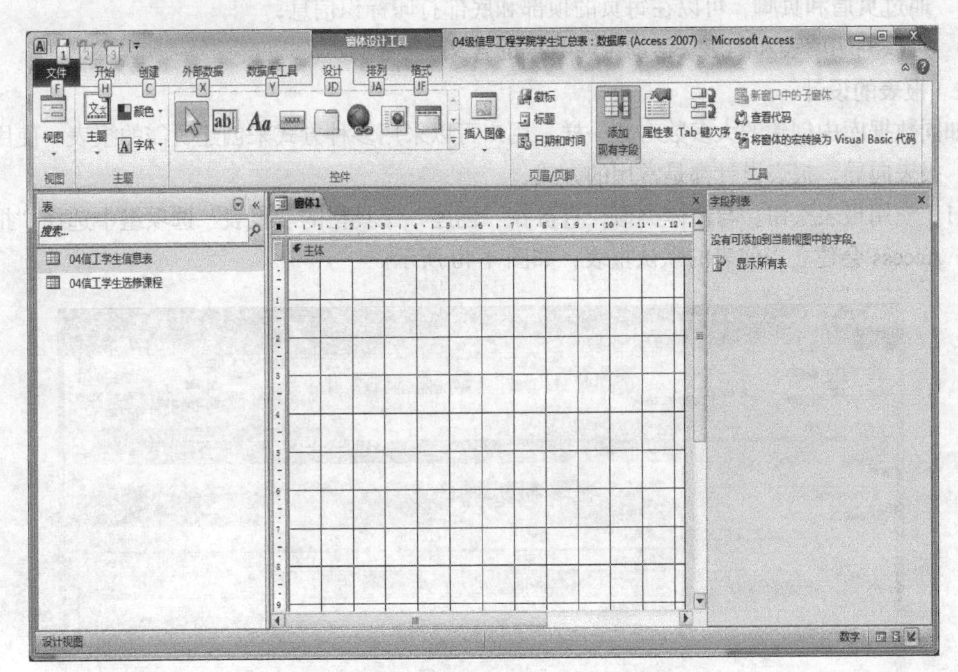

图 4-39 窗体设计视图

（2）窗体控件工具栏。在窗体的设计过程中，使用最频繁的是控件工具。在窗体设计视图上，挑选合适的控件、将控件放在窗体工作区上、设置参数等这些步骤都要通过控件工具箱才能完成。进入窗体设计视图后，“设计”工具箱将首先出现在窗体设计视图中。工具栏上的窗体的控件工具箱共有 20 多种不同功能的控件工具。

（3）在窗体中使用控件。利用工具箱向窗体中添加控件时，首先单击工具箱中的相应按钮，然后在窗体上单击或拖动。如果该控件具有向导且“控件向导”按钮按下，则会自动启动相应的控件向导，可以按照向导的提示进行操作，以完成控件的添加。将控件添加到窗体上以后，右击该控件，然后在弹出的快捷菜单中选择“属性”命令，可以对控件的属性进行设置。

（4）窗体的排列和格式。利用“窗体设计工具”中的“排列”和“格式”工具栏可以对窗体进行进一步的设计和美化。

4.6 报表及打印

4.6.1 报表

1. 报表的功能

报表是打印和复制数据库管理信息的最佳方式，可以帮助用户以更好的方式表示数据。报表既可以输出到屏幕上，也可以传送到打印设备。

报表不仅可用于数据分组，单独提供各项数据和执行计算，还提供了以下功能：

- 可以制成各种丰富的格式，从而使用户的报表更易于阅读和理解；
- 可以使用剪贴画、图片或者扫描图像来美化报表的外观；
- 通过页眉和页脚，可以在每页的顶部和底部打印标识信息；
- 可以利用图表和图形来帮助说明数据的含义。

2. 报表的设计

如同数据库中创建的大多数对象一样，用户可以采用多种方式来创建所需的报表。使用报表按钮、报表向导、报表设计都是常用的方式。

（1）使用报表按钮。与窗体类似，直接在“创建”工具栏的“报表”选项组中选择“报表”按钮，Access 会建立当前表的默认报表，如图 4-40 所示。

图 4-40　使用“报表”按钮创建报表

（2）报表向导。使用报表向导创建窗体时，向导会提示有关的记录源、字段、分组、排序、布局，然后根据收集到的信息来创建报表。用户可以在“创建”工具栏的“报表”选项组中选择“报表向导”按钮，然后单击“确定”按钮，出现“报表向导”对话框，根据提示一步一步地完成报表的创建，如图 4-41 所示。

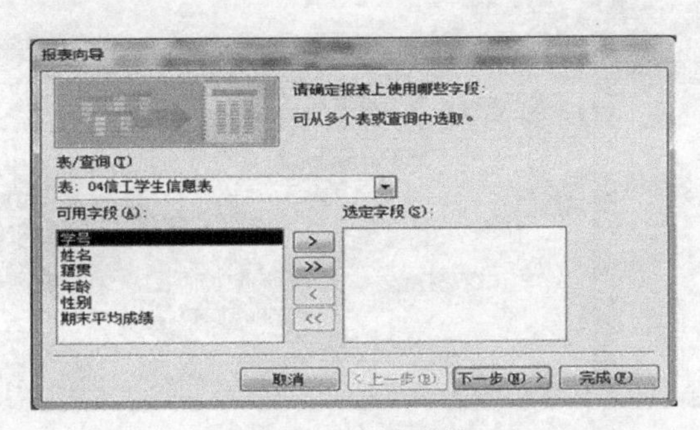

图 4-41　报表向导

（3）报表设计。在“创建”工具栏的“报表”选项组中选择“报表设计”按钮就会出现图 4-42 所示的报表设计视图，在设计视图中可以根据需要进行添加数据源中的字段、添加控件修饰页眉和页脚、设置相关属性等操作，设计完毕可以进行保存。

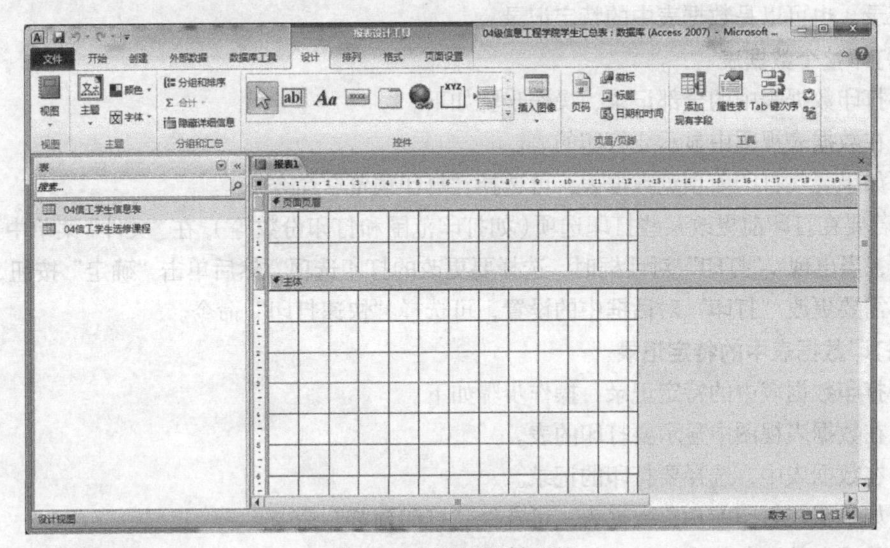

图 4-42　报表设计视图

3. 报表的打印

在报表设计过程中，开发人员往往需要对该报表进行预览，以便观察报表的输出是否符合设计要求，如果不符合要求则返回设计视图进行修改，修改完成后再对其进行预览，如此反复，直到符合设计要求为止。

（1）布局视图。报表的“布局视图”视图方式主要用于查看报表的版面布局，通过版面预览可以快速查看报表的页面布局。

（2）打印预览。如果用户不仅要查看报表的版面布局，而且需要同时以报表页的方式预览报表中的所有数据，则可以在打印预览窗口中打开相应的报表。打印预览时可进行页面布局以及相关页面设置，还可以调整显示比例，方便用户全面预览打印效果，如图 4-43 所示。

（3）打印报表。在数据库窗口中选择报表，或者在设计视图、打印预览视图或布局视图中打开相应的报表，然后单击“文件”菜单中的“打印”命令，出现“打印”对话框；在“打印”对话框中根据需要设置打印参数，设置完毕后，单击“确定”按钮进行打印。

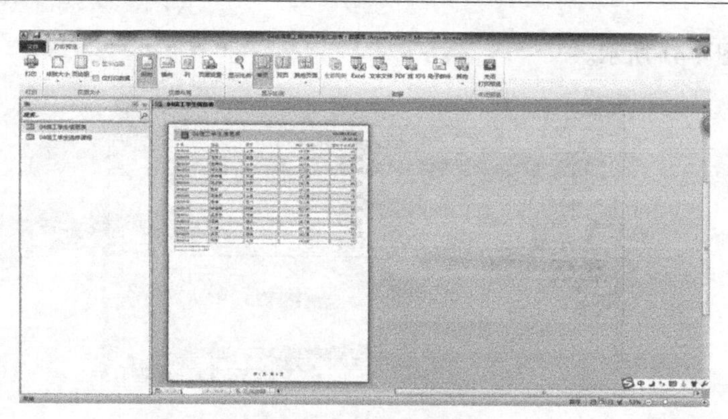

图 4-43　报表打印预览

4.6.2　记录的打印

在 Access 中，常需要将表、查询或窗体的数据表进行打印输出，打印的范围可以是数据表中的全部记录，也可以是数据表中的特定记录。

1. 打印整个数据表

若要打印数据表中的全部记录，操作步骤如下。

（1）在数据表视图中显示要打印的表。

（2）如果要在打印前预览数据表，可选择“打印预览”命令。

（3）若要在打印前更改某些打印选项（如打印范围和打印份数等），在“文件”菜单中选择“打印”命令，当出现 “打印”对话框时，选择要更改的打印选项，然后单击“确定”按钮，开始打印；若不需要更改“打印”对话框中的设置，可选择“快速打印”命令。

2. 打印数据表中的特定记录

若要打印数据表中的特定记录，操作步骤如下。

（1）在数据表视图中显示要打印的表。

（2）在数据表中，选择要打印的记录。

（3）如果要在打印前预览数据表，可选择“打印预览”命令。

（4）从“文件”菜单中选择“打印”命令。

（5）当出现“打印”对话框时，选择“选定的记录”选项。

（6）单击“确定”按钮，开始打印。

4.6.3　窗体的打印

当整个窗体都设计好后，可以将它打印出来。在打印之前，可以在打印预览窗口下查看打印的效果。预览时看到的窗体画面与打印出来的效果是完全一样的。窗体的打印过程和报表类似，这里不再陈述。

实验一　建立 Access 数据库

一、实验目的

（1）了解数据库的设计方法，掌握数据库及表的相关概念。

（2）熟悉 Access 2010 的启动和退出及工作环境。

（3）熟练掌握数据库的建立、打开、关闭和删除等基本操作。

（4）熟练掌握建立数据库和表的基本操作。

（5）熟练掌握表结构的操作，如增加、删除、修改一个字段。

（6）理解表间的关系，掌握关系的建立。

二、实验内容

（1）建立一个名为"图书馆图书借阅信息情况"的数据库，并根据下列表格在数据库中建立"图书信息库""借阅者信息库"和"借阅信息库"三个表，表中的字段类型、长度等设置可根据自己的需要制定。

图书信息库

ISBN	书名	作者	出版社	所属分类	总册数	已借
9787302206934	经济学基础（第 2 版）	郑健壮	清华大学	财经	16	5
9787111407010	算法导论	Thomas H.Cormen	机械工业	工学	8	3
9787115282828	数学之美	吴军	人民邮电	工学	9	3
9787117129756	临床诊断学	欧阳钦	人民卫生	医学	10	2
9787117172646	康复医学	黄晓琳	人民卫生	医学	13	5

其中，"ISBN 号"字段为主键。

借阅者信息库

借书证	姓名	身份	性别	年龄	所在学院（班级）
000001	张兰	学生	女	17	信息工程学院 03 级 2 班
000002	王丽丽	学生	女	18	临床医学 02 级 2 班
000003	李峰	学生	男	18	临床医学 02 级 3 班
000004	张泽	教师	男	38	护理学院
000005	刘娜	教师	女	29	管理学院
000006	赵孟	学生	女	19	外语 01 级 1 班
000007	王军	学生	男	18	药学 02 级 2 班

其中，"借书证"字段为主键。

借阅信息库

编号	借书证	ISBN	借阅时间	应还时间	备注
1	000001	9787302206934	2014/3/12	2014/5/12	未还
2	000002	9787111407010	2014/3/16	2014/5/16	已还
3	000003	9787115282828	2014/3/16	2014/5/16	未还
4	000002	9787117129756	2014/2/10	2014/4/10	已还
5	000005	9787117172646	2014/2/22	2014/4/22	已还
6	000006	9787115282828	2014/1/18	2014/3/18	未还
7	000005	9787111407010	2014/1/11	2014/3/11	未还

其中，“编号”字段为主键，类型为“自动编号”。

（2）采用多种方法建立上面的Access表，熟悉表结构。

（3）为每张表添加、删除并修改记录，以熟悉Access表。

（4）对上面所给的表按照相关字段进行排序、筛选，找出所需的记录。例如，在“借阅者信息库”中找出“性别=女”的借阅者，并按“年龄”的升序排序。

（5）在“图书信息库”中查找“清华大学”，并替换为“清华大学出版社”。

（6）通过相应的关键字建立三表之间的关系。

（7）导入一个已有的Excel表，“Excel表”自己建立。

（8）保存上面的操作，并加密，密码是“123456”。

实验二　查询和窗体

一、实验目的

（1）掌握常用的查询操作，练习单表及多表的各种查询。

（2）熟悉窗体的设计和使用。

二、实验内容

（1）打开实验1建立的数据库，使用“查询向导”建立查询。

例如：

① 在“借阅者信息库表”中查询“身份”是“学生”的记录，所建查询命名为“学生信息表”。

② 查询“学生借书”的信息，所建查询命名为“学生借书信息”，并显示“借书证”“姓名”“ISBN”“书名”“借阅时间”和“备注”。

（2）打开实验1建立的数据库，利用“设计图”创建选择查询。

① 在“借阅者信息库表”中查询“身份”是“教师”的记录，所建查询命名为“教师信息表”。

② 查询“教师借书”的信息，所建查询命名为“教师借书信息”，并显示“借书证”“姓名”“ISBN”“书名”“借阅时间”和“备注”。

（3）使用更新查询修改数据表中的数据。

（4）使用追加查询增加数据表中的数据。

（5）使用删除查询删除数据表中的数据。

（6）分别使用窗体向导和窗体设计器建立窗体。

① 使用“窗体”按钮创建“图书信息库”窗体。

② 使用“自动创建窗体”创建一个“纵栏表”窗体，显示“图书信息库”。

③ 以“借阅者信息库”表为数据源自动创建一个“数据透视表”窗体，用于计算不同学院男女的借阅人数。

④ 根据上面的三个表，设计不同的窗体以满足自己的设计需求。

第 5 章 计算机网络基础与 Internet

5.1 计算机网络概述

5.1.1 计算机网络的定义

所谓计算机网络，就是“一群具有独立功能的计算机通过通信线路和通信设备互连起来，在功能完善的网络软件（网络协议、网络操作系统等）的支持下，实现计算机之间数据通信和资源共享的系统”。计算机网络技术是计算机技术与通信技术相结合的综合技术。图 5-1 所示为一个典型的计算机网络示意图。

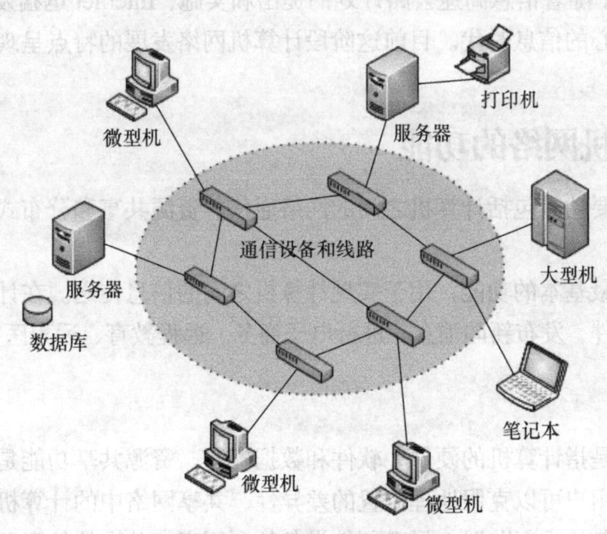

图 5-1 计算机网络示意图

5.1.2 计算机网络的发展历程

计算机网络起源于 20 世纪 60 年代的美国，原本用于军事通信，后逐渐进入民用，经过短短 40 年不断发展和完善，现已广泛应用于各个领域。计算机网络的发展大致可划分为以下四个阶段。

1. 以数据通信为主的第一代计算机网络

1954年，美国军方的半自动地面防空系统将远距离的雷达和测控仪器所探测到的信息，通过通信线路汇集到某个基地的一台IBM计算机上进行集中的信息处理，再将处理好的数据通过通信线路送回到各自的终端设备。这种以单个计算机为中心、面向终端设备的网络结构，严格地讲，是一种联机系统，且只是计算机网络的雏形，我们一般称之为第一代计算机网络。

2. 以资源共享为主的第二代计算机网络

美国国防部高级研究计划局（Advanced Research Projects Agency，ARPA）于1968年主持研制，次年将分散在不同地区的4台计算机连接起来，建成了ARPA网。ARPA网的建成标志着计算机网络的发展进入了第二代，ARPA网也是Internet的前身。

第二代计算机网络是以分组交换网为中心的计算机网络，它与第一代计算机网络的区别在于：一是网络中通信双方都是具有自主处理能力的计算机，而不是终端机；二是计算机网络功能以资源共享为主，而不是以数据通信为主。

3. 体系结构标准化的第三代计算机网络

由于ARPA网的成功，到了20世纪70年代，不少公司推出了自己的网络体系结构。但是由于存在不同的分层网络体系结构，这些公司的产品之间很难互连。因此，国际标准化组织（ISO）提出的开放系统互连参考模型（OSI-RM）各层的协议被批准为国际标准，给网络的发展提供了一个可共同遵守的规则，从此计算机网络的发展走上了标准化的道路，因此我们把体系结构标准化的计算机网络称为第三代计算机网络。

4. 以Internet为核心的第四代计算机网络

进入20世纪90年代，Internet的建立将分散在世界各地的计算机和各种网络连接起来，形成了覆盖世界的大网络。随着信息高速公路计划的提出和实施，Internet迅猛发展起来，它将当今世界带入了以网络为核心的信息时代。目前这阶段计算机网络发展的特点呈现为：高速互连、智能与更广泛的应用。

5.1.3 计算机网络的功能

计算机网络的主要功能包括计算机之间的网络通信、资源共享和分布式处理。

1. 数据通信

这是计算机网络最基本的功能，用于实现计算机之间的信息传送。在计算机网络中，人们可以在网上收发电子邮件，发布新闻消息，进行电子商务、远程教育、远程医疗，传递文字、图像、声音、视频等信息。

2. 资源共享

计算机资源主要是指计算机的硬件、软件和数据资源。资源共享功能是组建计算机网络的驱动力之一，使得网络用户可以克服地理位置的差异性，共享网络中的计算机资源。共享硬件资源可以避免贵重硬件设备的重复购置，提高硬件设备的利用率；共享软件资源可以避免软件开发的重复劳动与大型软件的重复购置，进而实现分布式计算的目标；共享数据资源可以促进人们相互交流，达到充分利用信息资源的目的。

3. 分布式处理

分布式处理指在网络系统中若干台在结构上独立的计算机可以互相协作完成同一个任务的处理。在处理过程中，任务会分散到各个计算机上运行，而不是集中在一台大型计算机上。这样，不仅可以降低软件设计的复杂性，而且可以大大提高工作效率和降低成本。

5.1.4　计算机网络的分类

1. 按网络的覆盖范围划分

局域网（Local Area Network，LAN）是指地理范围在几米到十几千米内的计算机及外围设备通过高速通信线路相连形成的网络。它的覆盖范围较小，通常用于覆盖一个房间、一层楼或一座建筑物。局域网的主要特点有：

① 传输距离有限；

② 传输速率高；

③ 结构简单，容易实现，使用灵活；

④ 网络组建成本低；

⑤ 数据传输错误率低。

城域网（Metropolitan Area Network，MAN）一般是指在一个城市，但不在同一地理小区范围内的计算机互连，是介于广域网与局域网之间的一种大范围的高速网络，通常使用与局域网相似的技术，其覆盖范围通常为几千米至几十千米，在地理范围上可以说是 LAN 网络的延伸。城域网的主要特点有：

① 适合比 LAN 大的区域，通常用于分布在一个城市的大校园或企业之间；

② 比 LAN 速度慢，但比 WAN 速度快；

③ 中等错误率。

广域网（Wide Area Network，WAN），也称为远程网，它所覆盖的范围比城域网（MAN）更广，一般是在不同城市之间的 LAN 或者 MAN 互连，地理范围可从几百千米到几千千米，甚至可以覆盖一个地区或国家。广域网的通信子网主要采用分组交换技术，常常借用传统的公共传输网（如电话网），这就使广域网具有以下特点：

① 传输范围大；

② 传输率比 LAN 和 MAN 小很多；

③ 网络传输错误率最高。

国际互联网，又叫因特网（Internet），是覆盖全球的最大的计算机网络，实际上因特网是将世界各地的广域网、局域网等互联起来，形成一个整体，实现全球范围内的数据通信和资源共享。国内互联网的代表主要有：中国电信经营管理的中国公用计算机互联网（CHINANET）、中国教育和科研计算机网（CERNET）、中国科学院系统的 CSTNET 等。

2. 按网络的拓扑结构划分

把网络中的计算机等设备视为点，把网络中的传输媒介视为线，这样计算机网络结构就形成了由点和线组成的几何图形，我们称之为网络的拓扑结构。计算机网络按拓扑结构可分为总线型网络、星状网络、环状网络、树状网络、网状网络和混合型网络等。

（1）总线型结构。总线型拓扑结构是指采用单根传输线作为总线，所有计算机设备都共用一条总线进行信息的传输，如图 5-2 所示。信息以广播方式发送到整个网络，只有当信息中的目的地址与节点地址相同时，信息才能被该节点接受。总线型结构已经被淘汰。

优点：结构简单，成本低，便于扩充。

缺点：数据传送速度慢，因为所有设备共享一条电缆，所以同一时间只能有 2 台设备工作（一台发送数据，一台接收数据），其他设备都必须等待线路空闲才可传递数据；维护困难，总线中任一处发生故障将导致整个网络的瘫痪，且故障诊断困难。

（2）星状结构。星状结构是用一个节点作为中心节点，其他节点直接与中心节点相连构成的网络，如图5-3所示。中心节点可以是文件服务器，也可以是连接设备，常见的中心节点为集线器。星状结构网络由中心节点执行集中式通行控制管理，各节点间的通信都要通过中心节点。每一个要发送数据的节点都将要发送的数据发送中心节点，再由中心节点负责将数据送到目的节点。星状结构是目前局域网普遍采用的一种拓扑结构。

优点：结构简单，建网容易，便于维护和管理，因为当中某台计算机或某条线缆出现问题时，不会影响其他计算机的正常通信，并且故障诊断容易。

缺点：通信线路专用，电缆成本高；中心节点是全网络的可靠瓶颈，中心节点出现故障会导致网络的瘫痪。

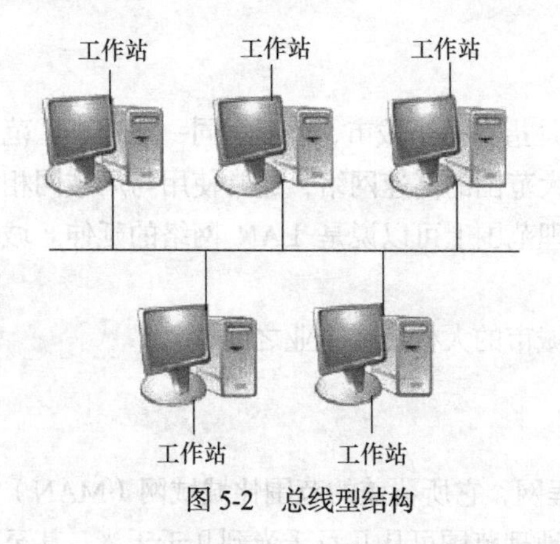

图5-2　总线型结构

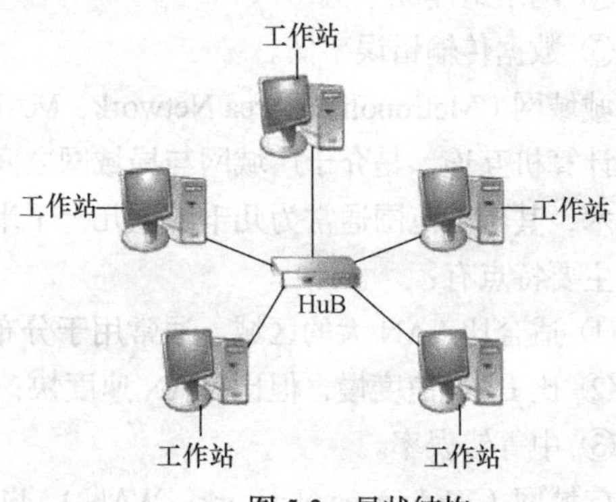

图5-3　星状结构

（3）环状结构。环状结构是使用公共电缆组成一个封闭的环，各节点直接连到环上，信息沿着环按照一定方向从一个节点传送到另一个节点，如图5-4所示。

优点：结构简单，建网容易，便于实时控制。

缺点：节点过多时，影响传输效率；节点的故障会引起全网故障且故障检测困难；节点的加入和撤出过程复杂。

（4）树状结构。树状结构是星状结构的扩展，它由一个根节点、多个中间分支节点和叶子节点构成，如图5-5所示。中间分支节点通常采用集线器或交换机，叶子节点就是计算机。

优点：结构比较简单，成本低；扩充节点方便灵活；便于故障隔离。

缺点：对根节点的依赖性大，一旦根节点出现故障，将导致全网不能工作。

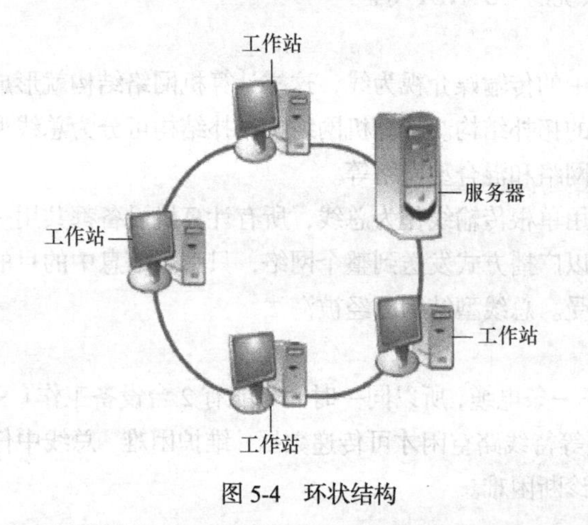

图5-4　环状结构

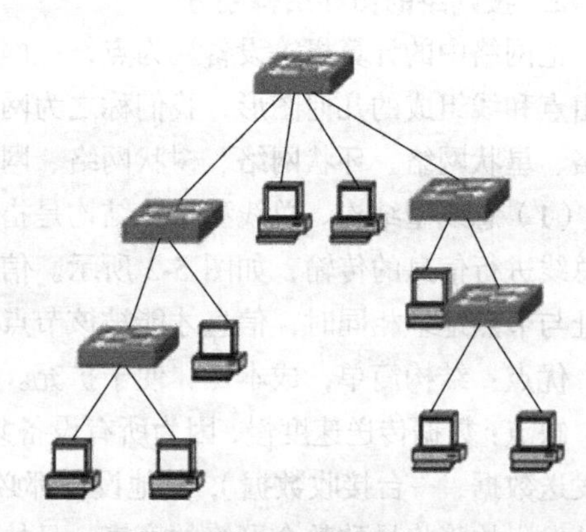
图5-5　树状结构

（5）网状结构。在网状拓扑结构中，各节点通过传输线互连起来，并且每一个节点至少与其他两个节点相连，网络中无中心设备，也称无规则型网络，如图 5-6 所示。网状拓扑结构一般用于 Internet 骨干网和广域网中。

优点：可靠性高；因为有多条路径，传输时延小，可改善网络流量分配，提高网络性能，网内节点共享资源容易。

缺点：结构复杂，不易管理和维护；控制软件复杂；线路成本高。

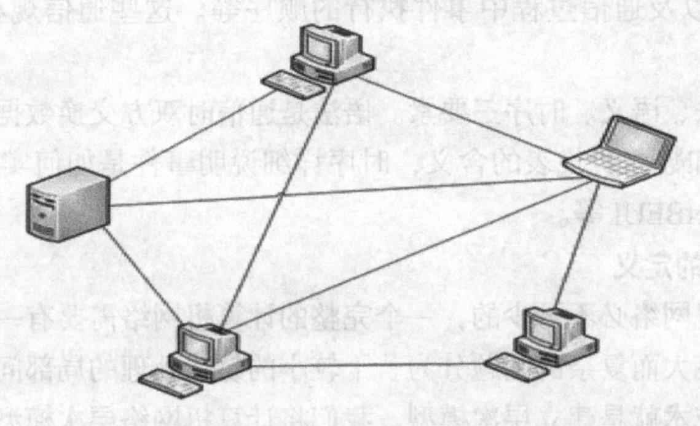

图 5-6　网状结构

（6）混合型结构。将两种或几种网络拓扑结构混合起来构成的一种网络拓扑结构称为混合型拓扑结构。如总线型和星状的混合结构，这种网络拓扑结构同时兼顾了星状网与总线网的优点，在缺点方面得到了一定的弥补。它既解决星状网络在传输距离上的局限，同时又解决了总线型网络在连接用户数量上的限制。

优点：可以对网络的基本拓扑取长补短。

缺点：维护难度大。

3. 按传输介质划分

有线网，采用双绞线、同轴电缆、光纤或电话线为传输介质。采用双绞线和同轴电缆连成的网络经济且安装简便，但传输距离相对较短。以光纤为介质的网络传输距离远，传输率高，抗干扰能力强，安全好用，但成本稍高。

无线网，主要以无线电波或红外线为传输介质。联网方式灵活方便，但联网费用稍高，可靠性和安全性还有待改进。另外，还有卫星数据通信网，它是通过卫星进行数据通信的。

4. 按网络的使用性质划分

公用网（Public Network），是一种付费网络，属于经营性网络，由商家建造并维护，消费者付费使用。

专用网（Private Network），是某个部门根据本系统的特殊业务需要而建造的网络，这种网络一般不对外提供服务。例如军队、银行、电力等系统的网络就属于专用网。

5. 按照网络中计算机所处的地位的不同划分

对等网，网络中所有的计算机的地位是平等的，没有专用的服务器。每台计算机既作为服务器，又作为客户机；既为别人提供服务，也从别人那里获得服务。由于对等网没有专用的服务器，所以在管理对等网时，只能分别管理，不能统一管理，管理起来很不方便。对等网一般应用于计算机较少、安全不高的小型局域网。

基于客户机/服务器模式的网络：在这种网络中，有两种角色的计算机，一种是服务器，另一种是客户机。

5.1.5 计算机网络体系结构

1. 网络协议的概念

网络协议是为计算机网络中互相通信的对等实体间进行数据交换而建立的规则、标准或约定的集合。要保证有条不紊地进行数据交换，合理地共享资源，各个独立的计算机系统之间必须达成某种默契，严格遵守事先约定好的一整套通信规程，包括严格规定要交换的数据格式、控制信息的格式和控制功能以及通信过程中事件执行的顺序等。这些通信规程我们称之为网络协议（Protocol）。

网络协议包括语法、语义、时序三要素。语法是通信时双方交换数据和控制信息的格式，语义指每部分控制信息和数据所代表的含义，时序详细说明事件是如何实现的。常见的协议有：TCT/IP、IPX/SPX、NetBEUI 等。

2. 网络体系结构的定义

网络协议是计算机网络必不可少的，一个完整的计算机网络需要有一套复杂的协议集合，在制定协议时，通常把庞大而复杂的问题分为若干较小的易于处理的局部问题，然后再将它们复合起来，最常用的复合技术就是建立层次模型。我们将计算机网络层次模型和各层协议的集合定义为计算机网络体系结构。

3. 常见的计算机网络体系结构

（1）开放系统互连参考模型。为了使不同体系的计算机网络都能互连，1977 年国际标准化组织提出了开放系统互连参考模型（Open System Interconnection，OSI）的概念，1984 年 10 月正式发布了整套 OSI 国际标准。现在，一般在制定网络协议和标准时，都把 ISO/OSI 参考模型作为参照基准，并说明与该参照基准的对应关系。

OSI 参考模型将网络的功能划分为 7 个层次：物理层、数据链路层、网络层、传输层、会话层、表示层和应用层，如图 5-7 所示。

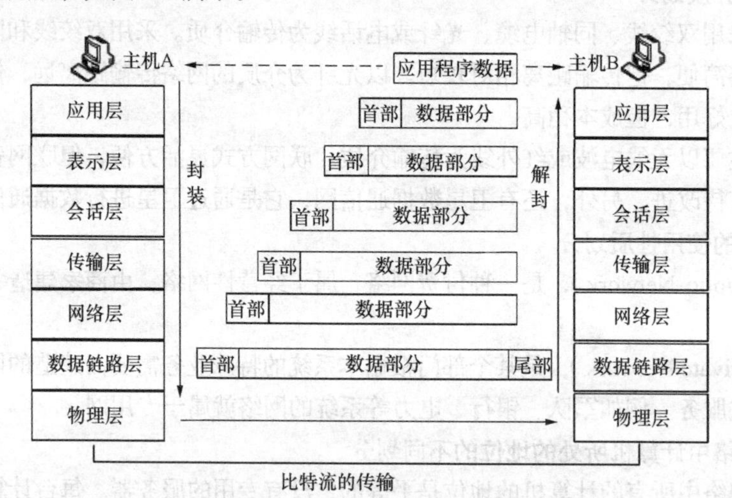

图 5-7 ISO/OSI 参考模型示意图

物理层：位于 OSI 参考模型的最底层，提供一个物理连接，所传数据的单位是比特。其功能是对上层屏蔽传输媒体的区别，提供比特流传输服务。

数据链路层：负责在各个相邻节点间的线路上无差错地传送以帧（Frame）为单位的数据。每一帧包括一定数量的数据和一些必要的控制信息。其功能是对物理层传输的比特流进行校验，并采用检错重发等技术，使本来可能出错的数据链路变成不出错的数据链路，从而对上层提供无差错的数据传输。

网络层：计算机网络中进行通信的两台计算机之间可能要经过多个节点和链路，也可能要经过多个通信子网。网络层数据的传送单位是分组或包（Packet），它的任务就是要选择合适的路由，使发送端的传输层传下来的分组能够按照目的地址发送到接收端，使传输层及以上各层设计时不再需要考虑传输路由。

传输层：在发送端和接收端之间建立一条不会出错的路由，对上层提供可靠的报文传输服务。与数据链路层提供的相邻节点间比特流的无差错传输不同，传输层保证的是发送端和接收端之间的无差错传输，主要控制的是包的丢失、错序、重复等问题。

会话层：会话层虽然不参与具体的数据传输，但它对数据传输进行管理。会话层建立在两个互相通信的应用进程之间，组织并协调其交互。

表示层：表示层主要为上层用户解决用户信息的语法表示问题，其主要功能是完成数据转换、数据压缩和数据加密。

应用层：应用层是 OSI 参考模型中的最高层，主要确定进程之间的通信性质以满足用户的需要，负责用户信息的语义表示，并在两个通信者之间进行语义匹配。

两个计算机通过网络进行通信时，除了物理层直接连接之外，其余各对等层之间均不存在直接的通信关系，而是通过各对等层的协议来进行通信。在 OSI 参考模型中，系统间的通信信息流动过程如下：发送端的各层从上到下逐步加上各层的控制信息构成的比特流并传递到物理信道，然后再传输到接收端的物理层，经过从下到上逐层去掉相应层的控制信息，将得到的数据流最终传送到应用层。

（2）TCP/IP 体系结构。TCP/IP 是 1974 年由温顿·瑟夫（Vinton Cerf）和罗伯特·卡恩（Robert Kahn）开发的，由于 OSI 的七层协议体系结构复杂而不实用，只获得了一些理论研究成果，如今 TCP/IP 现已成为事实上的国际标准。TCP/IP 实际上是一组协议，是一个完整的体系结构，采用了 4 层的层级结构，如图 5-8 所示。

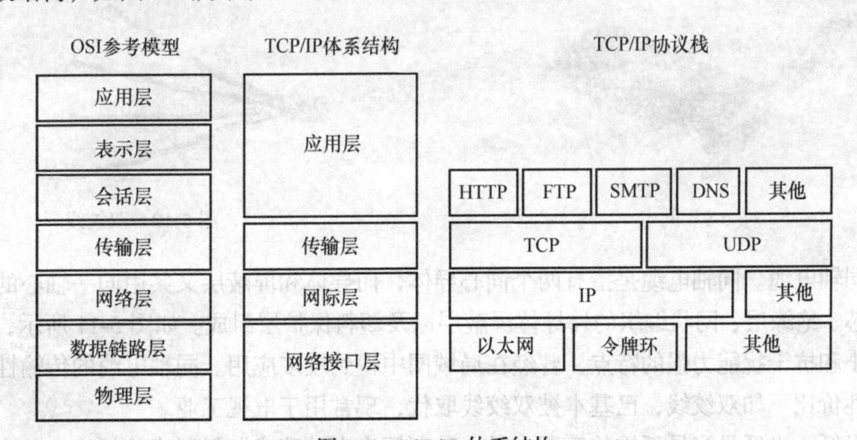

图 5-8　TCP/IP 体系结构

5.1.6 计算机网络的组成

计算机网络系统由网络硬件和网络软件组成。网络硬件包括计算机设备、连接设备和传输介质三大部分。网络软件包括网络操作系统和网络应用软件。

1. 网络主体设备

网络中的计算机设备称为主机（Host），一般可分为服务器和客户机两类。

服务器是为网络提供共享资源的基本设备，在其上运行网络操作系统，是网络控制的核心。其工作速度、磁盘及内存容量的指标要求都较高，携带的外部设备多且大都为高级设备。

客户机是使用共享资源的普通计算机，有自己的操作系统。用户既可以利用客户端软件向服务器请求各种服务，也可以不进入网络，单独工作。

2. 网络接口设备

网卡又叫网络适配器（NIC），是计算机网络中最重要的连接设备之一，图 5-9 所示为插在计算机总线插槽或某个外部接口卡上的电路卡，即网卡。目前，很多网卡集成在主板上。每个网卡上都有一个固定的全球唯一地址，又称网卡的物理地址（MAC 地址）。

计算机通过网卡接收网线上传来的数据，并把数据转换为本机可识别和处理的格式，通过计算机总线传输给本机。反之，网卡可以把本机要向网上传输的数据按照一定的格式转换为网络设备可处理的数据形式，通过网线传送到网上。

3. 网络传输介质

网络中常用的传输介质包括有线和无线两种，有线介质主要有双绞线、同轴电缆、光纤，无线介质主要有无线电波、红外线等。

（1）双绞线。双绞线是由一对或者一对以上的相互绝缘的导线按照一定的规格互相缠绕（一般以逆时针缠绕）在一起而制成的一种传输介质，如图 5-10 所示。采用这种方式，不仅可以抵御一部分来自外界的电磁波干扰，也可以降低多对绞线之间的相互干扰。根据单位长度上的绞合次数不同，把双绞线划分为不同规格。绞合次数越高，抵消干扰的能力就越强，制作成本也就越高。按线径粗细分类，双绞线现在常用的是 3 类线、5 类线、超 5 类线和 6 类线。

双绞线价格较低，易于安装和使用，但在传输距离、信道宽度、数据传输速度方面有一定限制，现常用于局域网中。

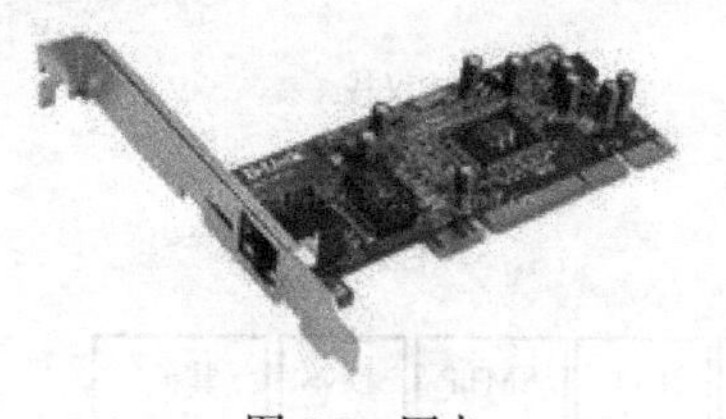

图 5-9　网卡

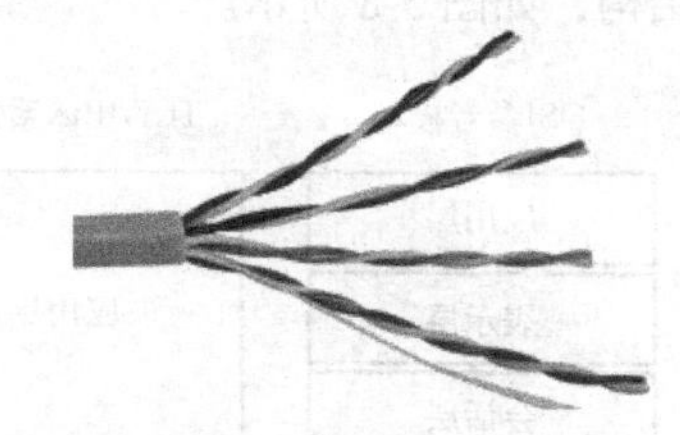

图 5-10　双绞线

（2）同轴电缆。同轴电缆是指有两个同心导体，而导体和屏蔽层又共用同一轴心的电缆，由内导体铜芯、绝缘层、网状编织的外导体屏蔽层以及塑料保护层组成。如图 5-11 所示，同轴电缆具有辐射小和抗干扰能力强的特点，曾经在局域网中得到较多应用。同轴电缆的传输性能优于双绞线，但性价比不如双绞线，已基本被双绞线取代，现常用于电视工业。

（3）光纤。光纤是光导纤维的简称，是一种利用光在玻璃或塑料制成的纤维中的全反射原理而制成的光传导工具，如图 5-12 所示。光纤通过传递光波进行通信，具有不受电磁干扰、损耗小、带宽高的优点，其缺点是单向传输、成本高、连接技术比较复杂。光纤是近几年发展起来的最具竞争力的新型传输媒体，在数据通信中的地位越来越重要。

（4）无线介质。无线介质因其灵活性和便利性在无线传输领域得到快速发展和广泛应用。常用的无线媒体有无线电波、微波、蓝牙、红外线、可见光等。无线电波传输范围达到数十千米，红外线则主要用于室内短距离通信。

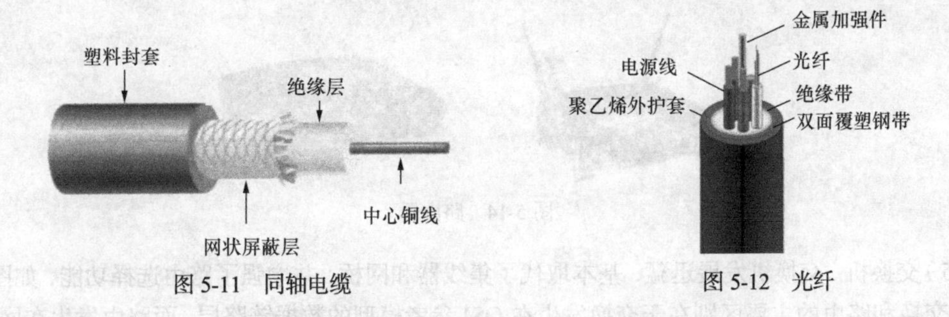

图 5-11　同轴电缆　　图 5-12　光纤

4. 网络互连设备

（1）集线器。集线器（Hub）是计算机网络中连接多台计算机或其他设备的连接设备，其外观如图 5-13 所示。

图 5-13　集线器

集线器主要提供信号放大和中转的功能。一个 Hub 上往往有 8 个、16 个或更多的端口，可使多个用户机通过双绞线电缆与网络设备相连，形成带集线器的总线型结构（通过 Hub 再连接成总线型拓扑或星状拓扑）。Hub 上的端口彼此相互独立，不会因某一端口的故障影响其他用户。集线器只包含物理层协议。

集线器有多种：按带宽的不同可分为 10 Mbit/s、100 Mbit/s 和 10/100 Mbit/s；按照工作方式的不同，可分为智能型和非智能型；按配置形式的不同，可分为固定式、模块式和堆叠式；按端口数的不同，可分为 4 口、8 口、12 口、16 口、24 口和 32 口等。

（2）中继器。任何一种介质的有效传输距离都是有限的，电信号在介质中传输一段距离后会自然衰减并且附加一些噪声。中继器的作用就是为了放大电信号，提供电流以驱动长距离电缆，增加信号的有效传输距离。中继器从本质上看可以认为是一个放大器，承担信号的放大和传送任务。中继器属于物理层设备，用中继器可以连接两个局域网或延伸一个局域网，它连起来的仍是一个网络，它与集线器处于同一协议层次。

（3）网桥。网桥是网络中的一种重要设备，它通过连接相互独立的网段从而扩大网络的最大传输距离。网桥是一种工作在数据链路层的存储—转发设备。作为网段与网段之间的连接设备，它实现数据包从一个网段到另一个网段的选择性发送，即只让需要通过的数据包通过而将不必通过的数据包过滤掉，来平衡各网段之间的负载，从而实现网络间数据传输的稳定和高效。

（4）路由器。路由器属于网间连接设备，它能够在复杂的网络环境中完成数据包的传送工作，如图 5-14 所示。它能够把数据包按照一条最优的路径发送至目的网络。路由器工作在网络层，并使用网络层地址（如 IP 地址等）。路由器可以通过调制解调器（Modem）与模拟线路相连，也可以通过通道服务单元/数据服务单元（CSU/DSU）与数字线路相连。

路由器比网桥功能更强，因为网桥工作于数据链路层而路由器工作于网络层，网桥只考虑了在不同网段数据包的传输，而路由器则在路由选择、拥塞控制、容错性及网络管理方面做了更多的工作。

图 5-14　路由器

（5）交换机。交换机发展迅猛，基本取代了集线器和网桥，并增强了路由选择功能，如图 5-15 所示。交换和路由的主要区别在于交换发生在 OSI 参考模型的数据链路层，而路由发生在网络层。交换机的主要功能包括物理编址、错误校验、帧序列以及流控制等。目前有些交换机还具有对虚拟局域网（VLAN）的支持、对链路汇聚的支持，有的甚至具有防火墙功能。交换机的外观与 Hub 相似。从应用领域来分，交换机可分为局域网交换机和广域网交换机；从应用规模来分，交换机可分为企业级交换机、部门级交换机和工作组级交换机。

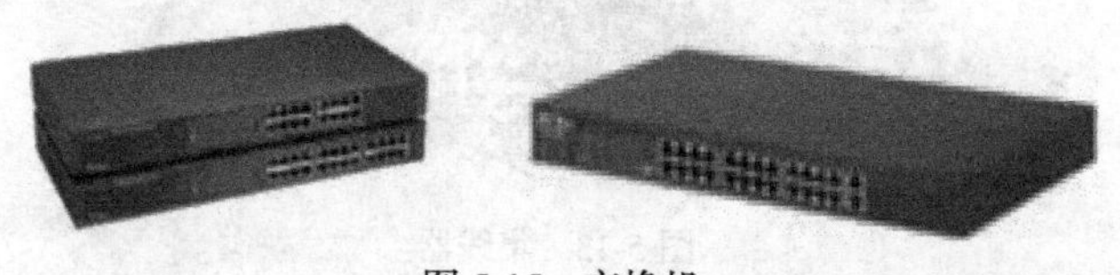

图 5-15　交换机

（6）网关。网关又称协议转换器，是软件和硬件的结合产品，主要用于连接不同结构体系的网络或用于局域网与主机之间的连接。网关工作在 OSI 模型的传输层或更高层，在所有网络互连设备中最为复杂，可用软件实现。网关没有通用产品，必须是具体的某两种网络互连的网关。

5. 网络软件

网络操作系统是在网络环境下实现对网络资源的管理和控制的操作系统，是用户与网络资源之间的接口。网络操作系统是建立在独立的操作系统之上的，因此网络操作系统除了具备单机操作系统所需的功能外，还应能够提供高效可靠的网络通信能力和网络服务功能。目前流行的网络操作系统有 Windows NT、UNIX、Linux、Netware 等。

网络应用软件是指能够为网络用户提供各种服务的软件，它用于提供或获取网络上的共享资源，如浏览软件、传输软件、远程登录软件等。

5.2　互联网基础

5.2.1　互联网的概念

互联网，是由一些使用公用语言互相通信的计算机连接而成的网络，即广域网、城域网、局域网及单机按照一定的通信协议组成的国际计算机网络，因特网（Internet）是典型的互联网。互联网始于 1969 年的美国，是全球性的网络，是一种公用信息的载体，是大众传媒的一种，这种大众传媒比以往的任何一种通信媒体都要快。

一般将计算机网络按照地域和使用范围分成局域网、城域网和广域网，Internet 是一个全球范围的广域网，同时又可以将它看成是由无数个大小不一的局域网连接而成的。整体而言，Internet 由复杂的物理网络通过协议 TCP/IP 将分布世界各地的各种信息和服务连接在一起，如图 5-16 所示。

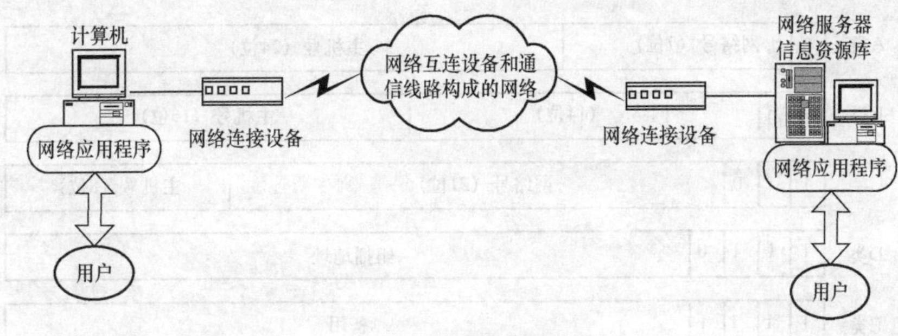

图 5-16　Internet 的组成

5.2.2　网络通信协议

在 Internet 中要维持通信双方的计算机系统连接，做到信息的完好流通，必须有一项各个网络都能共同遵守的信息沟通技术，即网络通信协议。

Internet 上各个网络共同遵守的网络协议是 TCP/IP，由 TCP 和 IP 组合而成，实际是一组协议。

TCP（Transmission Control Protocol）：传输控制协议。在数据传输过程中，负责把数据分成一定大小的若干数据包，并给每个数据包标上序号及一些说明信息，使接收端接收到数据后，在还原数据时，按数据包序号把数据还原成原来的格式。

IP（Internet Protocol）：网际协议。负责给每个数据包写上发送主机和接收主机的地址（类似将信装入了信封），一旦写上源地址和目的地址，数据包就可以在物理网上传送了。IP 详细规定了计算机在通信时应该遵循的全部规则，是 Internet 上使用的一个关键的底层协议，是互联网构成的基础。

总之，IP 负责数据的有效传输，TCP 负责数据的可靠传输。

5.2.3　IP 地址

Internet 上的每台主机（Host）都有一个唯一的标识称为 IP 地址，IP 使用这个地址在主机之间传递信息。IP 地址是 Internet 能够运行的基础。

IP 地址类似于电话号码，采用分层结构。电话号码由区号和电话号码组成，区号指一个地域范围，电话号码具体指向该区域的唯一的电话机。IP 地址由网络地址和主机地址组成，先按 IP 地址中的网络地址寻找到 Internet 中的一个物理网络，再按主机地址定位到这个网络中的一台主机。

IPv4 是互联网协议（Internet Protocol，IP）的第 4 版，也是第一个被广泛使用、构成现今互联网技术基石的协议。IPv4 规定 IP 地址是 32 位的二进制序列，可以提供 $2^{32}-1$ 个地址。因为二进制难以记忆，通常将其分为 4 段，每段 8 位，用十进制数字表示，表示为 w.x.y.z 的形式。其中 w、x、y、z 分别为一个 0～255 的十进制整数，对应二进制表示法中的一个字节。这样的表示叫作点分十进制表示。

例：某台机器的 IP 地址为：11001010　01110010　01000000　00000010

写成点分十进制表示形式是：202.114.64.2

为了便于对 IP 地址进行管理，同时考虑到网络的差异性，有些网络拥有很多主机，而有些网络上的主机则很少。因此，Internet 的 IP 地址分成 5 类（A、B、C、D、E 类），其中，A 类、B

类、C 类地址为基本地址，格式如图 5-17 所示。地址数据中的全 0 或全 1 有特殊含义，不能作为普通地址使用。

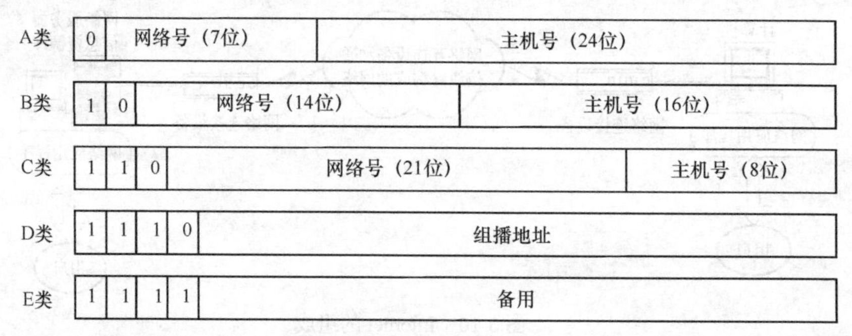

图 5-17　IP 的分类与格式

A 类地址中表示网络的地址有 8 位，其最左边的一位为 0，后 24 位为主机地址。第一字节对应的十进制数范围是 0 ~ 127。由于地址 0 和 127 有特殊用途，有效的地址范围是 1 ~ 126，即有 126 个 A 类网络。A 类地址适用于主机多的网络，每个 A 类网络可含 $2^{24}-2$ 台主机（全 0 和全 1 不能用于普通地址）。

B 类地址中表示网络的地址有 16 位，最左边两位为 10，后 16 位为主机地址。B 类地址的第一个十进制整数的值在 128 ~ 191 之间。一个 B 类网络可容纳 $2^{16}-2$ 台主机，最多可有 2^{14} 个 B 类地址。

C 类地址中表示网络的地址有 24 位，最左边 3 位为 110，最后 8 位为主机地址。C 类地址的第一个整数值在 192 ~ 223 之间。一个 C 类网络最多可容纳 $2^{8}-2$ 台主机，共有 2^{21} 个 C 类地址。

采用点分十进制编址方式可以很容易通过第一字节值识别 Internet 地址属于哪一类。例如，202.112.0.36 是 C 类地址。

随着 Internet 的迅速发展，对 IP 地址的需求也迅速增加，因特网原有 4.0 版网际协议（IPv4）的地址资源十分贫乏，新一代 6.0 版的因特网网际协议——IPv6 采用 128 位 IP 编址方案，将解决 IPv4 地址空间有限的问题。

5.2.4　子网掩码

子网掩码（Subnet Mask）是一种用来指明一个 IP 地址的哪些位标识的是主机所在的子网以及哪些位标识的是主机的位掩码。子网掩码不能单独存在，它必须结合 IP 地址一起使用。它的主要作用有两个：一是用于屏蔽 IP 地址的一部分以区别网络标识和主机标识，并说明该 IP 地址是在局域网上，还是在远程网上；二是用于将一个大的 IP 网络划分为若干小的子网络。

子网掩码和 IP 地址一样长，都是 32 位，并且是由一串 1 和跟随的一串 0 组成的。子网掩码中的 1 表示在 IP 地址中网络地址对应的比特，而子网掩码中的 0 表示在 IP 地址中主机号对应的比特。当主机之间进行通信时，通过子网掩码和 IP 地址的逻辑“与”（AND）运算，可以分离出网络地址。若网络地址相同，则说明两台计算机在同一子网络上，可以直接通信。C 类地址默认的子网掩码为 255.255.255.0，B 类地址默认的子网掩码为 255.255.0.0，A 类地址默认的子网掩码为 255.0.0.0。

例如：有一个 C 类地址为 192. 9. 200. 13，其缺省的子网掩码为 255. 255. 255. 0，则它的网络号可按如下方法得到：

① 将 IP 地址 192. 9. 200. 13 转换为二进制 11000000 00001001 11001000 00001101；

② 将子网掩码 255. 255. 255. 0 转换为二进制 11111111 11111111 11111111 00000000；

③ 将两个二进制数逻辑与（AND）运算后得出的结果即为网络部分：

11000000 00001001 11001000 00000000

（AND 运算法则：1 与 1 = 1，1 与 0 = 0，0 与 1 = 0，0 与 0 = 0，即当对应位均为 1 时结果为 1，其余为 0。）

④ 结果为 192.9.200.0，即网络号为 192.9.200.0。

5.2.5　域名系统

由于数字形式的 IP 地址不易于理解和记忆，Internet 引入了符号化 IP 地址的主机命名机制即域名系统（Domain Name System，DNS）。当用户访问网络中的某个主机时，只需按名访问，无须关心它的 IP 地址。域名系统主要由域名空间的划分、域名管理和地址转换三部分组成。

域名（Domain Name）是由一串用点分隔的名字组成的 Internet 上某一台计算机或计算机组的名称。域名必须对应一个 IP 地址，而 IP 地址不一定只对应一个域名。TCP/IP 采用分层结构方法命名域名，域的层次次序由右向左。典型的域名结构如下：

计算机主机名.单位名.机构名.国家名

例如，域名 www.tsmc.edu.cn 表示中国（cn）教育机构（edu）泰山医学院校园网（tsmc）校园网的 www 主机。

Internet 上几乎每一子域都设有域名服务器，服务器中包含该子域的全体名和 IP 地址信息。利用 DNS，域名和 IP 地址可以互相转换，当用户在应用程序中输入域名时，DNS 服务器可以将此名称解析为与之相关的机器能够识别的 IP 地址，这样才能访问相应的服务器或计算机。

为了表示主机所属的机构的性质，Internet 的管理机构（IAB）给出了七个顶级域名，美国之外的其他国家的互联网管理机构还使用 ISO 组织规定的国别代码作为域名后缀来表示主机所属的国家。表 5-1 给出了标识机构性质的组织性域名的标准，表 5-2 给出了地理性顶级域名的标准。

表 5-1　七个顶级域名

域名	含义	域名	含义
com	商业机构	mil	军事机构
edu	教育机构	net	网络服务提供者
gov	政府机构	org	非营利组织
int	国际机构（主要指北约组织）		

表 5-2　地理性顶级域名

域名	含义	域名	含义	域名	含义	域名	含义
cn	中国	it	意大利				
au	澳大利亚	jp	日本	es	西班牙	nl	荷兰
de	德国	uk	英国	sg	新加坡	us	美国
fr	法国	ca	加拿大				

5.2.6　Windows 7 中 IP 地址的设置

无论计算机是接入互联网还是局域网，Windows 7 系统下需要正确设置 IP 地址才能连接到网络中。与之前的 Windows 版本相比，Windows 7 同样有自动获取和手动设置两种方法，其原理都是一样的，只是步骤有些差别，下面我们就来介绍一种在 Windows 7 中快速设置 IP 的步骤。

① 在“桌面”的右下角找到并单击网络快捷按钮，如图 5-18 中方框处。

（a）有线网络

（b）无线网络

图 5-18　网络快捷按钮

② 在打开的窗口中单击“打开网络和共享中心”，打开图 5-19 所示的窗口。

③ 在打开的窗口中单击左侧的“更改适配器设置”如箭头所指。

④ 在打开的窗口中，用鼠标右键单击“本地连接”图标，并单击“属性”选项，打开“本地连接属性”对话框，如图 5-20 所示。

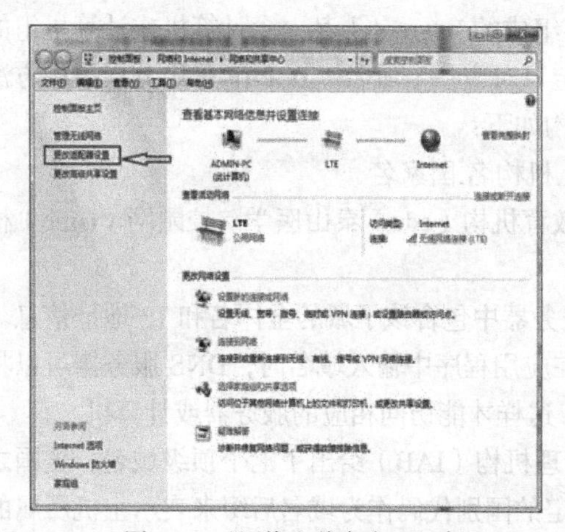

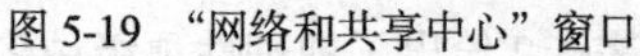

图 5-19　“网络和共享中心”窗口

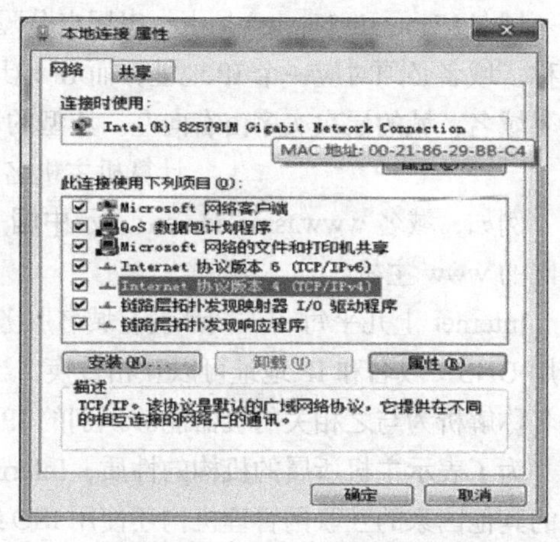

图 5-20　“本地连接属性”对话框

⑤ 选择“Internet 协议 4（TCP/IPv4）”，单击“属性”按钮，打开图 5-21 所示的对话框。

⑥ 单击“使用下面的 IP 地址”，即可在相应的对话框内手动输入从 ISP 运营商或网管处得到的 IP 地址。

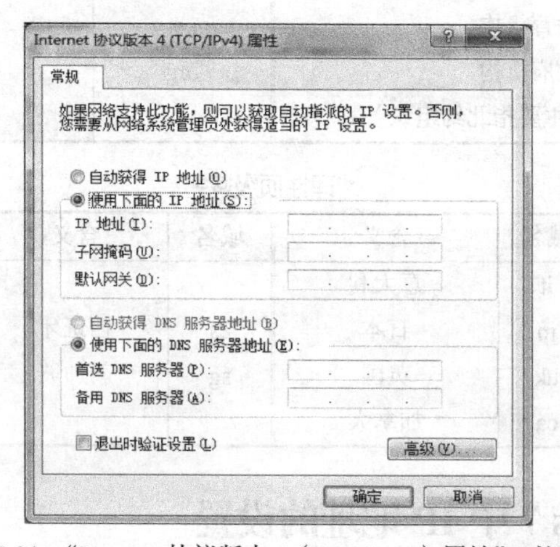

图 5-21　“Internet 协议版本 4（TCP/IPv4）属性”对话框

5.3　互联网接入技术

从信息资源的角度，互联网是一个集各部门、各领域的信息资源为一体的，供网络用户共享的信息资源网。家庭用户或单位用户要接入互联网，可通过某种通信线路连接到 ISP（Internet 服务提供商），由 ISP 提供互联网的入网连接和信息服务。接入 Internet 的方式有 PSTN、ISDN、DDN、ADSL 接入，局域网接入和无线接入等。有些方式已经被淘汰，当前使用的主要是 ADSL 接入、局域网接入和无线接入。

5.3.1　ADSL 接入

ADSL（Asymmetrical Digital Subscriber Loop，非对称数字用户环路）是一种利用电话线和公用电话网接入 Internet 的高速宽带技术，它通过专用的 ADSL Modem 连接到 Internet。采用不对称的数字用户环路 ADSL，可以提供下行最高速率达到 8 Mbit/s、上行最高速率达到 1 Mbit/s 的不对称宽带接入。ADSL 接入方式如图 5-22 所示。

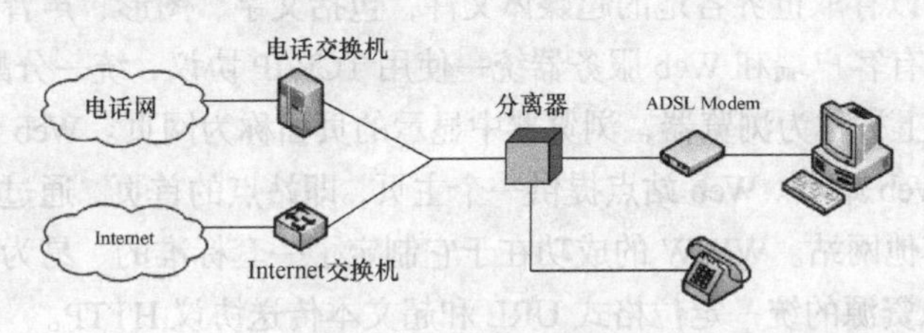

图 5-22　ADSL 接入方式

ADSL 技术具有以下一些主要特点：可以充分利用现有的电话线网络，通过在线路两端加装 ADSL 设备便可为用户提供宽带服务；它可以与普通电话线共存于一条电话线上，接听、拨打电话的同时能进行 ADSL 传输，而又互不影响；进行数据传输时不通过电话交换机，这样上网时就不需要缴付额外的电话费，可节省费用；ADSL 的数据传输速率可根据线路的情况进行自动调整，它以"尽力而为"的方式进行数据传输。

5.3.2　局域网接入

若要将多台计算机同时接入 Internet，可先组建局域网，然后向 ISP 申请一条专线或光纤，使用网络连接设备（如路由器）将局域网连接到 Internet，以实现计算机共享上网。局域网的接入方式如图 5-23 所示。

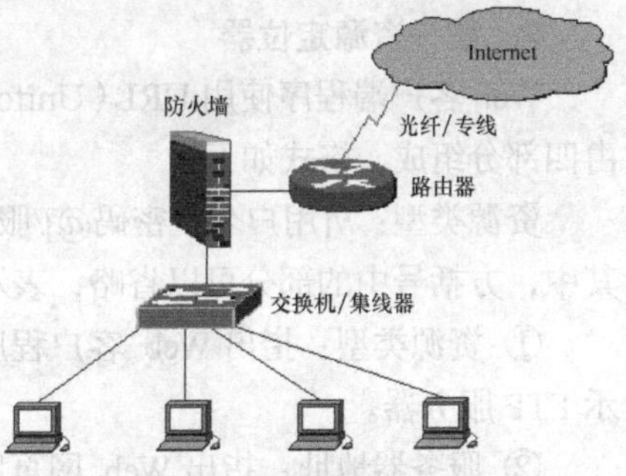

图 5-23　局域网的接入方式

5.3.3　无线接入

无线接入技术是一种有线接入的延伸技术，使用无线射频（RF）技术越空收发数据，主要用于笔记本电脑、智能手机、平板电脑以及装有无线网卡的计算机。目前我国正在大力发展无线网络，联通、移动、电信都推出了相应的无线网络服务，其网速、覆盖范围和用户数都在快速地发展。

无线保真技术（Wireless Fidelity，Wi-Fi）作为无线局域网 WLAN 的重要组成部分，是一种可以将个人计算机、手持设备（如 PDA、手机）等终端以无线方式相互连接的技术，属于在办公室和家庭中使用的短距离无线技术。通过使用无线路由器，设置能够将有线网络信号转化为无线信号的“热点”，用户只要将支持 Wi-Fi 的笔记本电脑、PDA、手机或 PSP 等拿到“热点”附近区域内，即可免费高速接入因特网。

除此之外，目前还有很多无线接入技术在广泛使用和研究中，例如蓝牙（Bluetooth）技术、红外线（IrDA）技术、灯光上网技术等。

5.4 互联网服务

5.4.1 万维网

万维网（World Wide Web，WWW）是瑞士日内瓦欧洲粒子实验室最先开发的一个分布式超媒体信息查询系统，目前它是因特网上最为先进、交互性能最好、应用最为广泛的信息检索工具。

万维网是在应用层使用超文本传送协议 HTTP（Hyper Text Transfer Protocol）的客户机与服务器的集合，通过它可以存取世界各地的超媒体文件，包括文字、图形、声音、动画、资料库以及各式各样的软件。所有客户端和 Web 服务器统一使用 TCP/IP 协议，统一分配 IP 地址。WWW 客户端程序在 Internet 上被称为浏览器，浏览器中显示的页面称为网页。Web 服务器中多个相关的 Web 网页组成一个 Web 站点。Web 站点提供一个主页，即站点的首页，通过该页可以链接到本站点中的其他页面或其他网站。WWW 的成功在于它制定了一套标准的、易为人们掌握的超文本开发语言 HTML、信息资源的统一定位格式 URL 和超文本传送协议 HTTP。

1. 超文本传送协议

超文本传送协议是一种详细规定了浏览器和万维网服务器之间互相通信的规则，通过因特网传送万维网文档的数据传送协议。它可以使浏览器更加高效，使网络传输减少。它不仅保证计算机正确快速地传送超文本文档，还确定传送文档中的哪一部分，以及哪部分内容首先显示（如文本先于图形）等。

HTTP 是一个应用层协议，由请求和响应构成，是一个标准的客户端服务器模型。

2. 统一资源定位器

Web 客户端程序使用 URL（Uniform Resource Locator）地址访问 Internet 上的信息资源。URL 由四部分组成，格式如下：

资源类型：//[用户名：密码@]/服务器地址[：端口号]/路径/文件名

其中，方括号中的部分可以省略，表示采用系统默认的方式进行访问。

① 资源类型：指出 Web 客户程序使用的工具。如“http://”表示 WWW 服务器，“ftp://”表示 FTP 服务器。

② 服务器地址：指出 Web 网页所在的服务器域名。

③ 端口：服务器可以提供多种服务，通过端口号区分。一般不同服务的端口号是默认的，不需给出，Web 服务的默认端口号是 80。

④ 路径/文件名：服务器上资源文件的位置和文件名，通常由目录/子目录/文件名组成。

例如：http://www.cma.gov.cn/qx/qxshow.php

ftp://test:welcome@210.34.4.124

3. **超文本标记语言**

超文本标记语言（Hyper Text Mark-up Language，HTML）是 WWW 的描述语言，由 Tim Berners-Lee 提出。设计 HTML 语言的目的是使用一些约定的标记把存放在一台电脑中的文本或图形与另一台电脑中的文本或图形方便地联系在一起，形成有机的整体。这样当用户浏览 WWW 上的信息时，浏览器会自动解释这些标记的含义，并将其显示为用户在屏幕上所看到的网页。具体内容可以参看后续相关章节。

5.4.2　电子邮件

电子邮件是指 Internet 上或常规计算机网络上的各个用户之间，通过电子信件的形式进行通信的一种现代邮政通信方式，是 Internet 上使用最广泛的一种服务。

事实上，电子邮件是 Internet 最为基本的功能之一，用户只要能与 Internet 连接，具有能收发电子邮件的程序及个人的电子邮件地址，就可以与因特网上具有电子邮件地址的所有用户方便、快捷、经济地交换电子邮件。电子邮件可以在两个用户间交换，也可以向多个用户发送同一封邮件，或将收到的邮件转发给其他用户。电子邮件中除文本外，还可包含声音、图像、应用程序等各类计算机文件。此外，用户还可以以邮件方式在网上订阅电子杂志、获取所需文件、参与有关的公告和讨论组等。

5.4.3　文本传送协议

文本传送协议（File Transfer Protocol，FTP）是因特网上文件传送的基础，通常所说的 FTP 是基于该协议的一种服务。FTP 文本传送服务允许因特网上的用户将一台计算机上的文件传送到另一台上，几乎所有类型的文件，包括文本文件、二进制可执行文件、声音文件、图像文件、数据压缩文件等，都可以用 FTP 传送。在 Internet 中，存放着供用户下载的文件、并运行 FTP 服务程序的主机称为 FTP 服务器。

用户计算机首先要登录到 FTP 服务器，查找到需要的文件，然后将文件传送到本地计算机。一些 FTP 服务器提供匿名服务，用户在登录 FTP 服务器时，可以用“anonymous”作为用户名，用自己的 E-mail 地址作为口令。另一些 FTP 服务器不提供匿名服务，要求用户在登录时输入用户名与口令。把文件从本地客户机传送到远程 FTP 服务器称为上传（Upload），把文件从远程 FTP 服务器传送到本地客户机称为下载（Download）。

5.4.4　远程登录

Telnet 是远程登录服务的一个协议，该协议定义了远程登录用户与服务器交互的方式。允许用户在一台联网的计算机登录到一个远程分时系统时，然后像使用自己的计算机一样使用该远程系统。

除此之外，互联网还提供新闻论坛（Usenet）、新闻组（News Group）、电子布告栏（BBS）、Gopher 搜索、文件搜寻（Archie）等服务，全球用户可以通过互联网提供的这些服务，获取互联网上提供的信息和功能。

5.5　浏览器的使用

用于浏览 Web 页面的客户端程序称为 Web 浏览器。在不同的操作系统中自带着各自不同的浏览器，例如 Windows 系统中的 IE 浏览器、IOS 系统中的 Safari 浏览器、安卓系统中的 UC 浏览器等。除此之外，还有许多第三方开发的浏览器软件，如 360 浏览器、搜狗浏览器等。目前比较流行的浏览器是微软公司的 Internet Explorer（简称 IE）。在安装 Windows 7 时，已经捆绑安装了 Internet Explorer 11.0。

5.5.1 IE 浏览器

Internet Explorer，简称 IE 浏览器，是微软公司推出的一款网页浏览器。IE 11.0 是集成在 Windows 7 中的浏览器系列的最新版本，它集成了更多个性化、智能化、隐私保护的新功能，为用户的网络生活注入新体验，让用户每一天的网上冲浪更快捷、更简单、更安全，并且充满乐趣（非开源软件）。

5.5.2 网上信息浏览

用户可以通过 IE 浏览器浏览信息，操作步骤如下。

（1）确定计算机连接到互联网后，双击 IE 浏览器图标，打开 IE 浏览器。

（2）在地址栏输入“www.tongji.edu.cn”，打开同济大学首页，如图 5-24 所示。

图 5-24 IE 浏览器窗口

（3）在对应的超链接处单击即可打开相应网页进行浏览。在网页中，已被打开浏览过的站点的标题文字将变为其他颜色，这样可避免重复浏览。在浏览网页时，若单击工具栏中的“后退”按钮，则返回上一页；若单击“前进”按钮，则转到下一页；当“前进”按钮呈灰色时，表示已经到已浏览过的最后一页，不能再往下浏览了。如果用户要返回到已浏览过的某一个网页，不必采用费时的逐级后退的办法。只要单击“后退”按钮右边的下拉按钮，在弹出的下拉列表中将显示浏览过的站点的清单，选择其中的某一个站点，即可直接跳转到该站点的网页。若单击“停止”按钮，则终止从网上读取信息。若单击“刷新”按钮，则重新读取当前页的内容。若单击“主页”按钮，则返回到刚启动 IE 时的主页。

（4）收藏夹是保存常用站点的 URL 地址的文件夹，便于用户快速访问。当用户找到自己喜欢的网页或网站时，选择“收藏”菜单中的“添加到收藏夹”命令，就可以将该站点添加到收藏夹列表中，下次需要访问该站点时，只需单击工具栏上的“收藏”按钮，然后单击收藏夹列表中的快捷方式即可。

（5）使用“历史”按钮，可重新定位到最近几天或几星期内访问过的网页和站点链接。

（6）IE 环境设置。选择“工具”菜单中的“Internet 选项”命令，打开“Internet 选项”对话框，如图 5-25 所示。在对话框中可以进行浏览器主页设置、临时文件管理、上网记录清除、选择安全、连接等相关设置和操作。

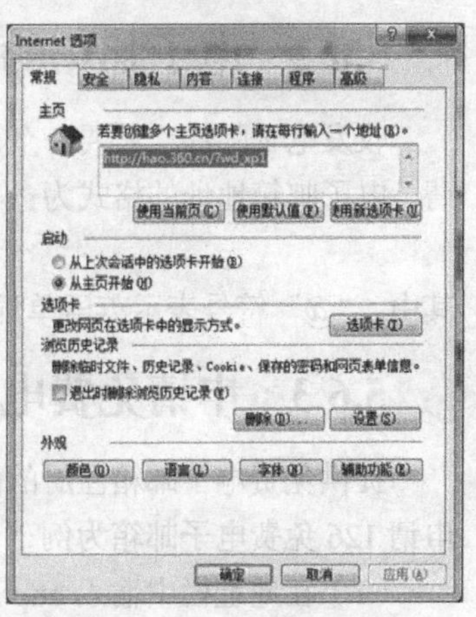

图 5-25 “Internet 选项”对话框

5.5.3　网上信息搜索

打开 IE 浏览器后，可以在网上搜索需要的信息。Internet 中有一种叫搜索引擎的搜索工具，可以帮助用户快速找到所需的信息，国内最常用的搜索引擎为百度。

（1）在地址栏输入“www.baidu.com”，打开百度首页。

（2）在文本框中输入“世界杯”，如图 5-26 所示。

（3）按下回车键或单击“百度一下”按钮即可看到搜索结果，如图 5-27 所示。

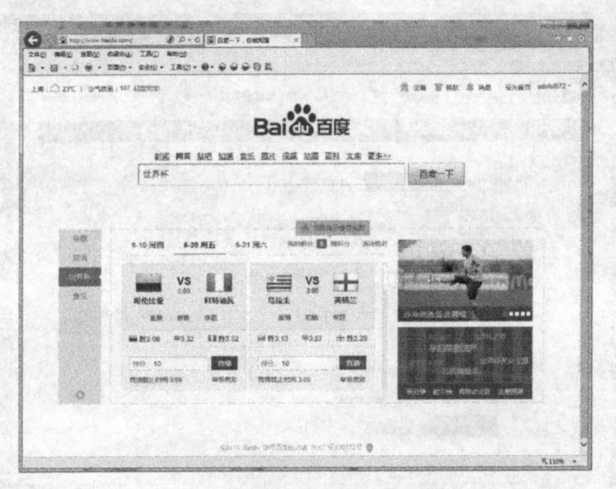

图 5-26　百度首页

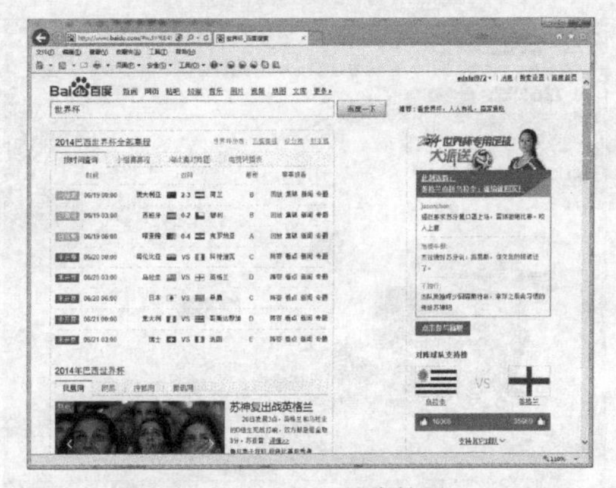

图 5-27　搜索结果

5.6　电子邮件

5.6.1　电子邮件的工作方式

电子邮件系统是采用“存储转发”的方式传递邮件。用户不能把电子邮件直接发到收件人的计算机中，而是发到 ISP 的服务器中，服务器相当于“邮局”的角色，它管理着众多用户的电子信箱。ISP 在服务器的硬盘上为每个注册用户开辟一定容量的磁盘空间作为“电子信箱”，当有新邮件到来时，就暂时存放在电子信箱中，用户可以不定期地从自己的电子信箱中下载邮件。

收发电子邮件目前常采用的协议是 SMTP（Simple Mail Transfer Protocol，简单邮件传送协议）和 POP3（Post Office Protocol 3，第三代邮局协议）。SMTP 将电子邮件从用户计算机发送到 ISP 服务器；ISP 服务器根据电子邮件的地址将其发送到目标服务器；用户通过 POP3 把电子邮件从服务器下载到用户的计算机中。

5.6.2 电子邮箱的地址格式

收发电子邮件，需要一个属于自己的“邮箱”，也就是E-mail账号，E-mail账号可向ISP申请。电子邮箱地址的格式为：

用户名@主机域名

其中，“@”符号表示英语单词“at”，用户名即账号，例如：Xiaoming@126.com。

5.6.3 申请免费电子邮箱

提供免费电子邮箱注册的网站很多，如新浪、搜狐、网易等，用户可根据需要自主选择。以申请126免费电子邮箱为例，步骤如下。

（1）在地址栏中输入http://email.126.com，进入126电子邮局，如图5-28所示。

（2）单击“立即注册”按钮，按照页面上的提示信息填写用户名和相关资料进行注册，如图5-29所示。

（3）注册成功后即可登录邮箱进行电子邮件的收发及其他相关操作了。

图5-28　126电子邮局网页

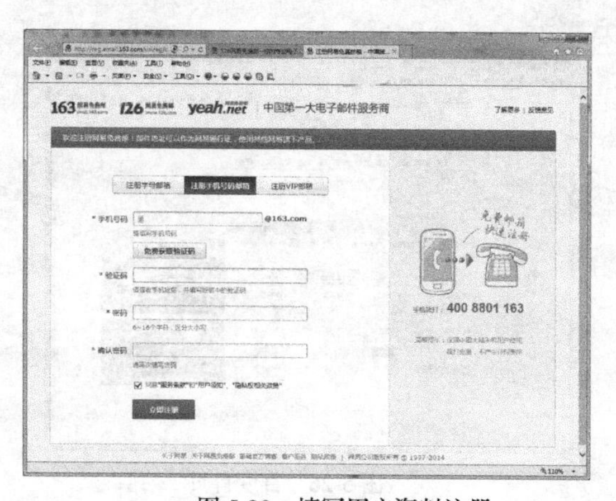

图5-29　填写用户资料注册

5.6.4 Outlook 2010的使用

Outlook 2010是Microsoft Office 2010套装软件的组件之一，可以用它来收发电子邮件、管理联系人信息、记日记、安排日程、分配任务。Outlook 2010 提供了一些新特性和功能，可以帮助您与他人保持联系，并更好地管理时间和信息。本文只关注收发电子邮件的功能使用。

1. 创建邮件

在发送邮件前，首先要启动Outlook 2010，并根据提示创建属于自己的账户。

（1）创建电子邮件账户。

① 通过单击“开始”→“程序”→“Microsoft Office”→“Microsoft Outlook 2010”菜单命令，启动“Microsoft Outlook 2010”，如图5-30所示。

② 启动“Microsoft Outlook 2010”，单击“下一步”按钮，如图5-31所示。

③ 打开“账户配置”对话框，在“电子邮件账户”栏下选中“是”单选钮，然后单击“下一步”按钮，如图5-32所示。

④ 打开“添加新账户”对话框，选中“电子邮件账户”单选钮，填入姓名、电子邮件地址、

密码等信息，单击“下一步”按钮，根据窗口中的提示完成电子邮件账户的设置，如图 5-33 所示。

图 5-30　菜单命令

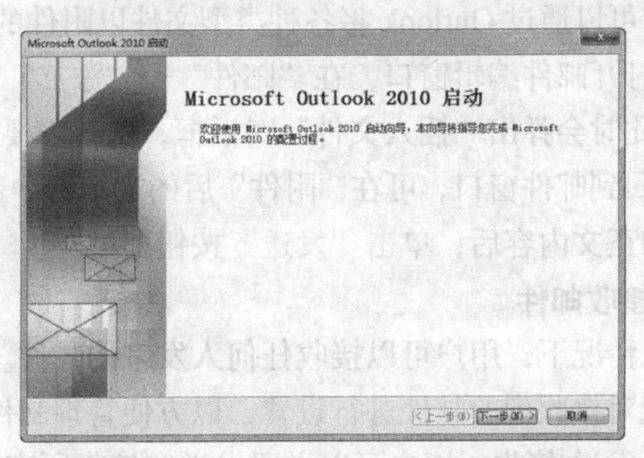

图 5-31　Outlook 启动对话框

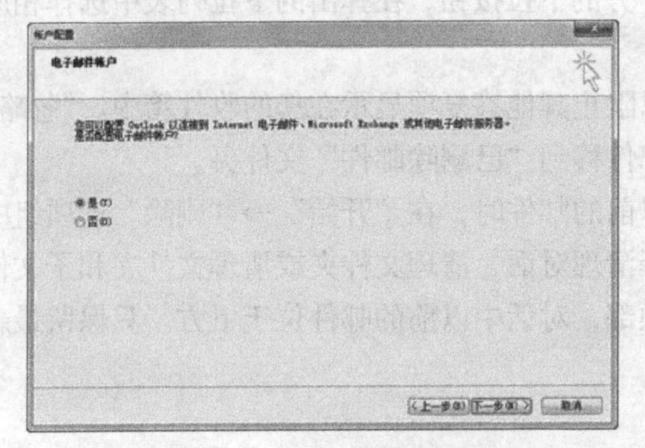

图 5-32　“用户配置”对话框

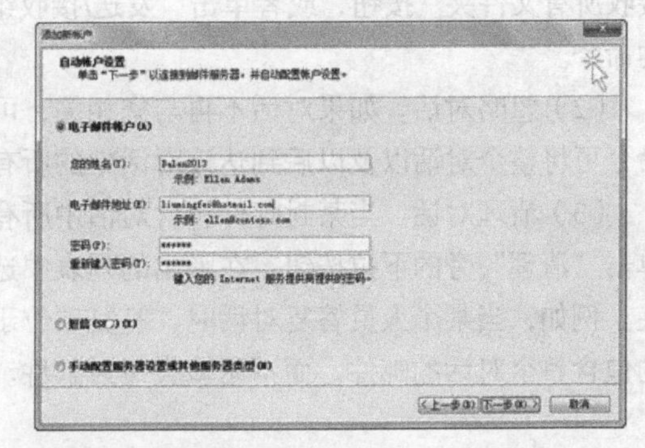

图 5-33　“添加新账户”对话框

（2）新建邮件。

① 在 Outlook 主窗口中，在“开始”→“新建”选项组中单击“新建电子邮件”按钮。

② 此时会打开“未命名-邮件”窗口，在窗口中编辑邮件即可。

2. 发送邮件

打开邮件窗口后，用户还需要对邮件内容进行编辑，完成后发送邮件。

（1）发送邮件。

① 邮件编辑完成后在对应的文本框中填入收件人、抄送和邮件主题，如图 5-34 所示。

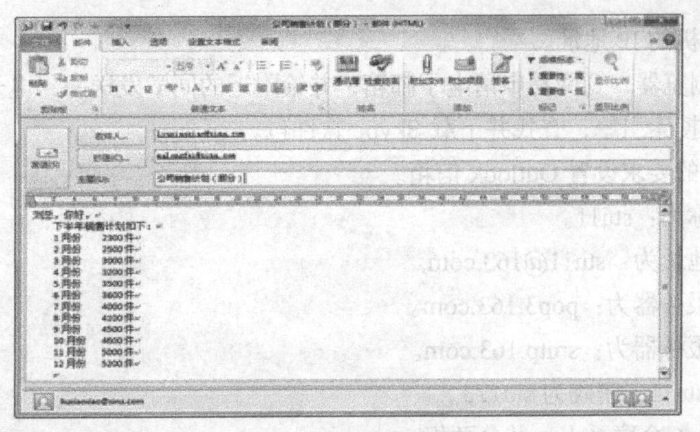

图 5-34　发送电子邮件窗口

② 然后单击“发送”按钮，完成发送。

（2）发送附件。

用户可以通过 Outlook 将各种类型文件以附件的形式发送给收件人。

① 打开邮件编辑窗口，在“邮件”→“添加”选项组中单击“附件文件”按钮。

② 此时会弹出“插入文件”对话框，选择需要插入的附件，单击“插入”按钮。

③ 回到邮件窗口，可在“附件”后的文本框中看到插入的附件文件，填入收件人、抄送、邮件主题和正文内容后，单击“发送”按钮即可。

3. 接收邮件

默认情况下，用户可以接收任何人发来的邮件。在 Outlook 2010 中，用户还可以使用系统提供的功能对接收到的邮件进行设置，以方便管理邮件。

（1）发送/接收。用户可以设置发送和接收所有邮件，在“发送/接收”选项组中单击“发送/接收所有文件夹”按钮，或者单击“发送/接收组”旁的下拉按钮，在弹出的下拉列表中选择相应的命令。

（2）忽略对话。如果对话不再与您相关，可以阻止其他答复项显示在您的收件箱中。“忽略”命令可将整个对话以及以后到达该对话中的所有邮件移到“已删除邮件”文件夹。

（3）清理对话。当某封邮件包含对话中所有以前的邮件时，在“开始”→“删除”选项组中单击“清理”旁的下拉按钮，在弹出的列表中选择清理对话、清理文件夹或清理文件夹和子文件夹。例如，当某个人员答复对话时，答复项位于顶部，对话中以前的邮件位于下方。只保留最新的包含整个对话的邮件，而不用检查每封邮件。

实验　互联网的使用

一、实验目的

（1）熟悉 Windows 7 的网络设置。

（2）掌握 IE 浏览器的使用，能够熟练地在互联网上查找资源。

（3）掌握本地连接图标的含义并配置 TCP/IP。

（4）学会设置 Outlook 信箱，利用 Outlook 收发电子邮件。

二、实验内容

（1）配置实验机的 IP 地址。

（2）使用 IE 浏览器，到网易申请电子邮箱，并给附近的同学发送一封电子邮件。

（3）使用百度搜索引擎，查找并下载 Skype 软件包。

（4）请按下面的要求设置 Outlook 信箱。

① 用户的名称为：stu11。

② 电子邮件地址为：stu11@163.com。

③ 接收邮件服务器为：pop3.163.com。

④ 发送邮件服务器为：smtp.163.com。

⑤ 账户名为 stu11，密码为 stu123。

⑥ 设置账户，6 个联系人，并分两组。

⑦ 给每一个组发一封慰问信。

⑧ 设置 Outlook 的相关信息。

第 6 章 网页制作

6.1 HTML 概述

6.1.1 HTML 和网页

HTML（Hyper Text Markup Language）即超文本标记语言，是一种 WWW 所使用的语言。HTML 作为一种标识性的语言，由一些特定符号组成，其理解和掌握都十分容易。它使用一些约定的标记（Tag）对文本进行标注，定义网页的数据格式，描述 Web 页中的信息，控制文本的显示。

我们把用 HTML 语言编写的文件称为 HTML 文件。它通常被存储在 Web 服务器上，客户端通过浏览器向 Web 服务器发出请求，服务器响应请求并将 HTML 文件发送给浏览器，然后由浏览器对 HTML 文件中的标记做出响应解释，以页面的形式呈现在用户屏幕上。因此，我们又把 HTML 文件称为网页。

例如，图 6-1 展示了一个简单的网页，标题“泰山医学院简介”居页面上部并以大号字体居中显示；标题下面有两条水平线；水平线之间则是学院概况。该网页对应的 HTML 文件见例 6-1。

泰山医学院简介

泰山医学院源于1891年创办的华美医院医校，1903年在华美医院医校基础上组建共合医道学堂，即后来的齐鲁大学医学院，1952年齐鲁大学医学院与创办于1932的山东医学院合并组建新的山东医学院（校址在济南）。1970年山东医学院与山东中医学院合并为山东医学院，搬迁至泰安市新泰县楼德镇（济南设留守处），1974年建立山东医学院楼德分院，1979年山东医学院楼德分院迁至泰安市区，改名为山东医学院泰安分院，1981年经国务院批准，山东医学院泰安分院更名为泰山医学院。

图 6-1　一个简单的网页

[例 6-1]图 6-1 的 HTML 文件：

```
<html>
<head>
<title>学院概况</title>
</head>
<body>
<center>
```

```
<h1>泰山医学院简介</h1>
</center>
<hr>
```

泰山医学院源于 1891 年创办的华美医院医校，1903 年在华美医院医校基础上组建共合医道学堂，即后来的齐鲁大学医学院，1952 年齐鲁大学医学院与创办于 1932 年的山东医学院合并组建新的山东医学院（校址在济南）。1970 年山东医学院与山东中医学院合并为山东医学院，搬迁至泰安市新泰县楼德镇（济南设留守处），1974 年建立山东医学院楼德分院，1979 年山东医学院楼德分院迁至泰安市区，改名为山东医学院泰安分院，1981 年经国务院批准，山东医学院泰安分院更名为泰山医学院。

```
<hr>
</body>
</html>
```

6.1.2 HTML 文件

为了在WWW上发布信息,必须做成在WWW 上能使用并能通过WWW 浏览器显示的文件,即 HTML 文件。

1. HTML 文件的三个基本特征

（1）HTML 文件扩展名为.htm 或.html。HTML 文件是以文本方式存储的文件。完整的文件名格式为：

文件名.html（或文件名.htm）

文件名是一个由字母组成的字符串，字符之间不能有空格，但可用下划线。文件扩展名为.htm或.html。双击 HTML 文件将在浏览器上显示该文件对应的网页。

（2）HTML 文件由标记和文本组成。HTML 文件中用于描述功能的符号称为“标记”。HTML 标记控制文本显示的外观和版式，并为浏览器指定各种链接的图像、声音和其他对象的位置，但不描述文档的内容。标记在使用时必须用尖括号“ <> ”括起来，而且多数标记是成对出现的，书写格式如下：

<标记名> 文本内容 </标记名>

无斜杠的标记表示该标记的作用开始，有斜杠的标记表示该标记的作用结束，如例 6-1 中的“<html>…</html>”“<body>…</body>”等标记。

但也有些 HTML 标记只有开始标记，而没有结束标记，如例 6-1 中的“<hr>”标记。

某些 HTML 标记还具有一些属性。这些属性指定对象的特性，如背景颜色、文字字体大小、对齐方式等。属性一般放在“开始标记”中，书写格式如下：

<标记名 属性 1＝ 值 1 属性 2＝ 值 2……> 文本内容 </标记名>

HTML 标记不区分大小写。

（3）HTML 文件中含有热点文本。文件中含有热点文本是 HTML 文件的重要特征。文件中的热点文本（一般为带下划线的蓝色文字）用于实现 HTML 文件的链接。单击文件中的热点文本，浏览器将显示该热点文本所链接的对象。

2. HTML 文件的结构

HTML 文件以<html>开头，以</html>结束，主要包含头部（HEAD）和主体（BODY）两部分。头部用于文件命名及定义文件的相关说明；主体定义浏览器上显示的页面内容。HTML 文件的构成骨架如表 6-1 所示。

表 6-1　　HTML 文件结构

文件开始	<html>	
头部	<head>	<!-头部开始->
	<title>标题名</title>	<!-HTML 文件标题->
	…其他头部内容定义标记…	
	</head>	<!-头部结束->
主体	<body>	<!-主体开始->
	…内容（文本、图像等）…	
	</body>	<!-主体结束->
文件结束	</html>	

6.1.3　常用的 HTML 标记

这里我们主要介绍常用的 HTML 标记及语法。

1．布局文本

HTML 语言中用于文本布局的标记有：

（1）段落标记 <p>。<p>标记指定文档中一个独立的段落，段落标记格式如下：

```
<p align = 对齐方式> … </p>
```

align 属性用于控制段落的对齐方式，对齐方式可以是 left、center、right、justify，分别表示左对齐、居中、右对齐和两端对齐，默认值为左对齐。

（2）换行标记
。
标记可以强制文本换行。

（3）水平线标记 <hr>。<hr>标记用于在网页中插入一条水平线。

2．设置文字格式

HTML 语言中用于文字格式化的标记有：

（1）标题标记 <hn>。<hn>标记用于对标题文字进行格式设置，标题标记格式如下：

```
<hn> 标题文字内容 </hn>
```

其中，n 说明大小级别，取值范围为 1～6 的数字，把标题分为 6 级，即 h1～h6，h1 标题文字最大，h6 标题文字最小。

（2）字体标记 <font>。<font>标记用来对文字格式进行设置，字体标记格式如下：

```
<font size = n color = #n 或 英文表示的颜色 face = 字体名> 文字内容 </font>
```

<font>标记包含以下常用属性：size 属性用于控制文字的大小，其中 n 的取值范围为 1～7 的数字，默认值为 3；color 属性用于控制文字的颜色，其中 n 是一个十六进制的六位数；face 属性用于指明文字使用的字体，其中字体名的选择由 Windows 操作系统安装的字体决定，如宋体、楷体-GB2312、Times New Roman、Arial 等。

注意

<font>标记和<hn>标记都可以控制文字的大小。一般情况下，文章的标题最好由<hn>控制，而其余的文字由 <font> 标记控制。相比较而言，<font>标记对字体的控制更加灵活。

（3）字形标记。字形标记用于设置文字的粗体、斜体、下划线、上标、下标等效果，标记格式如表 6-2 所示。

表 6-2 字形标记

标记格式	字　形
<b>…</b>	粗体
<i>…</i>	斜体
<u>…</u>	下划线
[…]	上标
_…	下标

3. 插入图片

<img>标记用于将图片插入网页中，并可以设置图片的大小以及相邻文字的排列方式。图片标记格式如下：

```
<img src = url alt = 说明文字 width = n1 height = n2 border = n3
align = 对齐方式>
```

<img>标记包含以下常用属性：src 属性用于指明图片文件所在的位置；alt 属性用于图片的文字说明，当鼠标指针指向图片时，该图片的说明性文字弹出；width 和 height 属性用于设置图片显示区域的宽度和高度，单位是像素数或百分比；border 属性用于设置图片的边框，单位为像素数；align 属性用于设置图片相对于文本的位置关系，对齐方式可以是 top（顶端对齐）、middle（相对垂直居中）、bottom（相对底边对齐）、left（左对齐）、right（右对齐）、texttop（文本上方）等。

4. 插入超链接

<a>标记用于设置网页中的超链接，超链接格式如下：

```
<a href = url> 超链接文本 </a>
```

href 属性指明被超链接的文件地址。超链接文本一般显示为蓝色并加下划线。在浏览器中，当鼠标指针指向该超链接文本时，箭头变为手形，并在浏览器的状态栏中显示该链接的地址。

若使用图片做超链接，可用如下格式完成：

```
<a href = url1> <img src = url2> </a>
```

5. 插入表格

在网页中插入一个表格，需要用到一组 HTML 标记。定义表格的相关标记如表 6-3 所示。

表 6-3 表格标记

标记格式	作　用
<table>…</table>	定义表格区域
<caption>…</caption>	定义表格标题
<th>…</th>	定义表格头
<tr>…</tr>	定义表格行
<td>…</td>	定义表格单元格

常用的标记属性中：border 属性用于设置表格边框的宽度；width、height 属性用于设置表格或单元格的宽度、高度；cellspacing 和 cellpadding 属性分别用于设置单元格之间的间隙和单元格

内部的空白；align 属性用于设置表格或单元格的对齐方式；bgcolor 和 background 属性分别用于设置表格的背景颜色和背景图像。

6.2　Dreamweaver CS5 及应用

使用普通的文本编辑器（如记事本、写字板）可以编写 HTML 文件，但是 Web 网页制作工具往往使用起来更方便。具有“所见即所得”功能的 Web 网页制作工具可以使网页制作人员直接对 Web 页面进行编辑修改，并且能立即看到 Web 页面的显示效果。网页制作工具种类很多，Adobe 公司的 Dreamweaver 就是其中之一。

6.2.1　Dreamweaver 操作界面

Dreamweaver 的操作界面如图 6-2 所示。

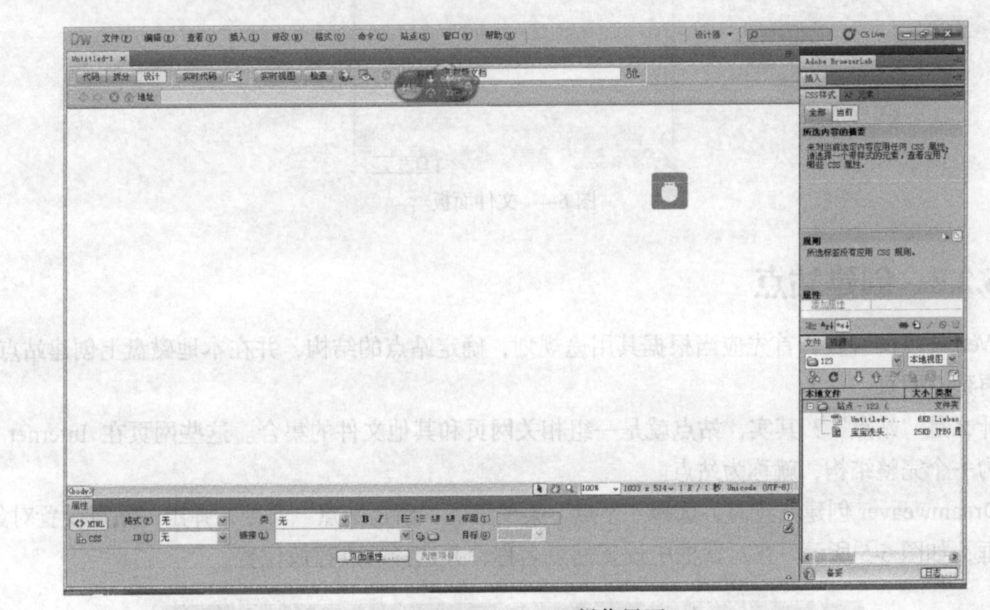

图 6-2　Dreamweaver 操作界面

1. 文档窗口

文档窗口是编辑网页的区域，与在浏览器中的效果类似。

2. “属性”检查器

“属性”检查器是 Dreamweaver 最常用的一个区域，无论编辑哪个对象的属性，都要用到检查器，其内容随着选择对象的不同而改变。选择“窗口”菜单中的“属性”命令可以打开“属性”检查器，如图 6-3 所示。

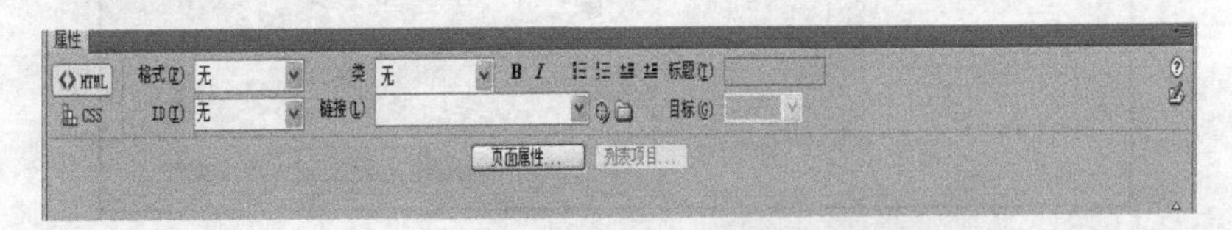

图 6-3　“属性”检查器

3. 文件面板

文件面板用于查看和管理 Dreamweaver 站点中的文件，如图 6-4 所示。在文件面板中查看站点、文件或文件夹时，可以更改查看区域的大小，还可以展开或折叠文件面板。当折叠文件面板时，它以文件列表的形式显示本地站点、远程站点、测试服务器或 SVN 库的内容。在展开时，它会显示本地站点和远程站点、测试服务器或 SVN 库中的一个。对于 Dreamweaver 站点，还可以通过更改折叠面板中默认显示的视图（本地站点视图或远程站点）来对文件面板进行自定义。

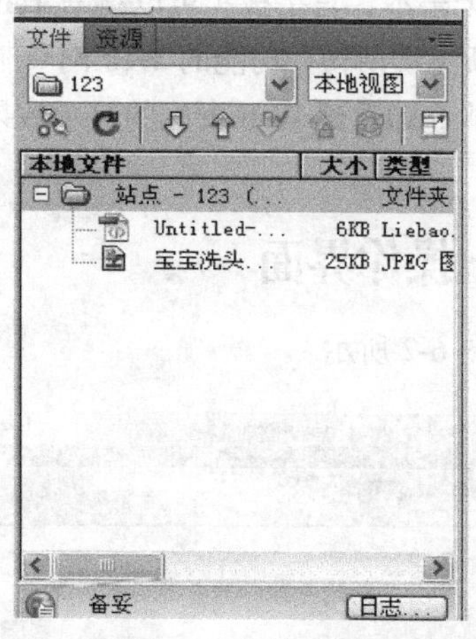

图 6-4　文件面板

6.2.2　创建站点

Web 站点的开发，首先应当根据其用途规划，确定站点的结构，并在本地磁盘上创建站点，然后再建立网页。

什么是“站点”？其实，站点就是一组相关网页和其他文件的集合。这些网页在 Internet 中表现为一个完整结构，就称为站点。

Dreamweaver 创建站点时，选择“站点”菜单里的“新建站点”命令，弹出“站点设置对象”对话框，如图 6-5 所示。在对话框中设置站点名称，并选择站点存放位置。

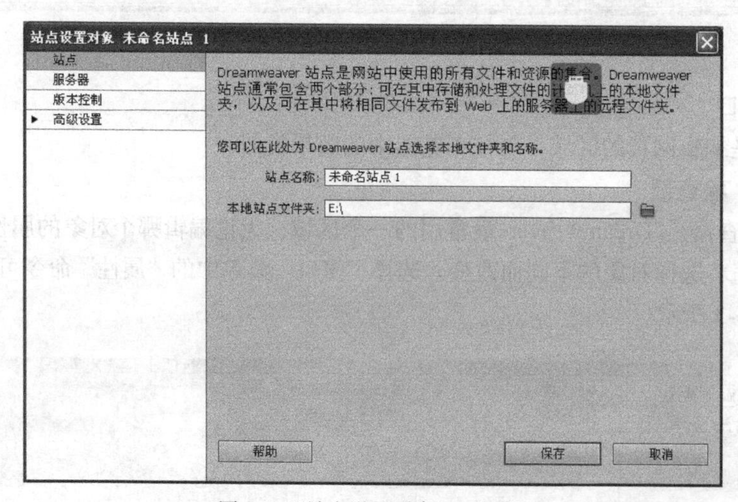

图 6-5　“站点设置对象”对话框

6.2.3　网页编辑

1. 新建网页

要创建一个新的网页，可按下列步骤操作。

① 选择“文件”菜单里的“新建”命令，弹出“新建文档”对话框，如图 6-6 所示。

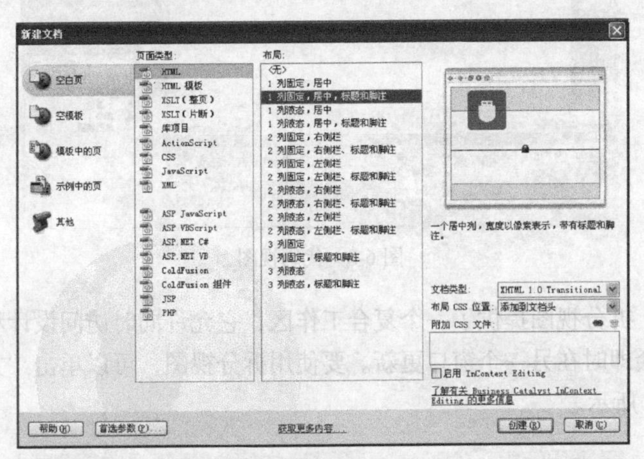

图 6-6　“新建文档”对话框

② 选择“页面类型”及“布局”，可在“预览”区域查看该模板的说明以及预览图。例如：要新建一个空白网页，可选中“布局”类型中的“无”。

2. 编辑网页

Dreamweaver 专门为编码员和设计人员提供了专用的环境，还提供了一个把这两者混合在一起的复合选项。

（1）设计视图。设计视图在 Dreamweaver 工作区中着重显示其所见即所得的编辑效果，它非常接近（但并非完美）地描绘了 Web 页面在浏览器中的样子。要使用设计视图，可以单击“文档”工具栏的“设计”按钮，如图 6-7 所示。

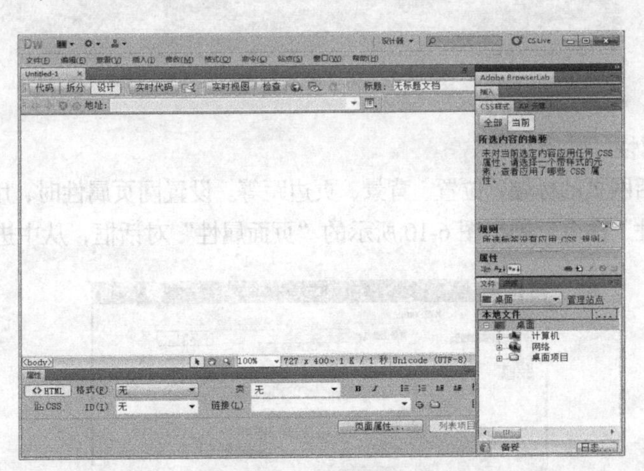

图 6-7　设计视图

（2）代码视图。代码视图在 Dreamweaver 工作区中只着重显示 HTML 代码以及各种提高代码编辑效率的工具。要使用代码视图，可以单击“文档”工具栏的“代码”按钮，如图 6-8 所示。

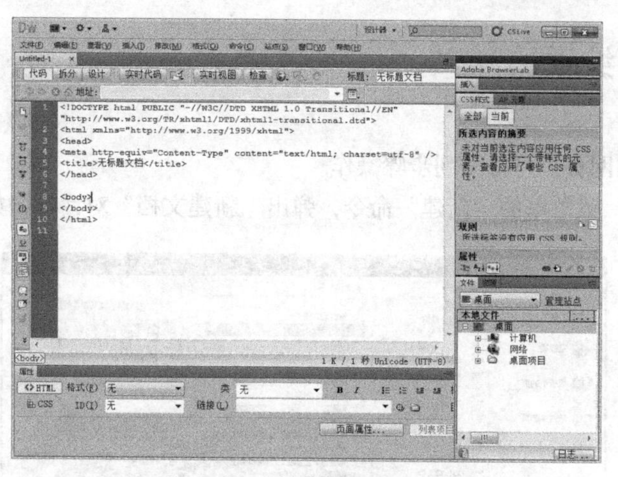

图 6-8　代码视图

（3）拆分视图。拆分视图提供了一个复合工作区，它允许同时访问设计和代码。在其中一个窗口所做的更改都会即时在另一个窗口更新。要使用拆分视图，可以单击“文档”工具栏的“拆分”按钮，如图 6-9 所示。

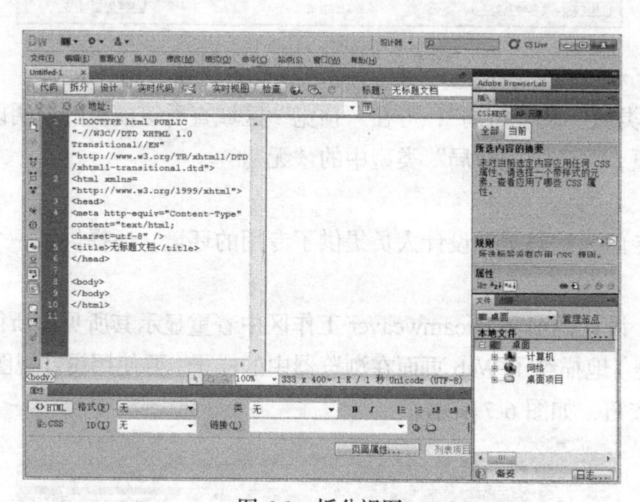

图 6-9　拆分视图

3. 设置网页属性

网页的属性包括网页的标题、位置、背景、页边距等。设置网页属性时，用户可以选择“修改”菜单里的“页面属性”命令，弹出图 6-10 所示的“页面属性”对话框，从中进行相关页面设置。

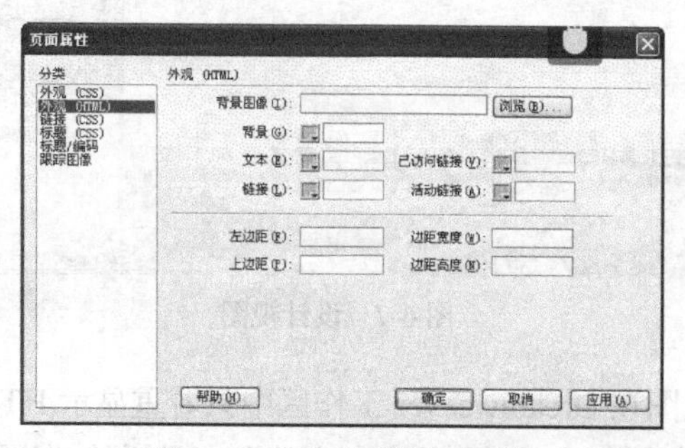

图 6-10　“页面属性”对话框

4. 预览网页

网页制作过程中，用户可以使用“文件”菜单的“在浏览器中预览”命令预览网页。

6.2.4 插入对象

在Dreamweaver的网页中，不但可以输入文本、数字，也可以方便地插入图片等多种对象，这些对象使网页内容更丰富，增加了网页的表现形式。

1. 插入文本

Dreamweaver是一个“所见即所得”的编辑器，可直接在文档窗口中输入文字，或者把其他应用程序中的文本粘贴到网页中。可以通过“属性”检查器设置文本字体、段落格式。

文本中的换行符会被忽略。

2. 插入图片

图片可以使网页变得生动活泼，并能吸引访问者的注意。

（1）图片文件格式。在WWW上经常用的图像文件格式是JPEG和GIF，它们都是压缩的图像格式，文件的信息量小，适合于网络传输，并且现在几乎被所有的Web浏览器所支持，因此被广泛地应用在Web站点的设计中。

GIF（Graphical Interchange Format，图形交换格式）采用无损压缩方式，其主要特征是支持动画、透明度、图形渐进，但GIF图像包含的颜色不能超过256种。

JPEG（Joint Photograph Expert Group，联合图像专家组）是专为有几百万种颜色的照片和图形设计的，它采用有损压缩方式，以牺牲图片质量换取大的压缩比例。JPEG支持真彩（24位色），并且在压缩大的图像方面已被证明很有效。

（2）插入图片。选择“插入”菜单的“图像”命令，在弹出的“插入图像源文件”对话框中选择要放入的对象。若放入的图像不属于站点，会弹出图6-11所示的对话框，提示用户保存图片。

保存图片后，在弹出的“图像标签辅助功能属性”对话框（见图6-12）中可以设置图片的“替换文本”和“详细说明”信息。

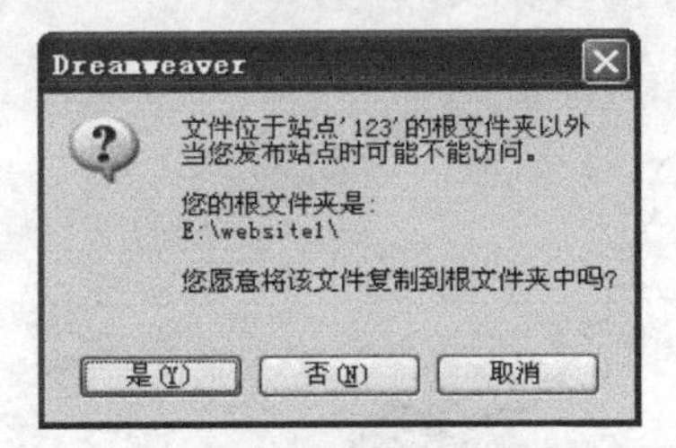

图6-11 提示对话框

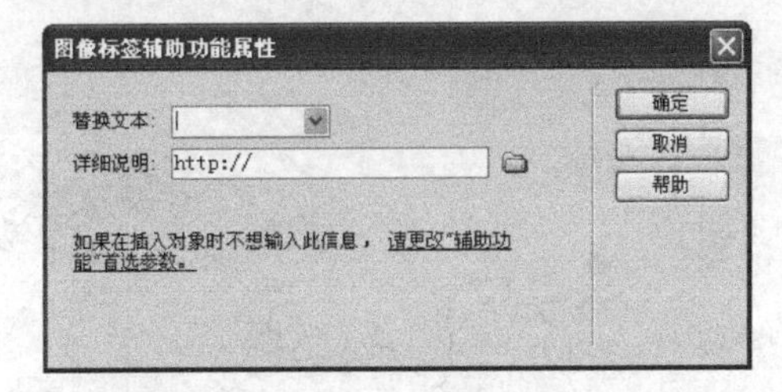

图6-12 “图像标签辅助功能属性”对话框

6.2.5 超级链接

Internet中的信息可以使用超级链接有机组织起来。超级链接在本质上属于网页的一部分，它是一种允许我们同其他网页或站点之间进行连接的元素。各个网页链接在一起后，才能真正构成一个网站。所谓超级链接，是指从一个网页指向一个目标的连接关系，这个目标可以是另一个网页，也可以是相同网页上的不同位置，还可以是一个图片、一个电子邮件地址、一个文件，甚至是一个应用程序。而在一个网页中用来超级链接的对象可以是一段文本或者是一个图片。当浏览者单击已经链接的文字或图片后，链接目标将显示在浏览器上，并且根据目标的类型来打开或运行。

1. 创建文本超链接

文本超链接的链接载体为文本，即在文本上定义的超级链接，单击文本可以跳转到指向的链接目标。具体操作步骤如下。

① 选定文本作为链接载体。

② 方法一：选择“插入”菜单的“超级链接”命令，弹出“超级链接”对话框，如图 6-13 所示。在对话框的“链接”文本框中设置链接的目标，单击“确定”按钮，完成文本超链接的建立。

方法二：选择“属性”检查器，如图 6-14 所示，在“链接”文本框中设置链接的目标。

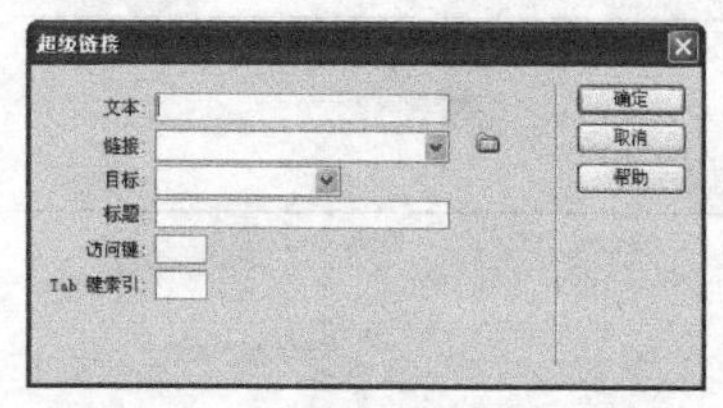

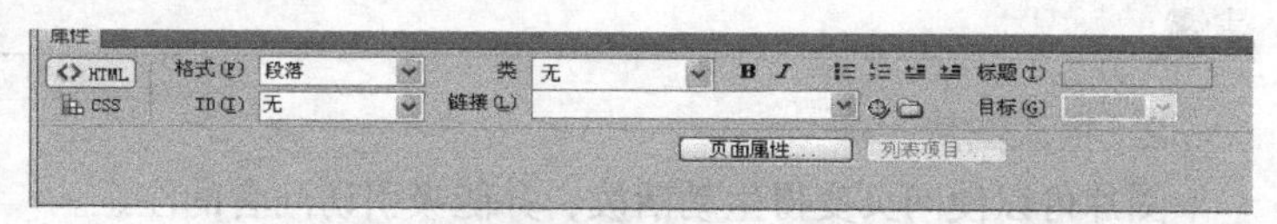

图 6-13 “超级链接”对话框　　图 6-14 设置超级链接

2. 创建图片与热点超链接

图片超链接的链接载体为图片，单击图片可以跳转到链接目标。可以为整个图片设置超链接，也可以为图片设置映像图，即分配一个或多个映像创建多个超链接。

（1）创建图片超链接。

① 选定图片作为链接载体。

② 选择“插入”菜单的“超级链接”命令或者选择“属性”检查器，在“链接”文本框中设置链接的目标。

（2）创建热点超链接。热点可以是图片上具有某种形状的一块区域或文本，当用户单击该区域或文本时，超链接目标会显示在浏览器中。

例如：为图 6-15 的各地区添加热点超链接，将鼠标放于各地区所在区域时，鼠标会变成小手状，单击可以跳转到描述该地区概况的网页。具体操作步骤如下。

图 6-15 热点超链接

① 选择需要添加热点的图片。

② 选择“属性”检查器，如图 6-16 所示。单击“多边形热点”按钮匹配需要的形状，并在各省份区域上绘出热点区域。

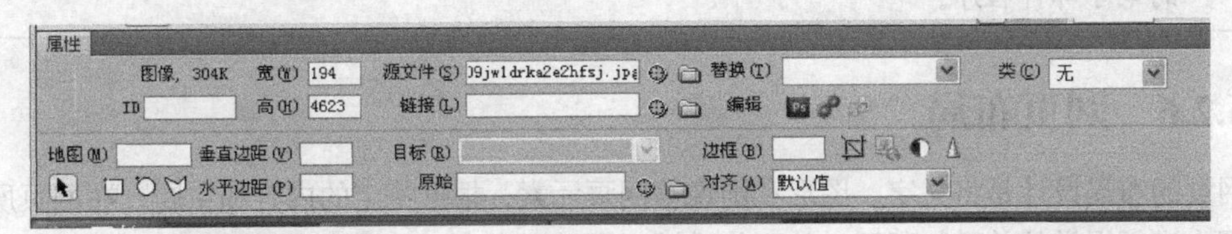

图 6-16 图片属性检查器

- 选择工具。作用是选择热点区域或热点区域的边界顶点。
- 矩形热点区域。单击选择该按钮可以绘制一个矩形热点区域。
- 圆形热点区域。单击选择该按钮可以绘制一个圆形热点区域。
- 多边形热点区域。单击选择该按钮可以绘制一个多边形热点区域。

③ 释放鼠标，在弹出的“映像”面板（见图 6-17）中选择链接目标，完成一个热点超链接的建立。

图 6-17 “映像”面板

④ 重复步骤②～③，为所有区域设置热点超链接。

3. 创建电子邮件超链接

电子邮件超链接不是跳转到一个页面，而是打开访问者的电子邮件程序。它可以为访问者创建自动的、预先编写好地址的电子邮件消息，用于接收客户反馈、产品订单或其他重要的信息。

创建电子邮件超链接的具体步骤如下。

① 选定文本作为链接载体。

② 单击“插入”菜单，选择“电子邮件链接”命令，弹出“电子邮件链接”对话框，如图 6-18 所示。在文本框中自动输入了所选的文本，在电子邮件框中输入电子邮件地址。

图 6-18 “电子邮件链接”对话框

③ 单击“确定”按钮，在“属性”检查器中检查链接框内容，如图 6-19 所示。

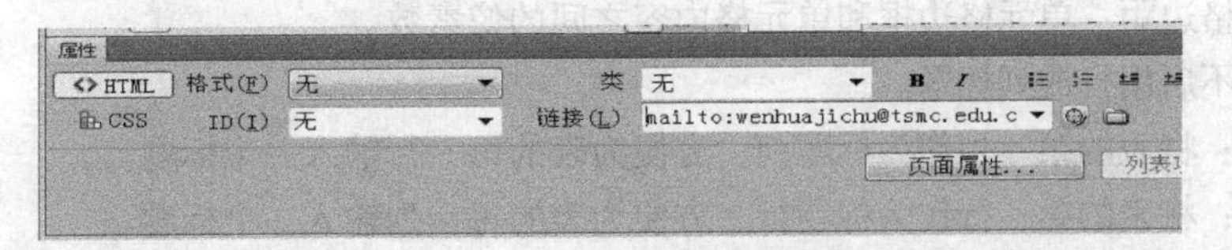

图 6-19 电子邮件链接检查器

Dreamweaver 会在电子邮件地址前面加上文本“mailto:”，它将自动启动访问者默认的电子邮件程序。

6.2.6 网页布局

网页的布局设计是将文字、图形和图像等网页元素，根据特定的内容和主题，在网页所限定的范围中进行视觉的关联与配置，从而将设计意图以视觉直观的形式表现出来。网页的布局可以通过使用表格和框架来实现。

1. 创建和使用表格

表格布局是最常用的一种网页布局技术。表格由行、列交叉所形成的单元格组成，在单元格内可以嵌入任何网页对象。对每个单元格中的对象单独操作时，不会影响其他单元格中的对象。与框架布局相比，表格布局虽然也将页面分隔成互不重叠的区域，但实际上还是一个整体的页面。

在 Dreamweaver 中，表格最主要的功能是定位与排版，这样才能将网页的基本元素定位在网页中的任意位置，所以网页设计是从创建表格开始的。

（1）创建表格。在 Dreamweaver 中创建表格，打开“插入”菜单，选择“表格”命令，在弹出的“表格”对话框中设置相应参数，如图 6-20 所示，即可插入表格。表格创建完成之后，可以向表格中添加内容，如文本、图像、数据等。

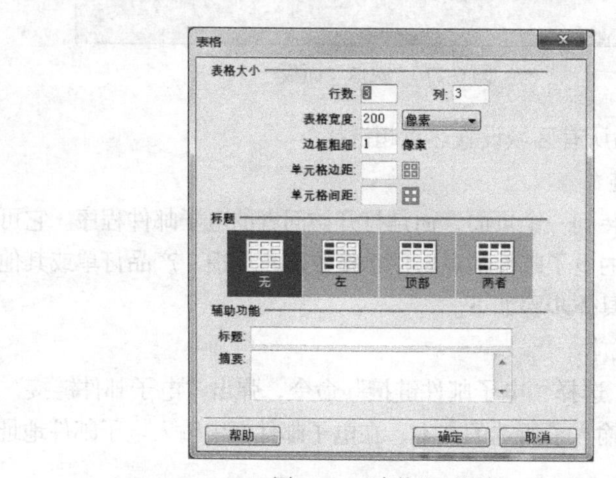

图 6-20 “表格”对话框

其中，“表格”对话框中的各个选项及作用说明如下。

- 行数：表格的行数。
- 列：表格的列数。
- 表格宽度：以像素或者百分比确定表格的宽度。
- 边框粗细：以像素为单位确定表格边框的粗细，如果不显示边框时，可将其设置为 0。
- 单元格边距：单元格边框和单元格内容之间的像素数。
- 无：不启用行或列标题。
- 左侧：将表的第一列作为标题列，方便为表的每一行输入一个标题。
- 顶部：将表的第一行作为标题行，方便为表的每一列输入一个标题。
- 两者：在表中输入行标题和列标题。

- 标题：指定表格的标题。
- 摘要：对表格的说明。

（2）设置表格属性。插入表格后，还可以对表格属性进行设置。选定表格，再单击鼠标右键选择“属性”命令，在窗口下方弹出“属性”检查器，如图 6-21 所示。

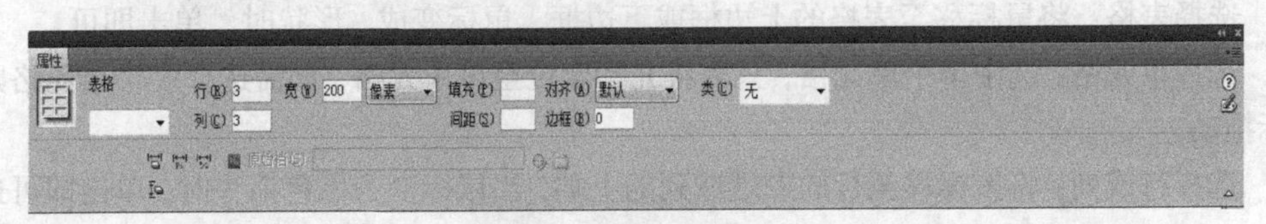

图 6-21　表格属性检查器

对“表格属性”的设置说明如下。

- 表格：定义表格在页面文档中的编号标示。
- 行：定义表格的行数。
- 列：定义表格的列数。
- 宽：定义表格的宽度。
- 填充：设定单元格中的内容与单元格边线之间的距离，默认值为 1。
- 对齐：设定表格的对齐方式，如左对齐、居中、右对齐。
- 类：定义描述表格样式的 CSS 类名称。
- 间距：定义表格中各单元格之间的距离，默认值为 2。
- 边框：定义表格边框的宽度，如不需显示边框，可将其设置为 0。
- 清除列宽：将已定义的表格的宽度清除，将表格的宽度设置为随着内容的增加自动扩展。
- 清除行高：将已定义的表格的行高清除，将表格的行高设置为随着内容的增加自动扩展。
- 将表格宽度转换成像素：将以百分比为单位的表格宽度转换为以像素为单位。
- 将表格宽度转换成百分比：将以像素为单位的表格宽度转换为以百分比为单位。
- Fireworks 源文件：如在设计表格时使用了 Fireworks 源文件作为表格的样式设置，可通过此项目管理 Fireworks 的表格设置，并将其应用到表格中。

（3）设置单元格属性。将光标放置在单元格中，“属性”检查器将显示单元格属性，如图 6-22 所示。

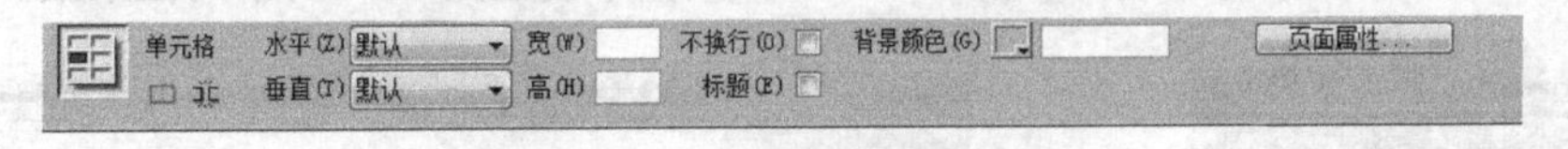

图 6-22　单元格属性检查器

其中各个选项及作用说明如下。

- 合并所选单元格，使用跨度：将所选的单元格合并为一个单元格。
- 拆分单元格为行或列：将选择的单元格拆分成多个单元格。
- 水平：设置单元格内容的水平对齐方式。
- 垂直：设置单元格内容的垂直对齐方式。
- 宽：设置单元格的宽度。
- 高：设置单元格的高度。
- 不换行：选中该项目表示单元格中的内容不自动换行，单元格的宽度随内容的增加自动加宽。

- 标题：选中该项目则将普通单元格转换为标题单元格，单元格的内容会设置为加粗，居中对齐。
- 背景颜色：设置单元格的背景。

（4）表格编辑。

- 选择表格：将鼠标移至表格的上边框或下边框，鼠标变成形状时，单击即可。
- 选择单元格：选中单个单元格，只需将光标定位至该单元格，如需选择多个单元格则可按住鼠标拖动。
- 选择行或列：将鼠标移至行的左端或列的上端，当鼠标变为黑色箭头时，单击即可选中整行或整列。
- 调整表格尺寸：选中表格后，在表格右下角区域显示 3 个控制点，通过拖动这 3 个控制点可以调整表格大小。
- 增加或删除行与列：可通过“修改”菜单的“表格”命令的子菜单完成相应设置。
- 合并单元格：选择两个或以上的连续单元格，单击“修改”菜单“表格”命令的子菜单“合并单元格”命令完成相应设置。
- 拆分单元格：将光标放置在需拆分的单元格中，单击“修改”菜单“表格”命令的子菜单“拆分单元格”命令完成相应设置。

2. 创建和使用框架

框架是网页布局的另外一个重要手段。与表格布局方式不同，框架将浏览器窗口划分为几个区域，即多个框架，每个框架显示一个独立的网页，因此使用滚动条浏览一个框架内的网页内容时不会影响其他框架内网页内容的显示。

框架页是由框架集构成的。框架集是 HTML 文件，定义一组框架的布局和属性，包括框架的数目、大小和位置，以及每个框架中默认显示的网页文件地址。在 Dreamweaver 中创建框架集有两种方法：一是从预定义的框架集中选择；二是自己设计框架集。

（1）创建框架网页。Dreamweaver 提供了最流行的框架网页布局模板，可以使用这些模板轻松地创建框架网页。具体步骤如下。

新建网页文件后，将“插入”面板切换至“布局”选项卡，单击“框架”下拉列表，选择一种框架模板，如左侧框架，如图 6-23 所示。然后，在弹出的“框架标签辅助功能属性”对话框中，可以修改框架的标题，单击“确定”按钮，即可在文档中创建图 6-24 所示的框架集。

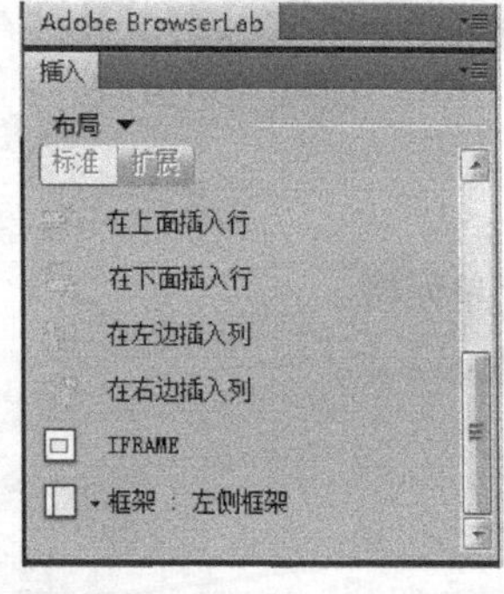

图 6-23 “布局”选项卡

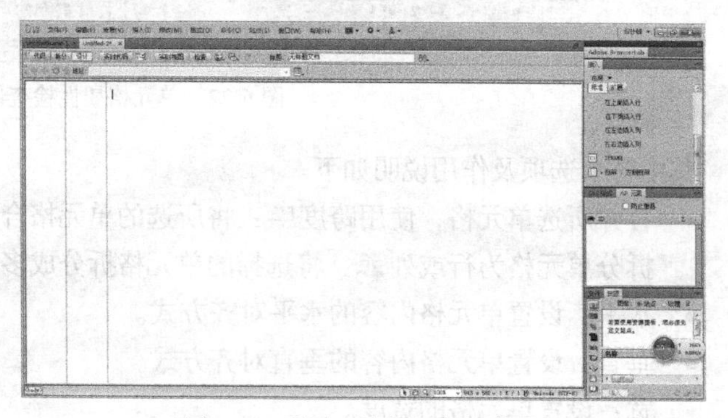

图 6-24 创建“左侧”框架集

（2）保存框架网页。保存框架网页需要保存框架和各个框架中的网页。既可单独保存每个框架集文件和带框架的文档，也可同时保存框架集文件和框架中的所有文档。例如，用“左侧”模板创建的框架网页需要保存作为容器的框架网页和显示在两个框架中的两个网页。

单独保存框架集的操作步骤如下。

- 选择整个框架集后（鼠标移至框架的分割线，变成双向箭头，单击即可），选择“文件”菜单的“保存框架页”命令，弹出“另存为”对话框，如图 6-25 所示。
- 在“文件名”框中输入网页名称。
- 单击“保存”按钮，该网页保存完毕。

按照相同的方法可以继续保存其他框架中的网页及整个框架网页。

如果同时保存框架集及所有文档，可选择“文件”菜单的“保存全部”命令，将会按照框架集、右框架、左框架的顺序依次保存。

（3）拆分框架。当使用模板创建的框架结构不能满足需要时，可以通过拆分框架制作出更为复杂的框架网页。具体操作步骤：选择“修改”菜单的“框架集”选项，在子菜单中选择需要拆分的框架命令，即可完成拆分。

（4）删除框架。删除框架时，系统只是把框架从框架网页中删除，而此框架中的网页文件仍然存在。操作方法：鼠标移至需要删除的框架的边框，鼠标会变成双向箭头，拖动鼠标将该框架的大小设置为 0。

（5）设置框架网页属性。由于框架布局包括框架集和框架，其属性设置不尽相同，某些框架属性还会覆盖框架集属性，所以在设置过程中要注意。

① 设置框架集属性。选择框架集，“属性”检查器面板将会显示图 6-26 所示的属性参数，可以设置框架大小以及框架之间的边框效果等。其各个选项及作用说明如下。

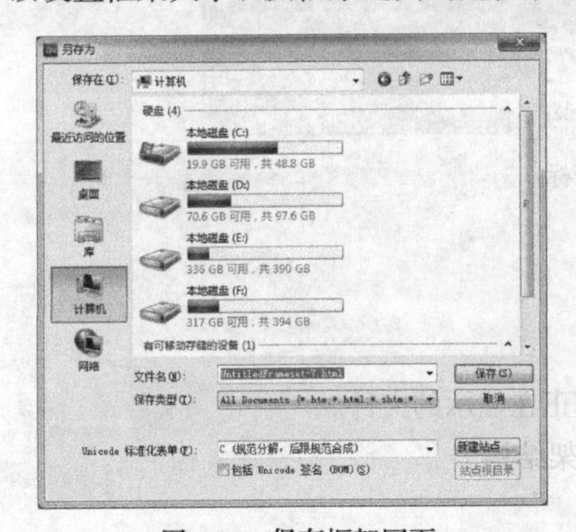

图 6-25　保存框架网页

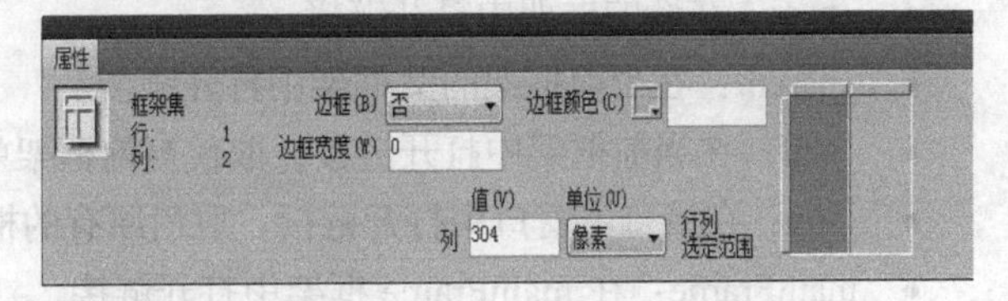

图 6-26　“框架集属性”面板

- 边框：设置框架网页在浏览器中浏览时是否显示边框。
- 边框宽度：设定当前框架集的边框宽度，默认值为 0，不显示边框。
- 边框颜色：可输入颜色的十六进制数或使用拾色器设置边框颜色。
- 列/行：设置列宽或行高，其单位可以是像素、百分比和相对。
- 像素：将行高或列宽设置为一个绝对值。
- 百分比：将行高或列宽设为相对于其框架集总高度或宽度的百分比。
- 相对：将空间大小设置为“相对”的框架中按比例划分。

② 框架属性。选择进行属性设置的框架，选择方法：在菜单栏中单击“窗口”菜单，选择“框架”命令，在框架面板的框架缩略图中选中进行设置的框架即可。选择框架之后，在“属性”检查器面板中，会显示框架的属性设置，如图 6-27 所示。

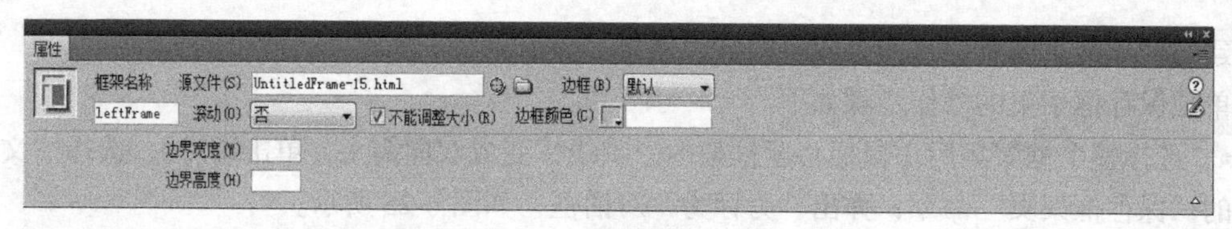

图6-27　框架属性面板

下面对“框架属性”的有关设置做如下说明。

- 框架名称：输入框架名，将被超链接和脚本引用。框架名称必须以字母开头，不能使用短划线（-）、句号（。）、空格以及Javascript的保留字。
- 源文件：用来指定当前框架打开的源文件。
- 滚动：可以选择是、否、自动和默认来决定是否或自动显示滚动条。
- 不能调整大小：启用此复选框，可以防止用户在浏览时改变框架大小。
- 边框颜色：设置当前框架相邻的所有边框颜色。
- 边界宽度：以像素为单位设置左、右边距。
- 边界高度：以像素为单位设置上、下边距。

（6）使用框架链接。采用框架超链接，能更加灵活、有效地组织网页。若要设置框架超链接，可执行下列操作：

将网页内容设置超链接后，选中此内容，在“属性检查器”面板的目标下拉列表中将会显示包含的所有框架，如图6-28所示，其中各个选项的含义如下。

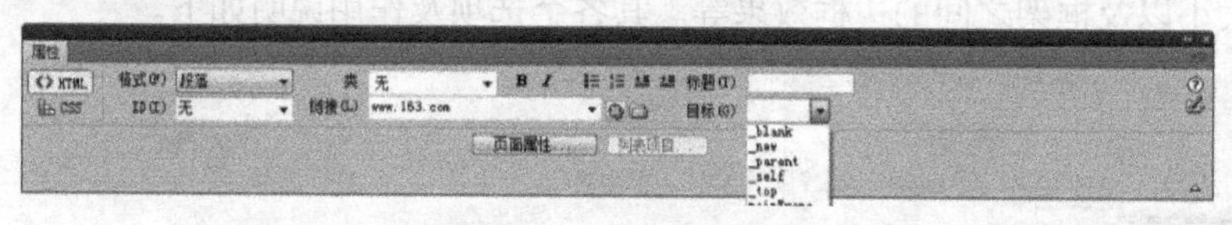

图6-28　框架链接目标

- _blank：在新的窗口打开链接。
- _new：在新的框架中打开链接。
- _parent：在当前框架的父框架中打开链接。
- _self：在当前框架中打开链接，取代当前框架中正在显示的文件。
- _top：在浏览器窗口中打开链接，取消原有的框架结构。
- mainFrame：在mainFrame框架中打开链接。
- leftFrame：在leftFrame框架中打开链接。

6.2.7　创建表单页面

利用表单可以使Web服务器与客户进行交互。表单的作用就是收集浏览者的输入信息，从而实现网站与浏览者的交互。在互联网中，很多网站通过表单技术进行人机交互。

1. 表单的组成

表单是由表单域组成的，表单域是客户输入信息的区域。

使用“插入”菜单中“表单”级联菜单的“表单”命令，可以放入一个简单的表单。在Dreamweaver设计视图中，以红色虚线为标记。

在表单中，可以添加更多的表单域。Dreamweaver有以下几种常用表单域：文本域、文本区域、复选框、按钮、单选按钮、选择等。

（1）文本域。文本域可使客户输入一行文字。选择“插入”菜单中“表单”级联菜单的“文本域”命令，打开“输入标签辅助功能属性”对话框，如图6-29所示，在完成该对话框的设置后，单击“确定”按钮即可插入文本域。在属性检查器面板中可设置文本域的各种属性，如图6-30所示，可以设置文本字段的属性。

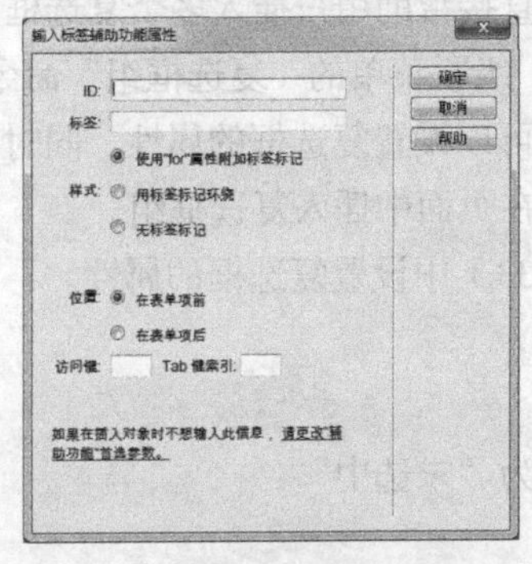
图6-29 输入标签辅助功能属性

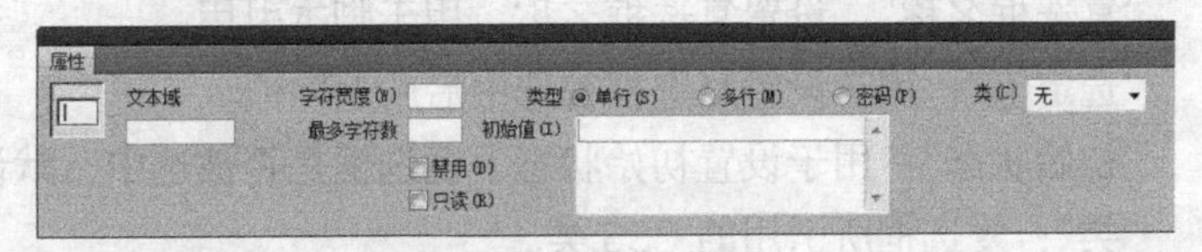
图6-30 文本域属性

在“输入标签辅助功能属性”对话框中的参数如下。

“ID”：文本域的ID属性，用于提供脚本的应用。

“标签”：文本域的提示文本。

“样式”：提示文本的显示方式。

“位置”：提示文本的位置。

“访问键”：访问该文本域的快捷键。

“Tab键索引”：当前网页中的Tab键访问顺序。

文本域的属性参数如下。

“文本域”：设置文本域名称，尽量使用英文名称。

“字符宽度”：设置文本域的字符长度，默认值为24个字符。

“最多字符数”：设置文本框内所能输入的最多字符数。

“单行”：默认选项。

“多行”：将文本域转换为文本区域。

“密码”：将文本设置为密码，显示为*。

“初始值”：默认状态下文本域显示的内容。

“禁用”：文本域显示为灰色，不可以提交文本内容，而且其中的内容不可修改。

“只读”：文本框显示为正常颜色，可以提交，而且其中的文本不可修改。

“类”：文本域所引用的CSS类。

（2）文本区。文本区允许客户输入多行文本。选择“插入”菜单中“表单”级联菜单的“文本区域”命令，可以插入一个文本区域，如图6-31所示。

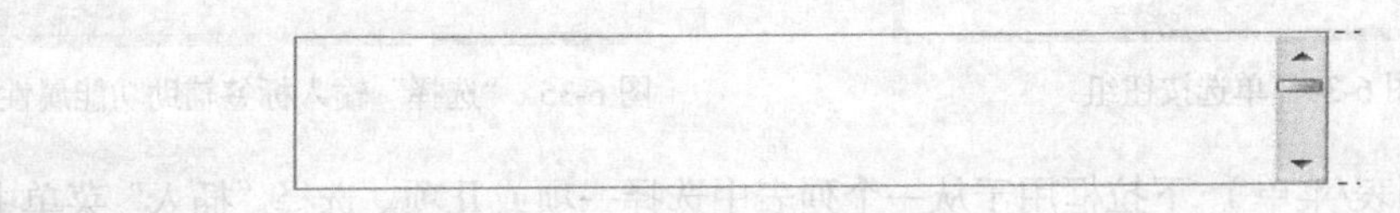
图6-31 文本区

文本区域属性设置方法同文本域的属性设置相似，只是将“最大字符数”属性修改为“行数”，用于设置文本区域中可同时显示的文本行数。

（3）复选框。复选框用于给用户提供一个选项，多个复选框组成一组，用户可以任意选择，如可同时选中多项，也可一个也不选。选择“插入”菜单中“表单”级联菜单的“复选框”命令，打开“输入标签辅助功能属性”对话框设置复选框的属性，即可添加。

Dreamweaver 除了可以插入复选框外，还可插入复选框组，直接帮助用户插入多个复选框，并设置复选框的名称和显示的文本。选择“插入”菜单中“表单”级联菜单的“复选框组”命令，打开“复选框组”对话框，如图 6-32 所示。在该对话框中，用户可以设置复选框的属性，同时可以添加或删除其中的项目，完成设置后单击“确定”按钮，即可在页面中插入复选框组。

选择页面中的复选框，可以在“属性”检查器面板（见图 6-33）中设置复选框的属性。

“复选框名称”：设置复选框名称，用于脚本引用。

“选定值”：用于设置复选框被选中后的返回值。

“初始状态”：用于设置初始状态下复选框是否被选中，默认为“未选中”。

“类”：复选框所引用的 CSS 类。

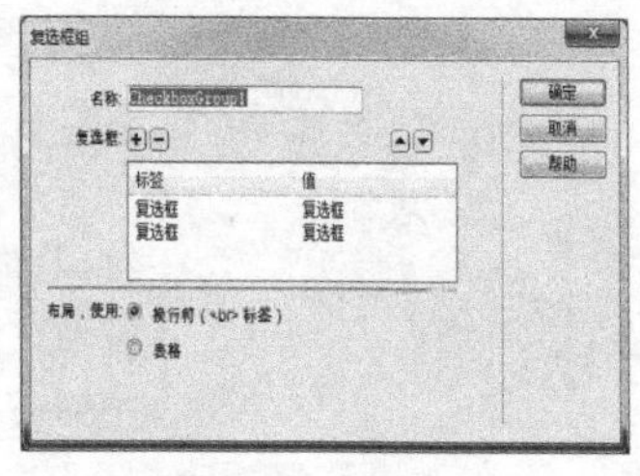

图 6-32　复选框组

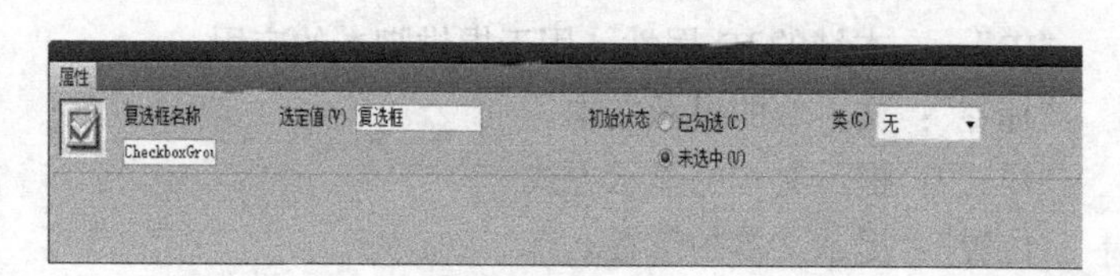

图 6-33　复选框属性

（4）单选按钮。单选按钮也可以给用户提供一个选项，与复选框不同，一组单选按钮只能选中其中一个，外形为圆形。当用户选择其中一个选项时，其他选项自动转换为未选中状态。选择“插入”菜单中“表单”级联菜单的“单选按钮组”命令，打开图 6-34 所示的对话框，设置所需属性后，单击“确定”按钮，即可在网页中插入单选按钮。单选按钮的属性设置与复选框的属性设置类似。

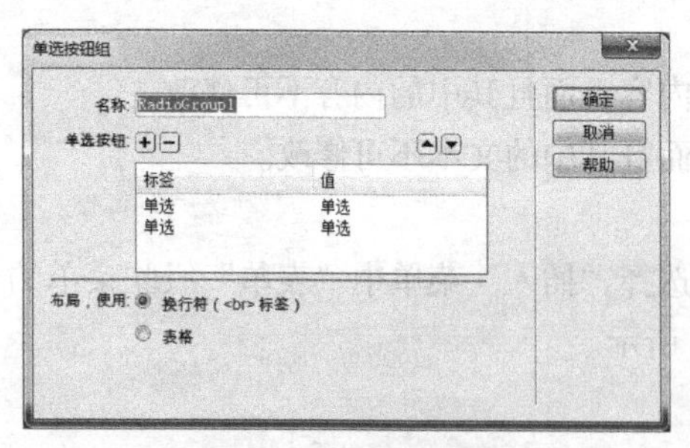

图 6-34　单选按钮组

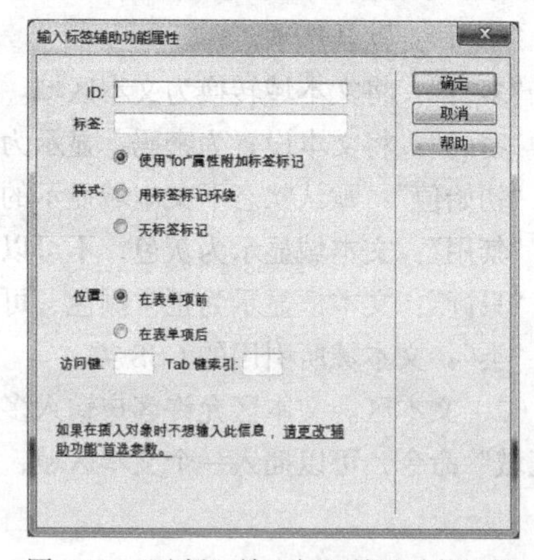

图 6-35　“选择”输入标签辅助功能属性

（5）选择（列表/菜单）。下拉框用于从一个列表中选择一项或几项。选择“插入”菜单中“表单”级联菜单的“选择（列表/菜单）”命令，在弹出的“输入标签辅助功能属性”对话框（见图 6-35）中设置相应属性，可以插入一个选择框。

插入选择后，用户可以在“属性”检查器面板（见图 6-36）中设置相关属性。

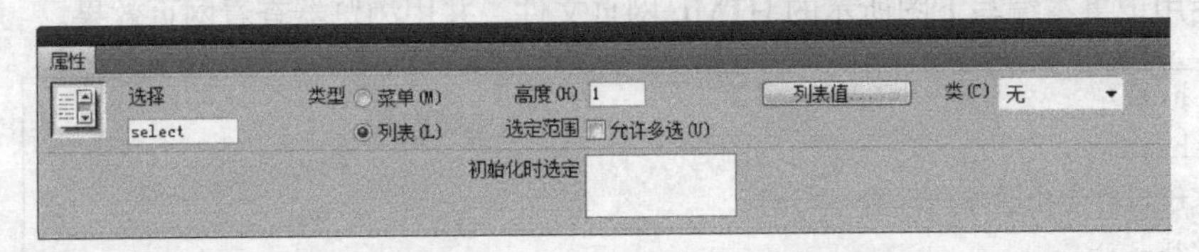

图 6-36　选择（列表/菜单）属性

“选择”：设置选择的 ID 名称。

“类型”：将选择设置为列表或菜单。

“高度”：定义列表类型的表单对象同时可以显示的项目行数。

“列表值”：在弹出的对话框中设置列表的项目。

“初始化时选定”：显示初始化时选择的属性。

2. 提交表单

Web 服务器是如何获取客户在表单中填写的信息的呢？当客户单击“提交”按钮后，Web 服务器用表单处理程序来处理表单上的信息，表单处理程序可以是注册组件，也可以是自定义的 ISAPI/NSAPI 应用程序或 CGI 脚本等。

表单处理程序位于 Web 服务器端，用于处理客户提交过来的表单上的内容，或者发送确认信息给客户。

单击“插入”菜单，选择“表单”项，在弹出的子菜单中选择“按钮”命令，在弹出的“输入标签辅助功能属性”对话框中设置相应属性，可以插入一个按钮，在文档中单击“按钮”表单控件，打开按钮“属性”面板，如图 6-37 所示。

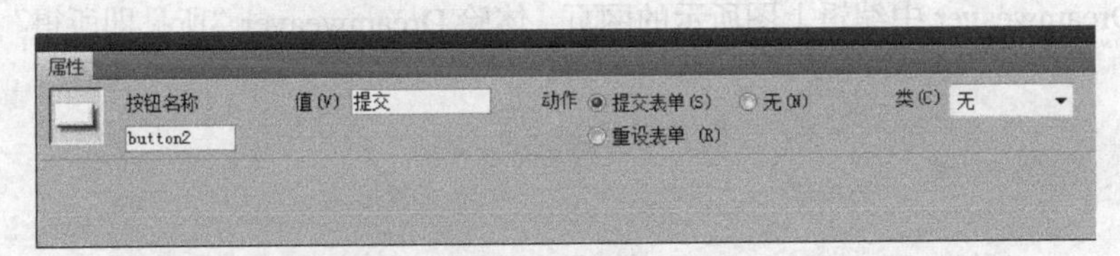

图 6-37　按钮属性

“按钮名称”：为该按钮输入一个名称。

“值”：输入需要在按钮上出现的文本。

“动作”：选择“提交表单”，单击该按钮时提交表单以供处理（type="submit"）；选择“重设表单”，单击该按钮时重置表单（type="reset"）；选择“无”，单击该按钮时激活一个基于处理脚本的不同动作（type="button"）。可在表单的属性“动作”文本框中指定脚本或页面来处理表单。

实验　网页制作

一、实验目的

（1）掌握 HTML 文件的基本结构，掌握 HTML 语言的常用标记。

（2）了解 Dreamweaver 网页开发环境。

二、实验内容

（1）使用记事本编写下图所示的 HTML 网页文件，并用浏览器查看网页效果。

```
<html>
<head>
<title>泰山医学院简介</title>
</head>
<body>
<p align=center><h1>泰山医学院</h1></p>
<hr>
<font size=3 color=blue face=宋体>
泰山医学院源于 1891 年创办的华美医院医校，1903 年在华美医院医校基础上组建共合医道学堂，即后来的齐鲁大学医学院，1952 年齐鲁大学医学院与创办于 1932 年的山东医学院合并组建新的山东医学院（校址在济南）。1970 年山东医学院与山东中医学院合并为山东医学院，搬迁至泰安市新泰县楼德镇（济南设留守处），1974 年建立山东医学院楼德分院，1979 年山东医学院楼德分院迁至泰安市区，改名为山东医学院泰安分院，1981 年经国务院批准，山东医学院泰安分院更名为泰山医学院。
</font>
<center>
<img src=图片路径  alt=俯瞰泰医>      说明：下载一幅泰医图片
</center>
</body>
</html>
```

（2）在 Dreamweaver 中编辑上图所示的网页，体验 Dreamweaver“所见即所得”的编辑环境。

第7章 信息安全

信息是社会发展的重要战略资源，围绕信息的获取、使用和控制的斗争愈演愈烈，信息安全成为维护国家安全和社会稳定的一个焦点，信息安全保障能力成为21世纪综合国力、经济竞争实力和生存能力的重要组成部分。

7.1 网络信息安全

7.1.1 网络信息安全概述

1. 定义

国际标准化组织已明确将信息安全定义为“信息的完整性、可用性、保密性和可靠性”。它既是一门涉及计算机科学、网络技术、通信技术、密码技术、信息安全技术、信息论等多种学科的综合性学科；又是一门以人为主，涉及技术、管理和法律的综合学科，同时还与个人道德意识等方面紧密相关。

2. 网络信息安全的特征

网络信息安全的技术特征主要表现在以下几个方面。

（1）完整性。网络信息在存储、传输、处理过程中不被偶然或蓄意地删除、修改、伪造等因素破坏和丢失，即保持信息的原样性。信息完整性是网络信息安全的基本要求。

（2）可用性。保证合法用户在需要时可以访问到信息，当系统受到攻击或破坏时，能迅速恢复并能投入使用。可用性一般用系统正常使用时间和整个工作时间之比来表示。

（3）保密性。保密性是指网络信息不被非法获取，信息只供授权用户使用。保证信息只让合法用户访问；计算机系统不被非授权访问，信息不会泄露给非授权的个人和实体。

（4）可靠性。可靠性指网络信息系统在规定条件和规定时间内完成规定功能的特性。可靠性是所有网络系统建设和运行的目标。

（5）可控性。可控性是对网络信息的内容及传播具有控制能力。网络系统中的任何信息要在一定传输范围和存放空间内可控。

3. 信息安全面临的威胁

信息安全所面临的威胁来自于很多方面。这些威胁大致可分为自然威胁和人为威胁。自然威胁是指那些来自于自然灾害、恶劣的场地环境、电磁辐射和电磁干扰、网络设备自然老化等的威胁。网络信息安全所面临的人为威胁主要有以下几方面。

（1）偶然事故。如操作员安全配置不当造成的信息泄漏；用户安全意识不强，将自己的账号随意转借他人或与别人共享等都会对网络安全带来威胁。

（2）恶意攻击。此类攻击又可以分为以下两种：一种是主动攻击，它以各种方式有选择地破坏信息的有效性和完整性；另一种是被动攻击，它是在不影响网络正常工作的情况下，进行截获、窃取、破译以获得重要机密信息。

（3）网络软件漏洞和“后门”。网络软件不可能无缺陷和无漏洞，这些漏洞和缺陷往往是黑客攻击的首选目标。软件的后门一般都是软件公司的设计编程人员为了软件升级或进行调试而设置的，一旦被利用，其造成的后果将不堪设想。

（4）结构隐患。结构隐患一般指网络拓扑结构的隐患和网络硬件的安全缺陷。网络的拓扑结构本身有可能给网络的安全带来问题。

7.1.2 常见信息安全技术

信息安全技术是一门由密码应用技术、操作系统维护技术、局域网组网与维护技术、数据库应用技术等组成的计算机综合应用学科。目前信息安全技术主要有：密码技术、防火墙技术、虚拟专用网技术、病毒防护技术、入侵检测技术以及其他安全保密技术。

1. 密码技术

密码学分为密码编码学和密码分析学。密码编码学主要是寻求提供信息机密性、完整性、真实性和非否认性的方法；密码分析学研究加密消息的破译和伪装等破坏密码技术所提供安全性的方法。

密码技术是网络信息安全与保密的核心和关键技术。通过密码技术的变换或编码，可以将机密、敏感的信息变换成难以读懂的乱码文字。变换之前的原始数据称为明文，变换之后的数据称为密文，明文变换为密文的过程就叫作加密，而密文通过逆变换得到原始数据的过程就称为解密。解密需要的条件或者信息称为密钥，通常情况下密钥就是一系列字符串。

通常，数据的加密和解密过程是通过密码体制和密钥来控制的。密码体制分为对称加密技术和非对称加密技术。

（1）对称加密体制。对称加密体制是指在加密和解密时，使用的是同一个密钥，或者虽然使用不同的密钥，但是能通过加密密钥方便地导出解密密钥，也称为单钥密码体制或常规密码体制。

对称密码体制的优点是加、解密速度快。对称加密最大的问题是密钥的分发和管理非常复杂、代价高昂；不能提供法律证据，要解决保密问题和证实问题；缺乏自动检测保密密钥泄密的能力。

最具影响力的对称密码体制是 1977 年美国国家标准局颁布的 DES 算法。其基本思想是将二进制序列的明文分成 64 位的密钥对其进行 16 轮代换和换位加密，最后形成密文。其他的分组密码算法还有 IDEA 密码算法、LOKI 算法等。

（2）非对称密码体制。非对称密码体制又称公钥密码体制或双钥密码体制。在公钥加密系统中，加密和解密是相对独立的，加密和解密会使用不同的密钥，加密密钥是公开的，仅需保密解密密钥。双钥密码的算法一般比较复杂，加密解密速度慢。

目前，公开密钥加密算法主要有 RSA、Fertezza、EIGama 等。RSA 算法是一种用数论构造的、也是迄今为止理论上最为成熟完善的一种公钥密码体制，该体制已得到广泛的应用。它通常是先生成一对 RSA 密钥，其中之一是保密密钥，由用户保存；另一个为公开密钥，可对外公开，甚至可在网络服务器中注册。

2. 防火墙技术

防火墙是位于计算机和它所连接的网络之间，用来加强网络之间访问控制、防止外部网络用户以非法手段通过外部网络进入内部网络、访问内部网络资源，保护内部网络操作环境的特殊网络互连设备。

防火墙对流经它的网络通信进行扫描，阻止外界对内部资源的非法访问，防止内部对外部的不安全访问。它可以防御网络中的各种威胁，并且做出及时的响应，将那些危险的连接和攻击行为隔绝在外，从而降低网络的整体风险。

防火墙具有很好的保护作用，具体如下。

（1）防火墙能强化安全策略。通过以防火墙为中心的安全方案配置，能将所有安全软件（如口令、加密、身份认证、审计等）配置在防火墙上。

（2）防火墙能有效地记录 Internet 上的活动。防火墙能记录下这些访问并做出日志记录，同时也能提供网络使用情况的统计数据。当发生可疑动作时，防火墙能进行适当的报警，并提供网络是否受到监测和攻击的详细信息。

（3）防火墙限制暴露用户点。防火墙能够用来隔开网络中的一个网段与另一个网段，这样，能够防止影响一个网段的问题通过整个网络传播。

（4）防火墙是一个安全策略的检查站。所有进出的信息都必须通过防火墙，防火墙便成为安全问题的检查点，使可疑的访问被拒绝于门外。

防火墙并不是万能的，没有一个防火墙能自动防御所有的新的威胁，也有不足之处。

（1）防火墙防不住绕过防火墙的攻击。比如，防火墙不限制从内部网络到外部网络的连接，一些内部用户可能形成一个直接通往 Internet 的连接，从而绕过防火墙，造成一个潜在的 backdoor，恶意的外部用户直接连接到内部用户的机器上，以这个内部用户的机器为跳板，发起绕过防火墙的不受限制的攻击。

（2）防火墙对待内部主动发起连接的攻击一般无法阻止。通过发送带木马的邮件、带木马的 URL 等方式，然后由中木马的机器主动与攻击者连接，将铜墙铁壁一样的防火墙瞬间破坏掉。另外，防火墙内部各主机间的攻击行为，防火墙也如旁观者一样冷视而爱莫能助。

（3）防火墙不处理病毒。在内部网络用户下载外网的带毒文件的时候，防火墙是不为所动的，它并不能消除病毒。

（4）防火墙本身也会出现问题和受到攻击。防火墙也是一个系统，也有着其硬件系统和软件系统，因此依然有漏洞，其本身也可能受到攻击和出现软件或硬件方面的故障。

目前常用的防火墙技术有：包过滤技术、应用网关技术、代理服务技术。

3. 虚拟专用网（VPN）技术

虚拟专用网指的是在公用网络上建立专用网络的技术。虚拟专用网技术是在公共数据网络上，通过采用数据加密技术和访问控制技术，实现两个或多个可信内部网之间的互联。VPN 的构筑通常都要求采用具有加密功能的路由器或防火墙，以实现数据在公共信道上的可信传递。

虚拟专用网可以帮助远程用户、公司分支机构、商业伙伴及供应商同公司的内部网建立可靠的安全链接，其产品均采用加密及身份验证等安全技术，保证连接用户的可靠性及传输数据的安全和保密性。虚拟专用网可以保护现有的网络投资，可以大幅度减少用户花费在城域网和远程网络连接上的费用，将用户的精力集中到自己的业务而不是网络建设上。

4. 病毒防护技术

计算机病毒自 20 世纪 80 年代中后期开始广泛传播。计算机病毒是一种“计算机程序”，它不仅能破坏计算机系统，而且能传播、感染到其他系统。它通常隐藏在其他看起来无害的程序中，能生成自身的拷贝并且插入其他程序中，执行恶意的行动。

计算机病毒的防治要从防毒、查毒、解毒三方面来进行。“防毒”是指根据系统特性，采取相应的系统安全措施预防病毒侵入计算机。“查毒”是指对于确定的环境，能够准确地报出病毒名称。“解毒”是指根据不同类型病毒对感染对象的修改，并按照病毒的感染特性所进行的恢复。

5. 入侵检测技术

入侵检测技术是一种用于检测计算机网络中违反安全策略行为的技术，通过收集和分析计算机网络的信息，检查网络或系统中是否存在违反安全策略的行为和被攻击的迹象。入侵检测系统可以对计算机和网络资源的恶意使用行为进行识别和相应处理，包括系统外部的入侵和内部用户的非授权行为，是为保证计算机系统的安全而设计与配置的一种能够及时发现并报告系统中未授权或异常现象的技术，是一种用于检测计算机网络中违反安全策略行为的技术。常用的有基于专家系统入侵检测方法、基于神经网络的入侵检测方法等。

6. 其他安全保密技术

数据灾难与数据恢复技术，一旦计算机发生意外、灾难等，可使用备份还原及数据恢复技术将丢失的数据找回。

在网络安全中，还需要通过制定相关的规章制度来加强网络的安全管理，包括：有关人员出入机房管理制度和网络操作使用规程；确定安全管理等级和安全管理范围；制定网络系统的维护制度和应急措施等。

7.2 计算机病毒

7.2.1 计算机犯罪

所谓计算机犯罪，就是在信息活动领域中，利用计算机信息系统或计算机信息知识作为手段，或者针对计算机信息系统，对国家、团体或个人造成危害，依据法律规定，应当予以刑罚处罚的行为。计算机犯罪包括利用计算机实施的犯罪行为和把计算机资产作为攻击对象的犯罪行为。

1. 计算机犯罪的特点

（1）犯罪主体智能化。实施计算机犯罪离不开掌握计算机专业知识和熟练计算机操作的人员。

（2）犯罪手段隐蔽。犯罪分子通过互联网实施犯罪，并且可以从不同的地点对同一目标发起攻击，因此使计算机犯罪具有很强的隐蔽性，发现和侦破都很困难。

（3）跨国性。网络冲破了地域限制，犯罪分子可以通过因特网的中间服务器到网络上任何一个站点实施犯罪活动。

（4）犯罪目的多样化。计算机犯罪作案动机多种多样，但是最近几年，越来越多的计算机犯罪活动集中于获取高额利润和探寻各种机密。

（5）犯罪主体低龄化。在网络犯罪实施者中，青少年占据了很大比例。他们大多没有商业动机和政治目的，而是把犯罪行为看作富有挑战性的攻关游戏，借此取得满足感。

（6）犯罪后果严重。随着社会的网络化，计算机犯罪的对象从金融犯罪到个人隐私、国家安全、信用卡密码、军事机密等，无所不包。我国每年造成的直接经济损失近亿元，而且这类案件危害的领域和范围将越来越大，危害的程度也更严重。

2. 计算机犯罪的手段

（1）数据欺骗。网上非法用户有意冒充另一个合法用户接受或发送信息，欺骗、干扰计算机正常通信。

（2）特洛伊木马术。秘密潜伏的通过远程网络进行控制的恶意程序。控制者可以控制被秘密植入木马的计算机的一切操作和资源，是恶意攻击者进行窃取信息的工具。

（3）计算机病毒。将具有破坏功能的犯罪程序装入系统某个功能程序中，让系统在运行期间将程序自动复制到其他系统。

（4）逻辑炸弹。输入犯罪指令，以便在指定的时间或条件下抹除数据文件，或者破坏系统功能。

（5）线路截收。从系统通信线路上截取信息。

（6）陷阱术。利用程序中用于调试或修改、增加程序功能而特设的断点（活动天窗），插入犯罪指令。

（7）香肠术。利用计算机从金融银行信息系统上一点一点窃取存款，积少成多。这种截留一般是通过计算机过程控制自动进行的。

（8）废品利用。从废弃资料、磁带、磁盘中进行垃圾清理，提取有用的信息或可供进一步进行犯罪活动的密码等。

3. 网络黑客

在早期，“黑客”一词用于指专门研究、发现计算机和网络漏洞的计算机爱好者，他们不断研究计算机和网络知识，发现计算机和网络中存在的漏洞，然后提出解决和修补漏洞的方法。但到了今天，黑客一词已被用于泛指利用系统安全漏洞对网络进行攻击破坏或窃取资料的人。黑客的行为会扰乱网络的正常运行，甚至会演变为犯罪。黑客行为特征可有以下几种表现形式。

（1）恶作剧型。喜欢进入他人网址，以篡改网址主页信息来显示自己高超的网络侵略技巧。

（2）隐蔽攻击型。以匿名身份对网络发动攻击行为，或者干脆冒充网络合法用户，侵入网络“行黑”，由于是在暗处实施的主动攻击行为，因此对社会危害极大。

（3）定时炸弹型。故意在网络上布下陷阱或故意在网络维护软件内安插逻辑炸弹，在特定的时间或特定条件下，引发一系列破坏行动，干扰网络正常运行或致使网络完全瘫痪。

（4）制造矛盾型。非法进入他人网络，通过修改信息，从而使他人产生矛盾或纠纷。有些黑客还利用政府网站，修改公众信息，挑起社会矛盾。

（5）职业杀手型。经常以监控方式将电脑病毒植入他人网络内，使其网络无法正常运行。更有甚者，进入军事情报机关的内部网络，篡改军事战略部署。

（6）窃密高手型。出于某些集团利益的需要或者个人的私利，利用高技术手段窃取网络上的加密信息，使高度敏感信息泄密。有关商业秘密的情报，一旦被黑客截获，还可能引发局部地区或全球的经济危机或政治动荡。

（7）业余爱好型。计算机爱好者受到好奇心驱使，往往在技术上追求精益求精，属于无意识攻击行为。有些爱好者还能够帮助网络管理员修正网络错误。

7.2.2 计算机病毒概述

1. 计算机病毒历史

第一个具备完整特征的计算机病毒是出现于1987年的病毒C-BRAIN，这个病毒程序是巴基斯坦兄弟巴斯特和阿姆杰德所写，目的是防止他们的软件被任意盗拷，只要有人盗拷他们的软件，C-BRAIN就会发作，将盗拷者的硬盘剩余空间给吃掉。

1988年发生在美国的“蠕虫病毒”事件，由美国CORNELL大学研究生莫里斯编写，“蠕虫”在Internet上大肆传播，使得数千台联网的计算机停止运行，造成巨额损失。

目前计算机病毒正以空前的速度增长，据ICSA统计数据分析表明，当前新病毒以每天十多种的速度在飞速增长，Internet的飞速发展，给计算机病毒的传播提供了更快捷的传播速度，使得我们时时处于计算机病毒的威胁之下。

2. 病毒的定义

1994年出台的《中华人民共和国计算机安全保护条例》对病毒的定义：计算机病毒是指编制或者在计算机程序中插入的破坏计算机功能或者毁坏数据，影响计算机使用，并能自我复制的一组计算机指令或者程序代码。它能通过某种途径潜伏在计算机的存储介质（或程序）里，当达到某种条件时即被激活，将自己的精确拷贝或者可能演化的形式放入其他程序中，从而感染其他程序，对计算机资源进行破坏。

3. 计算机病毒的特点

（1）破坏性或表现性。无论何种病毒程序，一旦侵入系统，就会对操作系统的运行造成不同程度的影响。即使不直接产生破坏作用的病毒程序也要占用系统资源，影响系统的正常运行，还有一些病毒程序加密磁盘中的数据，删除文件，甚至摧毁整个系统和数据，使之无法恢复，造成无可挽回的损失。

（2）隐蔽性。计算机病毒的隐蔽性是指计算机病毒不经过程序代码分析或计算机病毒代码扫描，病毒程序与正常程序是不容易区别开来的。

（3）潜伏性。计算机感染病毒后，病毒的触发是由发作条件来确定的。计算机病毒一般有一个或几个发作条件，在不满足发作条件时，病毒可能在系统中没有表现症状，不影响系统的正常运行，在满足特定条件时，才启动其破坏模块。

（4）传染性。病毒程序一旦侵入计算机系统就开始搜索可以传染的程序或者磁介质，然后通过自我复制迅速传播。由于目前计算机网络日益发达，计算机病毒可以在极短的时间内，通过网络传遍世界。

（5）可触发性。计算机病毒一般都有一个或者几个触发条件。触发的实质是一种条件的控制，病毒程序可以依据设计者的要求，在一定条件下实施攻击。这个条件可以是敲入特定字符，使用特定文件，某个特定日期或特定时刻，或者是病毒内置的计数器达到一定次数等。

（6）针对性。计算机病毒一般都是针对特定的操作系统、特定的应用程序。这种针对性有两个特点：一个是如果对方就是他要攻击的机器，他就能完全获得对操作系统的管理权限，就可以肆意妄为；另一个是如果对方不是他针对的操作系统或应用程序，这种病毒就会失效。

（7）抗杀性。采用内核技术加强对病毒的保护，使杀毒软件即使发现也难以清除，躲避杀毒软件查杀。有的计算机病毒还会直接对杀毒软件进行攻击，导致杀毒软件不能正常工作。

（8）衍生性。分析计算机病毒传染的破坏部分可以被其他掌握原理的人以其个人的企图进行任意改动，从而又衍生出一种不同于原版本的新的计算机病毒（又称为变种）。

7.2.3 计算机病毒的结构与分类

1. 计算机病毒的结构

不同类型的计算机病毒的机制和表现手法不尽相同，但计算机病毒的结构基本相同，一般来说是由引导、传染和表现与破坏三个程序模块组成。

病毒的引导模块可将病毒由外存引入内存，并使病毒程序成为相对独立于宿主程序的部分，从而使病毒的传染模块和破坏模块进入待机状态。

传染模块程序主要负责捕捉传染的条件和传染的对象，在保证被传染程序可正常运行的情况下完成计算机病毒的复制传播任务。这一点是判断一个程序是否为病毒程序的必要条件，所以，这部分程序对一个病毒程序来说是不可缺少的。

破坏与表现模块是病毒程序的核心部分，这部分程序负责捕捉进入破坏程序的条件，当条件满足即开始进行破坏系统或数据的工作，甚至可以毁掉包括病毒程序本身在内的系统资源。

2. 计算机病毒的分类

计算机病毒可以根据下面的属性进行分类。

（1）根据病毒存在媒体。根据病毒存在媒体的方式，可以划分为网络病毒、文件病毒和引导型病毒，还有这三种情况的混合型。网络病毒通过计算机网络传播感染网络中的可执行文件，文件病毒感染计算机中的文件（如：.COM、.EXE、.DOC 等），引导型病毒感染启动扇区和硬盘的系统引导扇区。

（2）按照计算机病毒传染渠道。根据病毒传染的渠道可分为驻留型病毒和非驻留型病毒，驻留型病毒在感染计算机后，把自身的内存驻留部分存放在内存中，这一部分程序挂接系统调用并合并到操作系统中去，它处于激活状态，一直到关机或重新启动。非驻留型病毒在得到机会激活时并不感染计算机内存，是一种立即传染的病毒，每执行一次带毒程序，就主动在当前路径中搜索，查到满足要求的可执行文件即进行传染。

（3）按照计算机病毒的破坏能力。按照破坏能力可将病毒划分为无害型、无危险型、危险型、非常危险型。

“无害型”病毒除了传染时减少磁盘的可用空间外，对系统没有其他影响。“无危险型”病毒仅仅是减少内存或显示图像、发出声音。“危险型”病毒会在计算机系统操作中造成严重的错误。“非常危险型”病毒将会删除程序、破坏数据、清除系统内存区和操作系统中重要的信息。

（4）按照计算机病毒的算法。按照算法可将病毒划分为伴随型病毒、蠕虫型病毒、寄生型病毒、诡秘型病毒和变形病毒。

① 伴随型病毒。这一类病毒并不改变文件本身，它们根据算法产生 EXE 文件的伴随体，具有同样的名字和不同的扩展名。病毒把自身写入伴随体文件时并不改变原 EXE 文件，当加载文件时，伴随体优先被执行，再由伴随体加载执行原来的 EXE 文件。

② 蠕虫型病毒。通过计算机网络传播，不改变文件和资料信息，利用网络从一台机器的内存传播到其他机器的内存，计算网络地址，将自身的病毒通过网络发送。有时它们在系统存在，一般除了内存不占用其他资源。

③ 寄生型病毒。除了伴随和蠕虫型，其他病毒均可称为寄生型病毒，它们依附在系统的引导扇区或文件中，通过系统的功能进行传播。

④ 诡秘型病毒。它们一般不直接修改 DOS 中断和扇区数据，而是通过设备技术和文件缓冲区等 DOS 内部文件修改，不易看到资源，使用比较高级的技术。利用 DOS 空闲的数据区进行工作。

⑤ 变型病毒。变型病毒又称幽灵病毒，使用一个复杂的算法，使自己每传播一次都具有不同的内容和长度。它们一般的做法是将一段混有无关指令的解码算法和被变化过的病毒体组合在一起。

7.2.4 计算机病毒发作后的症状

大多数计算机病毒发作后会带来很大的损失，以下列举了一些恶性计算机病毒发作后所造成的后果。

（1）平时运行正常的计算机突然经常性无缘无故地死机。病毒感染了计算机系统后，将自身驻留在系统内并修改了中断处理程序等，引起系统工作不稳定，造成死机。

（2）运行速度明显变慢。由于计算机病毒占用了大量的系统资源，使本来运行速度很快的计算机，速度明显变慢。

（3）磁盘空间迅速减少。没有安装新的应用程序，而系统可用的磁盘空间减少得很快。

（4）有些计算机病毒在发作时会删除或破坏硬盘上的文档，造成数据丢失。

（5）自动发送电子邮件。大多数电子邮件计算机病毒都采用自动发送电子邮件的方法作为传播的手段，也有的电子邮件计算机病毒在某一特定时刻向同一个邮件服务器发送大量无用的信件，以阻塞该邮件服务器的正常服务功能。

7.2.5 计算机病毒的传播途径

计算机病毒主要通过复制文件、文件传送、运行程序等方式进行。它的传播媒介主要有以下几种。

（1）通过硬盘传播。由于带病毒的硬盘在本地或者移到其他地方使用、维修等被病毒传染并将其扩散。

（2）通过光盘传播。大多数软件都刻录在光盘上，由于普通用户购买正版软件的较少，一些非法商人就将软件放在光盘上，在复制的过程中将带病毒文件刻录在上面。

（3）通过移动存储设备传播。这些设备包括优盘、移动硬盘等。为了方便计算机相互之间传递文件，经常使用移动存储盘，这样就容易将一台计算机的病毒传播到另一台。

（4）通过网络传播。在计算机日益普及的今天，人们通过计算机网络相互传递文件、信件，人们经常上网下载免费共享软件，病毒文件难免夹带在其中，网络也是现代病毒传播的主要方式。

（5）通过点对点通信系统和无线通道传播。无线网络中传输的信息没有加密或加密很弱，很容易被窃取、修改和插入，存在较严重的安全漏洞。比如QQ连发器病毒能通过QQ这种点对点的聊天程序进行传播。

7.2.6 计算机病毒的预防与清除

1．计算机病毒的预防

预防计算机病毒，应该从管理和技术两方面进行。

（1）技术手段预防计算机病毒。可通过硬件防护和软件预防病毒。预防软件通过如计算机病毒疫苗或病毒防火墙等，防止计算机病毒对系统的入侵。计算机病毒疫苗或病毒防火墙是一种可执行程序，它能够监视系统的运行，可防止病毒入侵，当发现非法操作时及时警告用户或直接拒绝这种操作，使病毒无法传播。任何计算机病毒对系统的入侵都是利用RAM提供的自由空间及操作系统所提供的相应的中断功能来进行的，可以通过增加硬件设备来保护系统，既监视RAM中的常驻程序，又能阻止对外存储器的异常写操作，这样就能实现预防计算机病毒的目的。

（2）管理手段预防计算机病毒。计算机管理者应制定完善的管理措施，预防病毒对计算机系统的传染。如：使用合法原版软件，拒绝使用盗版软件；要养成备份数据的习惯；不要使用来路不明的文件或磁盘，使用前应先杀毒；经常升级安全补丁，大部分的网络病毒是通过系统安全漏洞进行传播的，所以我们应该定期到微软网站去下载最新的安全补丁，以防范未然；最好安装专业的杀毒软件进行全面监控；关闭或删除系统中不需要的服务，如FTP客户端、Telnet和Web服务器。

2. 计算机病毒的清除

如果发现计算机感染病毒，应立即清除。可采用的方法有：用正常的文件覆盖被病毒感染的文件；删除被病毒感染的文件；重新格式化磁盘；用杀毒软件清除病毒。

杀毒软件是针对流行的网络病毒和黑客攻击研制开发的产品，其反病毒引擎对未知病毒、变种病毒、恶意网页程序能尽可能快地杀灭，有的杀毒软件还可自动扫描电脑系统漏洞并提供相应补丁程序。常用的杀毒软件有瑞星、卡巴斯基、NOD32、诺顿、BitDefender、金山、江民、360 安全卫士等。特别需要注意的是，要及时对反病毒软件进行升级更新，才能保持软件的良好杀毒性能。

7.3 信息安全策略

信息安全策略是为保证网络安全所必须遵守的规则。实现信息安全，不仅要靠先进的技术，还要靠严格的安全管理、法律约束和安全教育。

7.3.1 Windows 7 操作系统的安全性

操作系统是直接管理计算机资源，所有应用软件都是基于操作系统来运行的。操作系统的安全是指在操作系统的工作范围内，提供尽可能强的访问控制和审计机制，加强信息加密性保护、完整性鉴定等机制，实现系统安全。不能保障操作系统安全，也就不能保障数据库安全、网络安全及其他应用软件的安全。

操作系统的安全从开始安装操作系统时就应该考虑，应注意以下几点。

1. UAC（用户账户控制）

用户能根据自己需要选择适当的 UAC 级别。进入控制面板的“系统”，在“操作中心”里单击“更改用户账户控制设置”，Windows 7 下的 UAC 设置提供了一个滑块允许用户设置通知的等级，可以选择 4 种等级。

2. Bitlocker（磁盘锁）

Bitlocker 加密技术是一种数据加密技术，该技术可确保只要便携式计算机在被盗或丢失时处于关闭状态，未授权用户就无法从失踪的便携式计算机的硬盘驱动器恢复数据。如果需要对磁盘进行 Bitlocker 加密，只需单击鼠标右键，选择其中的“启用 Bitlocker”选项，并且输入相应密钥。加密成功后，可以根据自己的需要在弹出的页面中选择不同的命令操作。

3. Windows 防火墙

Windows 7 自带的防火墙功能比较强大，打开“控制面板”就可以看到“Windows 防火墙”，它通过“家庭或者工作网络”和“公用网络”两个方面来对计算机进行防护。“高级设置”里面的功能更加全面，可与一般的专业防火墙软件相媲美，通过入站与出站规则可以设置应用程序访问网络的情况，可以清晰反映出当前网络流通的情况，还可以设置自定义的入站和出站规则。

7.3.2 数据库安全策略

数据库在各种信息系统中得到了广泛的应用，它是网络信息系统的核心部分，存储着非常重要的数据资源，数据库系统的安全与保护成为一个越来越值得关注的问题。

1. 数据库安全的威胁

对数据库构成的威胁主要有以下三种。

（1）篡改。对数据库中的数据通信进行未经授权的修改，修改的形式多种多样，在造成影响之前是很难被发现的。

（2）损坏。将数据库的部分或全部数据进行删除或破坏。

（3）窃取。一般对敏感数据进行窃取。

2. 数据库的安全策略

（1）用户管理。通过建立不同的用户组和用户口令验证，限制非法用户进入数据库系统；在数据库使用中，可以通过授权来对用户的操作进行限制。

（2）保证数据库的可用性。数据库的可用性包括数据库的可获性、访问的可接受性和用户认证的时间性三个因素。

（3）数据库加密。由于数据库系统在操作系统下都是以文件形式进行管理，因此入侵者可以直接利用操作系统的漏洞窃取数据库文件，或者直接利用系统工具来非法伪造、篡改数据库文件内容，数据库管理系统分层次的安全加密可解决这一问题。

（4）保证数据库的完整性。防止输入错误数据；通过访问控制来维护数据库的完整性和一致性；通过维护数据库的更改日志，记录数据库每次改变的情况；数据库的周期性备份可以控制由灾祸造成的损失。

7.3.3 IE 浏览器及邮箱的安全设置

1. IE 浏览器的安全设置

IE 浏览器是阅读网上信息的客户端软件，而我们常用的浏览器却并非安全可靠，时常暴露出各种漏洞，而且往往会成为网络黑手伸向电脑的大门。

（1）安装使用最高版本的浏览器，并打上所有的补丁程序。

（2）管理好 Cookies。Cookies 是指某些网站为了辨别用户身份、进行 session（会话）跟踪而存储在用户本地终端上的数据（通常经过加密）。最典型的应用是判定注册用户是否已经登录网站，用户可能会得到提示，是否在下一次进入此网站时保留用户信息以便简化登录手续，这些都是 Cookies 的功用。用户可以改变浏览器的设置，以使用或者禁用 Cookies。

在 IE 浏览器中，打开“工具”→“Internet 选项”→“隐私”对话框，如图 7-1 所示，这里设定了“阻止所有 Cookies”“高”“中高”“中”“低”“接受所有 Cookies”六个级别（默认为“中”），你只要拖动滑块就可以方便地进行设定。

（3）禁用或限制使用 Java 程序及 ActiveX 控件。在网页中经常使用 Java、Java Applet、ActiveX 编写的脚本，它们可能会获取你的用户标识、IP 地址乃至口令，甚至会在你的机器上安装某些程序或进行其他操作，因此应对 Java、Java 小程序脚本、ActiveX 控件和插件的使用进行限制。

在“Internet 选项”对话框的“高级”选项卡中，如图 7-2 所示，设置“ActiveX 控件和插件”“Java”“脚本”“下载”“用户验证”以及其他安全选项。对于一些不太安全的控件或插件以及下载操作，应该予以禁止、限制，至少要进行提示。

（4）设置 IE 本地安全配置选项。在 IE 中可以通过单击“工具→Internet 选项→安全”对话框，如图 7-3 所示，设定计算机安全等级。从图中可以看出，在安全性设定中我们可以设定 Internet、本地 Intranet、可信站点、受限站点。

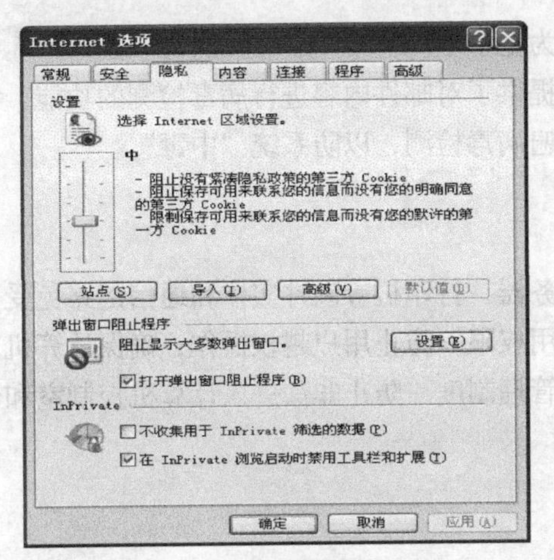

图 7-1　Cookie 设置对话框

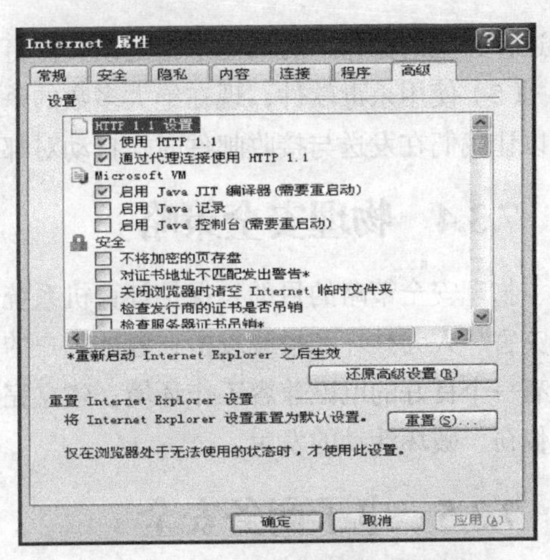

图 7-2　Internet 高级属性设置对话框

（5）清除已访问过的网页及历史记录。为了加快浏览速度，IE 会自动把你浏览过的网页保存在缓存文件夹“C:/Windows/Temporary Internet Files”下。当你确认不再需要浏览过的网页时，在此选中所有网页，删除即可。或者在“Internet 选项”对话框（见图 7-4）中的“常规”标签下单击“浏览历史记录”区域的“删除”按钮。

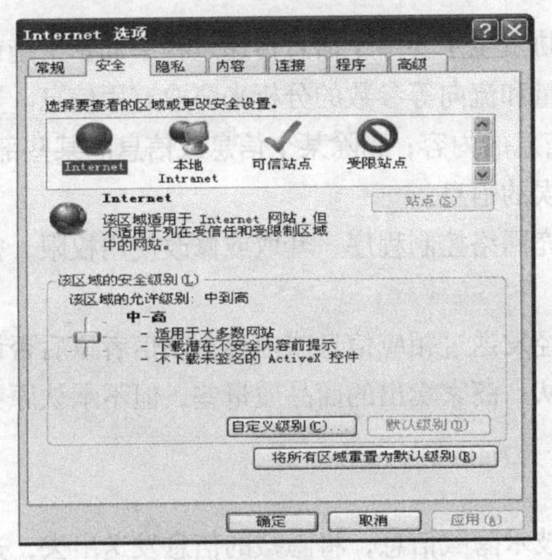

图 7-3　安全级别设置对话框

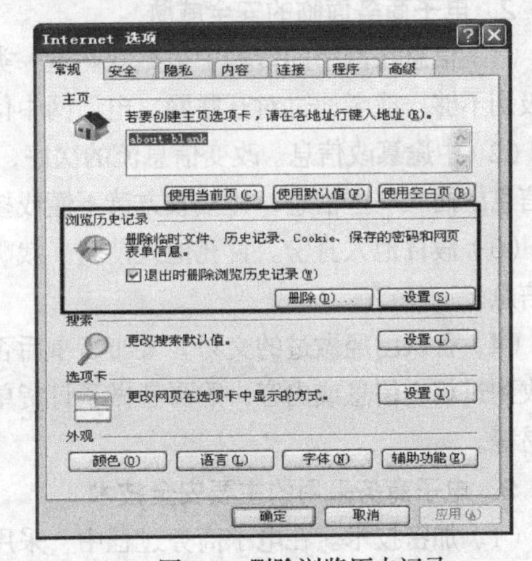

图 7-4　删除浏览历史记录

2. 邮箱安全策略

在使用 Outlook Express、Foxmail 等客户端邮件系统接收邮件时，要注意对邮件进行安全扫描，一般杀毒软件都具有邮件扫描功能。有些邮件危害性很大，一旦植入本机，就有可能造成系统的瘫痪。同时，不要查看来历不明的邮件中的附件，这些附件往往带有病毒和木马，对计算机造成损害。从保证邮箱与邮件的安全以及对系统安全性的目的出发，实施可行的防范对策。

（1）建议使用“足够长度的不规律密码组合”，定时更换密码。

（2）邮件的加密，邮件的加密是一种比较有效的、针对邮件内容的安全防范措施。

（3）禁止其他程序暗中发送邮件。

（4）修改关联，有些蠕虫通过.vbs 等格式的邮件附件传播，要减少这类病毒带来的风险，一种简单的办法是修改文件的关联属性，打开“文件夹选项”对话框，选择“文件类型”选项卡，选中.vbs 文件类型，单击“高级”按钮，在“编辑文件类型”对话框中选中“编辑”，在弹出的“编辑这种类型的操作”对话框中指定该文件打开的程序为记事本。

（5）使用杀毒软件，现在绝大多数的杀毒软件都提供了对邮件内容进行病毒检测的功能，它可以让我们在发送与接收邮件时，自动对邮件进行一遍病毒检测，以防系统“中毒”。

7.3.4 物理安全策略

物理安全策略的目的是保护计算机系统、网络服务器、打印机等硬件实体和通信链路免受自然灾害、人为破坏和搭线攻击；验证用户的身份和使用权限，防止用户越权操作；确保计算机系统有一个良好的电磁兼容工作环境；建立完备的安全管理制度，防止非法进入计算机控制室和各种偷窃、破坏活动的发生。

7.3.5 电子商务安全

1. 电子商务概述

电子商务是利用计算机技术、网络技术和远程通信技术，实现整个商务过程的电子化、数字化和网络化。与传统商务相比，电子商务的特点是电子商务是在公开环境下进行的交易；电子数据的传递、发送、接收都由计算机程序完成，更加精确、可靠；借助于网络，电子商务更加快速、便捷、高效。

2. 电子商务面临的安全威胁

（1）信息在网络的传输中被截获。这一类的威胁发生主要由于信息传递过程中加密措施或安全级别不够，或者通过对互联网、电话网中信息流量和流向等参数的分析来窃取有用信息。

（2）中途篡改信息。改变信息流的次序，更改信息的内容；删除某个信息或信息的某些部分；在信息中插入一些信息，让接收方读不懂或接受错误的信息。

（3）假冒他人身份。冒充他人消费、栽赃；冒充网络控制程序，套取或修改使用权限、密钥等信息。

（4）否认已经做过的交易。发布者事后否认曾经发送过相应信息或内容；收信者事后否认曾经收到过相应信息或内容；购买者做了订货单不承认；商家卖出的商品质量差，但不承认原有的交易等。

3. 电子商务采用的主要安全技术

（1）加密技术。在电子商务过程中，采用加密技术隐藏信息，将隐藏的信息发送出去，这样即使信息在传输的过程中被窃取，非法截获者也无法了解信息内容，进而保证了信息在交换过程中的安全性、真实性，能够有效地为安全策略提供帮助。

（2）数字签名。数字签名技术是将摘要信息用发送者的私钥加密，与原文一起传送给接收者。接收者只有用发送者的公钥才能解密被加密的摘要信息，然后用 HASH 函数对收到的原文产生一个摘要信息，与解密的摘要信息对比。如果相同，则说明收到的信息是完整的，在传输过程中没有被修改，否则说明信息被修改过，因此数字签名能够验证信息的完整性、保证信息传输的完整性、认证发送者的身份、防止交易中的抵赖发生。

（3）认证技术（Certificate Authority，CA）。计算机网络世界中的一切信息包括用户的身份信息都是用一组特定的数据来表示的，计算机只能识别用户的数字身份，所有对用户的授权也是针对用户数字身份的授权。如何保证以数字身份进行操作的操作者就是这个数字身份的合法拥有者，也就是说保证操作者的物理身份与数字身份相对应，身份认证技术就是为了解决这个问题，作为防护网络资产的第一道关口，身份认证有着举足轻重的作用。标准的数字证书包含：版本号、签名算法、序列号、颁发者姓名、有效日期、主体公钥信息、颁发者唯一标识符、主体唯一标识符等内容。

（4）安全套接层协议（SSL）。安全协议能够为交易过程中的信息传输提供强而有力的保障。目前通用的为电子商务安全策略提供的协议主要有电子商务支付安全协议、通信安全协议、邮件安全协议三类。

用于电子商务的主要安全协议包括：通信安全的 SSL 协议（Secure Socket Layer）、信用卡安全的 SET 协议（Secure Electronic Transaction）、商业贸易安全的超文本传送协议（S-HTTP）、电子数据交换协议以及电子邮件安全协议等。

7.3.6　信息安全政策与法规

信息网络技术已越来越广泛地渗透到社会的各个领域，国民经济和社会发展对信息网络技术的依赖程度越来越强，日益凸现的信息安全问题给国家政治、经济、文化和国防安全带来了新的挑战。确保计算机信息系统安全地运行，我们不仅要从技术上采取一些安全措施，还要在行政管理方面采取一些安全手段。

早在 1973 年，瑞士就通过了世界上第一部保护计算机的法律《数据法》，德国在 1996 年出台的《多媒体法》被认为是世界上第一部规范 Internet 的法律。

目前跟信息安全相关的国际性法律、决议和公约主要有：1992 年联合国各成员国签署的《国际电信联盟组织法》；1998 年联合国大会通过的“关于信息和传输领域成果只用于国际安全环境”的决议；欧洲委员会于 2000 年制定的《打击计算机犯罪公约》，此公约是世界上第一个以打击黑客为目标的国际性公约，包括美国等 40 多个国家已经加入了这个公约。

为保证信息安全，我国相继颁布了《中华人民共和国计算机信息安全保护条例》《计算机信息网络国际联网安全保护管理办法》和《计算机信息系统保密管理暂行规定》等。在第九届全国人民代表大会常务委员会第十九次会议上，审议通过了《全国人民代表大会常务委员会关于维护互联网安全的决定》。2005 年 4 月 30 日，国家版权局信息产业部为了加强互联网信息服务活动中信息网络传播权的行政保护，规范行政执法行为，联合发布了《互联网著作权行政保护办法》，并于 2005 年 5 月 30 日起实施。

从整体上来看，与美国、欧盟国家等先进国家与地区比较，我国相关法律还欠缺体系化、覆盖面与深度。

参考文献

[1] 王风领. 大学计算机基础教程[M]. 3 版. 西安：西安电子科技大学出版社，2012.

[2] 郭风. 大学计算机基础[M]. 北京：清华大学出版社，2012.

[3] 刘志军，陈涛. 计算机基础实用教程[M]. 北京：清华大学出版社，2013.

[4] 刘伟杰. 大学计算机基础-网页设计[M]. 北京：清华大学出版社，2013.

[5] 李菲. 计算机基础实用教程[M]. 北京：清华大学出版社，2012.

[6] 张帆，杨海鹏. 中文版 Word 2010 文档处理实用教程[M]. 北京：清华大学出版社，2014.

[7] 王蓓. 中文版 Dreamweaver CS5 网页制作实用教程[M]. 北京：清华大学出版社，2012.

[8] 李彩玲，潘艺. Access 2010 数据库应用系统开发项目教程[M]. 北京：清华大学出版社，2013.

[9] 叶恺. Access 2010 数据库案例教程[M]. 北京：化学工业出版社，2012.

[10] 陈兵，钱红燕，胡杰. 网络安全[M]. 北京：国防工业出版社，2012.

[11] 刘永华. 计算机网络安全技术[M]. 北京：水利水电出版社，2012.

[12] 刘勇. 新编计算机应用基础教程[M]. 4 版. 北京：电子工业出版社，2012.

[13] 黄荣保，钮和荣. 计算机应用基础[M]. 北京：电子工业出版社，2011.

[14] 全国计算机等级考试命题研究中心，未来教育教学与研究中心. 全国计算机等级考试一本通——二级 MS Office 高级应用[M]. 北京：人民邮电出版社，2014.

[15] 作红云. 大学计算机基础教程[M]. 2 版. 北京：清华大学出版社，2014.

[16] 李刚. 计算机应用基础[M]. 北京：中国人民大学出版社，2014.

[17] 张守祥，周全明. 计算机网络技术与设计[M]. 北京：清华大学出版社，2014.

[18] 周波. 大学计算机基础[M]. 北京：清华大学出版社，2014.

[19] 温明剑. 计算机网络技术基础及应用教程[M]. 北京：清华大学出版社，2011.

[20] 石永福，杨得国. 大学计算机基础教程[M]. 2 版. 北京：清华大学出版社，2014.

[21] 董卫军. 大学计算机[M]. 北京：电子工业出版社，2014.

[22] 邓礼全. 计算机网络及应用[M]. 北京：科学出版社，2014.

[23] 李智慧. 计算机办公软件应用案例教程[M]. 北京：清华大学出版社，2013.

[24] 谭建伟. 计算机应用基础（MS Office 高级应用）[M]. 北京：电子工业出版社，2013.

[25] 张建中. 漫游计算机世界[M]. 北京：清华大学出版社，2014.

[26] 李广，张萍. 大学计算机基础[M]. 北京：中国农业出版社，2011.

[27] 王联国，魏霖静. 大学计算机基础[M]. 北京：中国农业出版社，2014.

[28] 焦家林. 大学计算机应用基础教程[M]. 北京：清华大学出版社，2014.

[29] 李向群. 大学计算机应用与案例实验指导与习题[M]. 2 版. 北京：清华大学出版社，2014.